A COURSE IN LARGE SAMPLE THEORY

必携 統計的大標本論

その基礎理論と演習

Thomas S. Ferguson [著]

野間口謙太郎 [訳]

共立出版

A COURSE IN LARGE SAMPLE THEORY
by Thomas S. Ferguson

© 1996 by Chapman & Hall/CRC
All Rights reserved.
Authorized translation from English language edition published by
CRC Press, an imprint of Taylor & Francis Group LLC

Japanese language edition published by KYORITSU SHUPPAN CO., LTD.

訳者前書き

　統計学の授業で最も疎かにされるのは統計量に関する漸近的な結果についてである．ほとんどの場合「まーとにかくこの結果については信用してほしい」と述べるだけである．原著者の前書きによると，米国においても同様であるらしく，原著のような教科書が準備される必要があるのだろう．翻って日本では，体系的に統計学を学べる学部や学科といった組織が存在しないぶん，さらに悲観的であるともいえる（設立の動きもあり，時代は変わりつつあるようですが...）．わが国で大標本論について学ぶということはまさに個人的な興味と努力にかかっているのである．

　本書は，その努力を少なからず助けうるのではないかと考え，ぜひ傍らに置き，自学的に辞書的に参照してもらえたらうれしいと翻訳することにした次第である．各章に1つずつおかれた基本的な定理を理解し，多様多種な演習問題に挑戦してほしい．もちろん，簡単に解けないような問題も少なからずあるに違いない．その際は，例題を読むつもりで解答例へ進んでもまったく構わないと思われる．

　原著は長年に亘って少しずつ準備されたようで，内容は豊富であるが，そうであるが故にこそ記号上の不統一などが目立っていた．また，コンパクトな本に仕上げるためだと思われるが，重要な数式等が地の文中に書き込まれたり，説明が簡潔すぎるところなどもあり，少々読みづらいと感じられた．そのため，本書ではできる限り記号を統一し，数式もなるべく独立行として表示するように努めた．さらに，日本では使い慣れない記号は見慣れた記号へと変更したも

のもある（例えば，転置記号 T を t で表すなど）．また，本来ならば訳注として記すべき修正等を本文内に書き込んだところもある．訳注を細かく入れると読みづらいだろうと考えたからである．ただし，原著者の意図を毀損するようなことは一切行っていないつもりである．

　本書は4部に分かれ，第1部は確率変数・分布についての収束概念の確認である．統計的漸近論の確率論的な側面がまとめられ，大数の法則・中心極限定理等が扱われる．ここはもちろん重要ではあるが，統計的応用面を重視する読者には収束の概念等を確認する程度の読み方で十分だと思われる．第2部には統計的漸近理論の基本がまとめられ，第3部ではさらに多岐に及ぶ種々の話題へと進む．ここは精読すべきところである．それにより，統計学のいろいろな分野での成果と同様の結果を得るための技術を学ぶことができるだろう．第4部では，さらに数学的な興味を満足させてくれる統計学上の諸問題が扱われ，理論的な興味をもつ読者を満足させることだろう．是非楽しみながらの精読を期待したい．

2016年11月　野間口謙太郎

著者前書き

　数理統計学の扱う範囲は非常に広大なので，学部教育においてはそれらの概観を与える程度の時間が割けるにすぎない．特に定理の証明などはたいてい省略される．たまに特殊な話題に言及するかもしれないが，証明は後で与えられるだろう（多分，大学院で）という了解の下での話になる．中心極限定理の証明の概略を与える学部生向けの教科書もありはするが，統計問題の大標本的解析において有用な他の定理などは証明なしに紹介され用いられる．例えば，最尤推定量の漸近正規性，ピアソンの χ^2 統計量の漸近分布，尤度比検定の漸近分布，順序和検定統計量の漸近分布などが挙げられる．

　ところが大学院においては，定理の証明は以前の講義で与えてある（多分，学部教育で）とされるのがしばしばである．証明が与えられたとしても特殊な設定で，ということになる．かくして，統計学の研究を行うに最も有益な分野の1つである大標本理論（あるいは，漸近理論とも呼ばれる）を一般的な手法を通して学ぶという機会を逸するのである．しかし，大学院の基礎教育において，大標本理論についての独立した講義を求める声は存在している．この本がその要望に応える一助になればと願っている．

　UCLA の大学院ではおおよそ 20 年に亘って，理論統計学の基礎教育課程の第 2 学期に大標本理論の講義が行われてきた．この教科書のやり方で大標本理論を学んだ学生は大標本をなしていると言ってもよいだろう．この教育課程は数学科向けのものではあるけれども，受講生はいろいろな分野からの院生の混成であった．おおよそ 40% の院生が数学科所属で，30% が生物統計学，その他残りは数理生物学，工学，経済学，経営学などからである．院生達は概ね興味を示し意欲的で，質問や提案，そしてもちろん不平不満でこの講義の改善に

貢献してもらえた．

　受講生達は混成だったので，この講義で要求できる数学的素養は当然のことながら限られていた．特に，測度論的な解析学や確率論の知識を前提とすることはできなかった．とはいえ，この本を理解したいなら，学部レベルの解析学の講義や，数理統計学の適切な講義などは習得しておくことが必要である．

　統計学は多変数を扱う学問である．ほとんどすべての有益な単変数問題は，多変数問題への意味のある拡張と応用をもっている．この理由により，ほとんどの定理を多変数の設定で記述している．多変数に関する定理はしばしば単変数についての定理と同じである．しかしそうでない場合には，1次元でまず注意深く定理について考えて，そして高次元の問題を扱う例題や演習に取りかかるという態度が，読者には役立つだろう．

　大標本理論の技法を，講義室という環境での便益を被ることなく，独自に学びたい学生のことを考えて本書は構成されている．多くの演習問題があり，それらすべての解答例は付録に与えられている．教員が利用できるように，解答なしの演習問題も準備され，ホームページ http://www.math.ucla.edu/~tom/LST/lst.html で見ることができる．

　各章ではそれぞれ特定の話題が扱われている．基本的な考え方や主要な結果が1つの定理の形で述べてある．24章あり，その結果24個の定理が存在する．全体は4部構成になっていて，第I部では確率論の基本的な極限の概念が扱われ，大数の法則と中心極限定理も含まれている．第II部では，統計的漸近理論における基本的な道具，例えばスラツキーの定理やクラメールの定理などについて議論し説明し，終わりにピアソンの χ^2 統計量の漸近分布や検出力などを導くのに用いている．第III部においては，いくつかの特殊な話題が第I部と第II部の手法で解析される．時系列に関する統計量，順序統計量，分位点の分布や極値順序統計量などについてである．第IV部では，最尤推定量，尤度比検定，ベイズ推定量の漸近正規性，最小 χ^2 推定量など含む標準的な統計手法を取り扱う．第III部と第IV部の各章は独立に読むことができる．1学期分の講義としては問題なく十分な題材が本書には含まれている．4半期分としてならば，第III部・第IV部の話題を幾つか削ったり縮小したりする必要があるだろう．

　本書は多くのものをルシアン・ルカム教授に負っていることを謹んで表明し

たい．本文のここかしこで，教授を参照していると書き込んでもよいような特定の話題についてだけではない．この分野への一般的な理念を与えて貰えたことに対してでもある．過去にこの分野について教授から学んだ頃からずっと，教授は多大なる一般的で数学的な接近法をこの分野にもたらしたのである．それらは参考文献にある著書 Le Cam(1986) の中に見いだすことができるだろう．

本書の始まりは原稿の形で 20 年ほど前には存在していたが，その後幾度となく，コンピュータやワープロの変遷の影響を経てきている．これらの変更を引き受けて，快活にタイピングしてくれた妻である Beatriz に感謝したい．最後に，私の受講生達にも感謝したい．個々に言及するには余りにも多い学生達である．どのクラスも特徴的で，新しいことを教えて貰った．そのため，新受講生を迎えるたびに，昨年よりは何かしら違った形で講義することができた．将来の受講生達がこの本に助けられたと思うようなら，これを解りやすくしてくれた過去の受講生達の貢献にも感謝すべきだろう．

Thomas S Ferguson, April 1996

目　次

訳者前書き　　　　　　　　　　　　　　　　　　　　　　iii

著者前書き　　　　　　　　　　　　　　　　　　　　　　v

第 I 部　確率論の基本 ─────────────── 1

第 1 章　いろいろな収束　　　　　　　　　　　　　　　3

第 2 章　定理 1 の部分的な逆　　　　　　　　　　　　　9

第 3 章　法則収束　　　　　　　　　　　　　　　　　　16

第 4 章　大数の法則　　　　　　　　　　　　　　　　　24

第 5 章　中心極限定理　　　　　　　　　　　　　　　　33

第 II 部　統計的大標本論の基礎 ──────────── 45

第 6 章　スラツキーの定理　　　　　　　　　　　　　　47

第 7 章　標本積率の関数　　　　　　　　　　　　　　　53

第 8 章　標本相関係数　　　　　　　　　　　　　　　　60

第 9 章　ピアソンの χ^2　　　　　　　　　　　　　　　65

第 10 章　ピアソンの χ^2 検定の漸近検出力　　　　　　71

第III部　特殊な話題 —————————— 77

- 第 11 章　定常 m-従属列 　　　　　　　　　79
- 第 12 章　順位統計量 　　　　　　　　　　　86
- 第 13 章　標本分位点の漸近分布 　　　　　　99
- 第 14 章　極値順序統計量の漸近理論 　　　　106
- 第 15 章　極値の漸近的結合分布 　　　　　　114

第IV部　推定・検定の有効性 —————————119

- 第 16 章　大数の一様強法則 　　　　　　　　121
- 第 17 章　最尤推定量の強一致性 　　　　　　126
- 第 18 章　最尤推定量の漸近正規性 　　　　　133
- 第 19 章　クラメール・ラオの下界 　　　　　141
- 第 20 章　漸近有効性 　　　　　　　　　　　150
- 第 21 章　事後分布の漸近正規性 　　　　　　158
- 第 22 章　尤度比検定統計量の漸近分布 　　　163
- 第 23 章　最小 χ^2 推定量 　　　　　　　　170
- 第 24 章　一般 χ^2 検定 　　　　　　　　　185
- 演習問題解答 　　　　　　　　　　　　　　　195
- 引用文献 　　　　　　　　　　　　　　　　　275
- 索　引 　　　　　　　　　　　　　　　　　　279

記号と分布族

記号：

$\mathbb{R}, \mathbb{R}^d$	:	実空間，d 次元実空間
$a, \boldsymbol{a}$	:	スカラー，列ベクトル
$\mathbf{A}$	:	行列
$\mathbf{0}$	:	すべての要素が 0 である列ベクトル
$\mathbf{1}$	:	すべての要素が 1 である列ベクトル
$\boldsymbol{a}^t, \mathbf{A}^t$	:	転置記号
$\lceil x \rceil$	:	x の天井関数（x 以上で最小の整数値）
$\lfloor x \rfloor$	:	x の床関数（x 以下で最大の整数値）
$I(x \in A)$	:	定義関数，$I(x \in A) = 1 \iff x \in A$
$\mathbf{I}$	:	単位行列
$\mathscr{I}(\theta), \mathscr{I}(\boldsymbol{\theta})$	:	フィッシャー情報量，フィッシャー情報行列
$X, \mathbf{X}$	:	確率変数，確率ベクトル
$EX = E(X), E(\mathbf{X})$	:	期待値（平均），平均ベクトル
$\mu, \boldsymbol{\mu}$	:	母平均，母平均ベクトル
$V(X), V(\mathbf{X})$	:	分散，分散共分散行列
$\sigma^2, \boldsymbol{\Sigma}$	:	母分散，母分散行列
$\mathrm{Cov}(X, Y)$	:	共分散
$\rho(X, Y)$	:	相関係数
$f, \boldsymbol{f}$	:	実数値関数，ベクトル値関数
$\dot{f}(x) = \dfrac{\partial}{\partial x} f(x)$	:	微分
$\dot{f}(\boldsymbol{x}) = \dfrac{\partial}{\partial \boldsymbol{x}} f(x)$	:	偏微分行ベクトル
$\dot{\boldsymbol{f}}(x) = \dfrac{\partial}{\partial x} \boldsymbol{f}(x)$	:	微分列ベクトル
$\dot{\boldsymbol{f}}(\boldsymbol{x}) = \dfrac{\partial}{\partial \boldsymbol{x}} \boldsymbol{f} = \dot{\boldsymbol{f}}$	:	偏微分行列

$\ddot{f}(x), \ddot{\boldsymbol{f}}(x)$: 2 階微分，2 階偏微分行列

$\Gamma(\alpha)$: ガンマ関数，$\Gamma(\alpha) = \int_0^\infty x^{\alpha-1} e^{-x} dx$

$B(\alpha, \beta)$: ベータ関数，$B(\alpha, \beta) = \int_0^1 x^{\alpha-1}(1-x)^{\beta-1} dx$

$\xrightarrow{L_p}$: L_p 収束

$\xrightarrow{\mathrm{P}}$: 確率収束

$\xrightarrow{\mathrm{a.s.}}$: 概収束

$\xrightarrow{\mathscr{L}}$: 法則（分布）収束

$X \in \mathscr{B}(n, p)$: 確率変数 X は 2 項分布 $\mathscr{B}(n, p)$ に従う

離散型分布族：

$\mathscr{B}(n, p)$: 2 項分布，$x = 0, 1, ..., n$ に対して
$$f(x) = \binom{n}{x} p^x q^{n-x}, \quad (q = 1 - p)$$
$X \in \mathscr{B}(n, p)$ のとき $EX = np$, $V(X) = npq$

$\mathscr{H}(n, m, N)$: 超幾何分布，$x = \max\{0, n+m-N\}, ..., \min\{n, m\}$ に対して
$$f(x) = \frac{\binom{m}{x}\binom{N-m}{n-x}}{\binom{N}{n}}$$
$X \in \mathscr{H}(n, m, N)$ のとき
$$EX = \frac{nm}{N}, \quad V(X) = \frac{nm(N-n)(N-m)}{N^2(N-1)}$$

$\mathscr{P}(\lambda)$: ポアソン分布，$x = 0, 1, ...$ に対して
$$f(x) = e^{-\lambda} \frac{\lambda^x}{x!}$$
$X \in \mathscr{P}(\lambda)$ のとき $EX = \lambda$, $V(X) = \lambda$

連続型分布族：

$\mathscr{B}e(\alpha, \beta)$: ベータ分布
$$f(x) = \frac{1}{B(\alpha, \beta)} x^{\alpha-1}(1-x)^{\beta-1} I(0 < x < 1)$$

記号と分布族　**xiii**

$$X \in \mathscr{B}(\alpha,\beta) \text{ のとき}$$
$$EX = \frac{\alpha}{\alpha+\beta}, V(X) = \frac{\alpha\beta}{(\alpha+\beta)^2(\alpha+\beta+1)}$$

$\mathscr{C}(\mu,\sigma)$ ： コーシー分布
$$f(x) = \frac{1}{\pi\sigma(1+(x-\mu)^2/\sigma^2)}$$
$X \in \mathscr{C}(n,p)$ のとき $EX, V(X)$ は存在しない

$\mathscr{E}(\lambda)$ ： 指数分布 $= \mathscr{G}(1,\lambda)$
$$f(x) = \frac{1}{\lambda}\exp\left(-\frac{x}{\lambda}\right) I(x>0)$$
$X \in \mathscr{E}(\lambda)$ のとき $EX = \lambda, V(X) = \lambda^2$

$\mathscr{G}(\alpha,\beta)$ ： ガンマ分布
$$f(x) = \frac{1}{\Gamma(\alpha)\beta^\alpha} x^{\alpha-1}\exp\left(-\frac{x}{\beta}\right) I(x>0)$$
$X \in \mathscr{G}(\alpha,\beta)$ のとき $EX = \alpha\beta, V(X) = \alpha\beta^2$

$\mathscr{L}(\mu,s)$ ： ロジスティック分布
$$f(x) = \frac{\exp((x-\mu)/s)}{s(1+\exp((x-\mu)/s))^2}$$
$X \in \mathscr{L}(\mu,s)$ のとき $EX = \mu, V(X) = \frac{1}{3}\pi^2 s^2$

$\mathscr{N}(\mu,\sigma^2)$ ： 正規分布
$$f(x) = \frac{1}{\sqrt{2\pi}\sigma}\exp\left(-\frac{(x-\mu)^2}{2\sigma^2}\right)$$
$X \in \mathscr{N}(\mu,\sigma^2)$ のとき $EX = \mu, V(X) = \sigma^2$

$\mathscr{N}(\boldsymbol{\mu},\boldsymbol{\Sigma})$ ： d 次元正規分布
$$f(\boldsymbol{x}) = \frac{1}{(2\pi)^{d/2}|\boldsymbol{\Sigma}|^{1/2}}\exp\left(-\frac{1}{2}(\boldsymbol{x}-\boldsymbol{\mu})^t\boldsymbol{\Sigma}^{-1}(\boldsymbol{x}-\boldsymbol{\mu})\right)$$
$\mathbf{X} \in \mathscr{N}(\boldsymbol{\mu},\boldsymbol{\Sigma})$ のとき $E\mathbf{X} = \boldsymbol{\mu}, V(\mathbf{X}) = \boldsymbol{\Sigma}$

$\mathscr{U}(a,b)$ ： 一様分布
$$f(x) = \frac{1}{b-a} I(a<x<b)$$
$X \in \mathscr{U}(a,b)$ のとき $EX = \frac{1}{2}(b-a), V(X) = \frac{1}{12}(b-a)^2$

χ_n^2 ： 自由度 n の χ^2 分布 $= \mathscr{G}\left(\frac{n}{2},2\right)$
独立な $X_1,...,X_n \in \mathscr{N}(0,1)$ による $S = \sum_{i=1}^n X_i^2$ の分布

$$S \in \chi_n^2 \text{ のとき } ES = n,\ V(S) = 2n$$

t_n : 自由度 n の t 分布

独立な $Y \in \mathcal{N}(0,1)$ と $Z \in \chi_n^2$ による $T = \dfrac{Y}{\sqrt{Z/n}}$ の分布

$T \in t_n$ のとき $ET = 0,\ V(T) = \dfrac{n}{n-2}\ (n > 2)$

第 I 部
確率論の基本

第1章　いろいろな収束

確率ベクトル列のある極限への4種類の収束を考え，それらの関係を調べることから始めよう．どの収束も d 次元確率ベクトルに対して定義できる．確率ベクトル $\mathbf{X} = (X_1, ..., X_d)^t \in \mathbb{R}^d$ に対して，$\mathbf{X}$ の**分布関数**は次で定義される．

$$F_{\mathbf{X}}(\boldsymbol{x}) = P(\mathbf{X} \leq \boldsymbol{x}) = P(X_1 \leq x_1, ..., X_d \leq x_d)$$

ただし，$\boldsymbol{x} = (x_1, ..., x_d)^t \in \mathbb{R}^d$ である．$\mathbf{X}_1, \mathbf{X}_2, ...$ を $\mathbb{R}^d$ に値をとる確率ベクトル列とすると，

定義 1.1. $F_{\mathbf{X}}$ の任意の連続点 $\boldsymbol{x}$ において $F_{\mathbf{X}_n}(\boldsymbol{x}) \to F_{\mathbf{X}}(\boldsymbol{x})$ が成り立つとき，$\mathbf{X}_n$ は $\mathbf{X}$ に**法則収束**するといい，$\mathbf{X}_n \xrightarrow{\mathscr{L}} \mathbf{X}$ と表記する．

法則収束は今後最もよく用いられる収束であり，中心極限定理もこの収束の意味で記述される．この収束は，ときには**分布収束**あるいは**弱収束**と呼ばれることもある．

例 1.1. 確率ベクトル $\mathbf{X} \in \mathbb{R}^d$ が，ある定数 $c \in \mathbb{R}^n$ に対して $P(\mathbf{X} = c) = 1$ であるとき，点 c に**退化**しているといわれる．$X_n \in \mathbb{R}$ が1点 $\frac{1}{n}$ に退化していて $(n = 1, 2, ...)$，$X \in \mathbb{R}$ が0に退化しているとしよう．点列 $\frac{1}{n}$ は 0 に収束するので $X_n \xrightarrow{\mathscr{L}} X$ が期待できる．実際これは定義1.1によって確かめることができる．X_n の分布関数は $F_{X_n}(x) = I\left(\frac{1}{n} \leq x\right)$ であり，X の分布関数は $F_X(x) = I(0 \leq x)$ である．ただし，$I(x \in A)$ は集合 A の**定義関数**を表す（つまり，$x \in A$ のとき $I(x \in A) = 1$，$x \notin A$ のとき $I(x \in A) = 0$）．$x \neq 0$ のときは $F_{X_n}(x) \to F_X(x)$ であるが，$x = 0$ のときは $F_{X_n}(x) = 0 \not\to F_X(x) = 1$ である．しかし，$F_X(x)$ は $x = 0$ で連続ではないので，定義1.1により $X_n \xrightarrow{\mathscr{L}} X$ である．この例により，法則収束の定義において，F_X の不連続点は除いておく必要があることが分かる．

ベクトル $\boldsymbol{x} = (x_1,...,x_d)^t \in \mathbb{R}^d$ に対するユークリッドノルムを $|\boldsymbol{x}| = (x_1^2 + \cdots + x_d^2)^{1/2}$ で定義する.

定義 1.2. 任意の正数 $\varepsilon > 0$ に対して

$$P(|\mathbf{X}_n - \mathbf{X}| > \varepsilon) \longrightarrow 0 \quad (n \to \infty)$$

であるとき, $\mathbf{X}_n$ は $\mathbf{X}$ に**確率収束**するという. これを $\mathbf{X}_n \xrightarrow{P} \mathbf{X}$ と表記する.

定義 1.3. ある正数 $r > 0$ に対して

$$E|\mathbf{X}_n - \mathbf{X}|^r \longrightarrow 0 \quad (n \to \infty)$$

であるとき, $\mathbf{X}_n$ は $\mathbf{X}$ に r **次の平均収束**する, あるいは $\boldsymbol{L_r}$ **収束**するという. これを $\mathbf{X}_n \xrightarrow{L_r} \mathbf{X}$ と表記する.

定義 1.4.
$$P(\lim_{n \to \infty} \mathbf{X}_n = \mathbf{X}) = 1$$

であるとき, $\mathbf{X}_n$ は $\mathbf{X}$ に**概収束**するという. これを $\mathbf{X}_n \xrightarrow{a.s.} \mathbf{X}$ と表記する.

概収束は**確率 1(w.p.1) での収束**, あるいは**強収束**と呼ばれることもある. 統計学では, $r = 2$ のときの 2 次の平均収束がもっとも役に立つ. これは**平方収束**とも呼ばれ, $\mathbf{X}_n \xrightarrow{L_2} \mathbf{X}$ と書ける. これらの基本的な関係は次の通りである.

定理 1

a) $\mathbf{X}_n \xrightarrow{a.s.} \mathbf{X} \implies \mathbf{X}_n \xrightarrow{P} \mathbf{X}$.
b) ある $r > 0$ に対して $\mathbf{X}_n \xrightarrow{L_r} \mathbf{X} \implies \mathbf{X}_n \xrightarrow{P} \mathbf{X}$.
c) $\mathbf{X}_n \xrightarrow{P} \mathbf{X} \implies \mathbf{X}_n \xrightarrow{\mathscr{L}} \mathbf{X}$.

定理 1 では, これらの収束に関して一般的に成り立つ関係のみを挙げている. 逆が必ずしも成り立たないことは以下の例を見ることにより分かる.

例 1.2. 法則収束を調べるだけなら，$\mathbf{X}_n$ と $\mathbf{X}$ の同時分布について知る必要はない．一方，確率収束を調べるためには，その同時分布が定義されていなければならない．例えば，$X_1, X_2, \ldots$ が独立同分布 (i.i.d.) で平均 0 分散 1 の正規分布に従っているとき，$X_n \xrightarrow{\mathscr{L}} X_1$ であるが，$X_n \xrightarrow{\mathrm{P}} X_1$ ではない．

例 1.3. Z を区間 $(0,1)$ 上の一様分布に従う確率変数とする ($Z \in \mathscr{U}(0,1)$ と表記する)．また，$X_1 = 1$, $X_2 = I\left(0 \leq Z < \frac{1}{2}\right)$, $X_3 = I\left(\frac{1}{2} \leq Z < 1\right)$, $X_4 = I\left(0 \leq Z < \frac{1}{4}\right)$, $X_5 = I\left(\frac{1}{4} \leq Z < \frac{1}{2}\right), \ldots$ と定義する．つまり，一般的には，$n = 2^k + m$, $m = 0, 1, \ldots, 2^k - 1$, $k \geq 0$ であるとき，$X_n = I\left(m 2^{-k} \leq Z < (m+1) 2^{-k}\right)$ と定義する．このとき，X_n はどのような $Z \in (0,1)$ の値においても収束しない．ゆえに，$X_n \xrightarrow{\mathrm{a.s.}} 0$ ではないが，任意の $r > 0$ に対して $X_n \xrightarrow{L_r} 0$ であり，また $X_n \xrightarrow{\mathrm{P}} 0$ でもある．

例 1.4. $Z \in \mathscr{U}(0,1)$, $X_n = 2^n I\left(0 \leq Z < \frac{1}{n}\right)$ と定義する．このとき，$E|X_n|^r = 2^{nr} P\left(0 \leq Z < \frac{1}{n}\right) = \frac{2^{nr}}{n} \to \infty$ なので，どの $r > 0$ に対しても $X_n \xrightarrow{L_r} 0$ ではありえない．しかし，$X_n \xrightarrow{\mathrm{a.s.}} 0$ である（なぜならば，$[\lim_{n \to \infty} X_n = 0] = [Z \neq 0]$ であり，$P(Z > 0) = 1$ なので）．また，$X_n \xrightarrow{\mathrm{P}} 0$ でもある（なぜならば，$0 < \varepsilon < 1$ に対して $P(|X_n| > \varepsilon) = P(X_n = 2^n) = P\left(Z \in \left[0, \frac{1}{n}\right)\right) = \frac{1}{n} \to 0$ なので）．

この例 1.4 において，$0 \leq X_n \xrightarrow{\mathrm{a.s.}} X = 0$ であり，$\lim_{n \to \infty} EX_n > EX$ である．実際，$0 \leq X_n \xrightarrow{\mathrm{a.s.}} X$ のとき，$\lim_{n \to \infty} EX_n < EX$ となることはない．なぜならば，$X_n \xrightarrow{\mathrm{a.s.}} X$ であり，すべての n に対して $X_n \geq Y$ で $E|Y| < \infty$ となる Y が存在するときは，$\liminf_{n \to \infty} EX_n \geq EX$ が成り立つからである（これは**ファトウ・ルベーグの補題**と呼ばれる）．特に，これから**単調収束定理**と呼ばれる次の定理を導くことができる．

$$0 \leq X_1 \leq X_2 \leq \cdots \leq X_n \xrightarrow{\mathrm{a.s.}} X \implies EX_n \to EX$$

なお，この定理において X, EX_n, EX は値 $+\infty$ をとってもよい．

ファトウ・ルベーグの補題からはまた，次の**ルベーグの優収束定理**も導ける．

$$\left.\begin{array}{l} X_n \xrightarrow{\text{a.s.}} X \\ |X_n| \leq Y \\ E|Y| < \infty \end{array}\right\} \implies EX_n \to EX$$

次の補題 1.1 は，概収束と同値な定義を与えるが，確率収束と概収束の違いも明らかにしてくれる．確率収束は，任意の $\varepsilon > 0$ に対して，$\mathbf{X}_n$ が $\mathbf{X}$ の ε 近傍内に入る確率が 1 に収束することを要求する．概収束は，任意の $\varepsilon > 0$ に対して，$k \geq n$ であるすべての $\mathbf{X}_k$ が $\mathbf{X}$ の ε 近傍内に入る確率が，$n \to \infty$ のとき 1 に収束することを要求する．

補題 1.1. $\mathbf{X}_n \xrightarrow{\text{a.s.}} \mathbf{X}$ は次に同値である．任意の $\varepsilon > 0$ に対して

$$P(\text{すべての } k \geq n \text{ に対して } |\mathbf{X}_k - \mathbf{X}| < \varepsilon) \longrightarrow 1 \quad (n \to \infty)$$

[証明]

$$A_{n,\varepsilon} = [\text{すべての } k \geq n \text{ に対して } |\mathbf{X}_k - \mathbf{X}| < \varepsilon]$$

とおくとき

$$\left[\lim_{n \to \infty} \mathbf{X}_n = \mathbf{X}\right]$$
$$= [\text{任意の } \varepsilon > 0 \text{ に対して，ある } n \geq 1 \text{ が存在して，}$$
$$\text{すべての } k \geq n \text{ に対して } |\mathbf{X}_k - \mathbf{X}| < \varepsilon]$$
$$= \bigcap_{\varepsilon > 0} [\text{ある } n \geq 1 \text{ が存在して，すべての } k \geq n \text{ に対して } |\mathbf{X}_k - \mathbf{X}| < \varepsilon]$$
$$= \bigcap_{\varepsilon > 0} \bigcup_{n=1}^{\infty} A_{n,\varepsilon}$$

このように書き換えられるので

$$\mathbf{X}_n \xrightarrow{\text{a.s.}} \mathbf{X} \iff P\left(\bigcap_{\varepsilon > 0} \bigcup_{n=1}^{\infty} A_{n,\varepsilon}\right) = 1 \tag{1}$$

$\bigcup_{n=1}^{\infty} A_{n,\varepsilon}$ は $\varepsilon \to 0$ のとき単調減少なので，$\bigcap_{\varepsilon > 0} \bigcup_{n=1}^{\infty} A_{n,\varepsilon}$ に収束する．ゆえに，

次に同値である．

$$\text{任意の}\varepsilon > 0 \text{ に対して} \quad P\left(\bigcup_{n=1}^{\infty} A_{n,\varepsilon}\right) = 1$$

$A_{n,\varepsilon}$ は $n \to \infty$ のとき単調増加なので，$\bigcup_{n=1}^{\infty} A_{n,\varepsilon}$ に収束する．したがって，上はまた次に同値である．

$$\text{任意の}\varepsilon > 0 \text{ に対して} \quad P(A_{n,\varepsilon}) \to 1 \ (n \to \infty)$$

これは求める同値な式に等しい． ∎

[**定理 1 の証明**] (a) 任意の $\varepsilon > 0$ に対して

$$[|\mathbf{X}_n - \mathbf{X}| < \varepsilon] \supset [\text{すべての } k \geq n \text{ に対して } |\mathbf{X}_k - \mathbf{X}| < \varepsilon]$$

が成り立つので

$$P(|\mathbf{X}_n - \mathbf{X}| < \varepsilon) \geq P(\text{すべての } k \geq n \text{ に対して } |\mathbf{X}_k - \mathbf{X}| < \varepsilon) \longrightarrow 1 \quad (n \to \infty)$$

(b) チェビシェフの不等式により

$$E|\mathbf{X}_n - \mathbf{X}|^r \geq E\left(|\mathbf{X}_n - \mathbf{X}|^r I(|\mathbf{X}_n - \mathbf{X}| \geq \varepsilon)\right)$$
$$\geq \varepsilon^r P(|\mathbf{X}_n - \mathbf{X}| \geq \varepsilon)$$

が成り立つので，$n \to \infty$ とすると証明を得る．

(c) $\varepsilon > 0$ とする．また，$\mathbf{1} \in \mathbb{R}^d$ をすべての要素が 1 であるベクトルとする．$\mathbf{X}_n \leq \boldsymbol{x}_0$ ならば $\mathbf{X} \leq \boldsymbol{x}_0 + \varepsilon\mathbf{1}$ あるいは $|\mathbf{X} - \mathbf{X}_n| > \varepsilon$ なので，

$$[\mathbf{X}_n \leq \boldsymbol{x}_0] \subset [\mathbf{X} \leq \boldsymbol{x}_0 + \varepsilon\mathbf{1}] \cup [|\mathbf{X} - \mathbf{X}_n| > \varepsilon]$$

である．つまり次を得る．

$$F_{\mathbf{X}_n}(\boldsymbol{x}_0) \leq F_{\mathbf{X}}(\boldsymbol{x}_0 + \varepsilon\mathbf{1}) + P(|\mathbf{X} - \mathbf{X}_n| > \varepsilon)$$

同様に

$$F_{\mathbf{X}}(\boldsymbol{x}_0 - \varepsilon\mathbf{1}) \leq F_{\mathbf{X}_n}(\boldsymbol{x}_0) + P(|\mathbf{X} - \mathbf{X}_n| > \varepsilon)$$

ゆえに，$P(|\mathbf{X} - \mathbf{X}_n| > \varepsilon) \to 0 \ (n \to \infty)$ より次を得る．

$$F_{\mathbf{X}}(\boldsymbol{x}_0 - \varepsilon \mathbf{1}) \leq \liminf_{n \to \infty} F_{\mathbf{X}_n}(\boldsymbol{x}_0) \leq \limsup_{n \to \infty} F_{\mathbf{X}_n}(\boldsymbol{x}_0) \leq F_{\mathbf{X}}(\boldsymbol{x}_0 + \varepsilon \mathbf{1})$$

$F_{\mathbf{X}}(\boldsymbol{x})$ が $\boldsymbol{x}_0$ で連続ならば，この不等式の両端の値は $\varepsilon \to 0$ のときに $F_{\mathbf{X}}(\boldsymbol{x}_0)$ に収束する．よって次を得る．

$$F_{\mathbf{X}_n}(\boldsymbol{x}_0) \longrightarrow F_{\mathbf{X}}(\boldsymbol{x}_0) \quad (n \to \infty) \qquad \blacksquare$$

─── 演習問題 1 ───

1.1. $X \in \mathscr{B}\left(1, \frac{1}{2}\right)$（2項分布）かつ $X_n \in \mathscr{B}e\left(\frac{1}{n}, \frac{1}{n}\right)$（ベータ分布）のとき，$X_n \xrightarrow{\mathscr{L}} X$ を示せ．$X_n \in \mathscr{B}e\left(\frac{\alpha}{n}, \frac{\beta}{n}\right)$ の場合はどうなるか．

1.2. X_n が集合 $\left\{\frac{1}{n}, \frac{2}{n}, ..., 1\right\}$ の上で一様分布に従うとき，$X_n \xrightarrow{\mathscr{L}} X \in \mathscr{U}(0,1)$ を示せ．$X_n \xrightarrow{\mathrm{P}} X$ は成り立つか．

1.3. (a) $0 < r < s$ とする．$E|X|^s < \infty$ のとき，$E|X|^r < \infty$ であることを示せ．証明には，次のヘルダーの不等式を用いるとよい：$0 \leq p \leq 1$ に対して
$$E|X|^p |Y|^{1-p} \leq (E|X|)^p (E|Y|)^{1-p}$$
(b) $0 < r < s$ で $X_n \xrightarrow{L_s} X$ のとき，$X_n \xrightarrow{L_r} X$ であることを示せ．

1.4. $E|X_n| \to 0$ で $E|X_n|^2 \to 1$ であるような確率変数列 X_n を構成せよ．

1.5. $\boldsymbol{\mu}$ を定数ベクトルとする．このとき，$E\mathbf{X}_n \to \boldsymbol{\mu}$ と $V(\mathbf{X}_n) \to \mathbf{0}$ が共に成り立つことが $\mathbf{X}_n \xrightarrow{L_2} \boldsymbol{\mu}$ と同値であることを示せ．

1.6. 収束先の分布関数 $F_{\mathbf{X}}$ が連続のときは，法則収束の定義は簡単に，すべての $\boldsymbol{x}$ において $F_{\mathbf{X}_n}(\boldsymbol{x}) \to F_{\mathbf{X}}(\boldsymbol{x})$ となる．このとき自動的に，この収束は一様収束である．このことを 1 次元の場合に示せ．つまり，$F_X(x)$ が連続で $X_n \xrightarrow{\mathscr{L}} X$ ならば，$\sup_x |F_{X_n}(x) - F_X(x)| \to 0$ であることを示せ．

1.7. ファトウ・ルベーグの補題を用いて，(a) 単調収束定理を示せ．また，(b) ルベーグの優収束定理を示せ．

第2章 定理1の部分的な逆

　定理1の結果に対する完全な逆命題は成立しないが，すでにいくつか見たように，追加的な条件を仮定すると重要な逆命題も成り立つようになる．今後，記号 c で定数ベクトル $c \in \mathbb{R}^d$ とその点に等しい退化した確率ベクトルを表すのに用いる．

定理2

(a) $\mathbf{X}_n \xrightarrow{\mathscr{L}} c \implies \mathbf{X}_n \xrightarrow{P} c$.

(b) $\mathbf{X}_n \xrightarrow{a.s.} \mathbf{X}$ であり，可積分な確率変数 Z と $r > 0$ が存在して $|\mathbf{X}_n|^r \leq Z$ であるとき，$\mathbf{X}_n \xrightarrow{L_r} \mathbf{X}$.

(c) (Scheffe(1947)) $\mathbf{X}_n \xrightarrow{a.s.} \mathbf{X}$, $\mathbf{X}_n \geq \mathbf{0}$, さらに $E\mathbf{X}_n \to E\mathbf{X} < \infty$ ならば $\mathbf{X}_n \xrightarrow{L_1} \mathbf{X}$.

(d) $\mathbf{X}_n \xrightarrow{P} \mathbf{X}$ であることと，任意の（狭義の）単調増加な自然数列 n' に対してその部分列 n'' を選んで $\mathbf{X}_{n''} \xrightarrow{a.s.} \mathbf{X}$ とできることとは同値である．

（補足） (a) の結果と定理1(c) を組み合わせると，収束先が定数の場合は，法則収束と確率収束は同値であることが分かる．以下の章ではしばしば，ことさら断ることなくこのことを利用する．

　(b) の結果は概収束から r 次平均収束（L_r 収束）を導くための条件を与える．この結果を強めるには演習問題 2.3 を参照せよ．概収束に対する簡単な十分条件に関しては演習問題 2.2 を参照せよ．

　(c) の結果はシェッフェの**有用収束定理**と呼ばれるが，この名称は Scheffe (1947) の論文名に由来する．通常は密度関数（積分値1の非負関数）を使って次のように表現される：$f_n(x)$ と $g(x)$ を密度関数とし，すべての x において $f_n(x) \to g(x)$ ならば，$\int |f_n(x) - g(x)| dx \to 0$ である（$f_n(x) \geq 0$ と

$\int f_n(x)dx \to \int g(x)dx$ は自動的に得られる．この証明は下に与えるように (c) の証明と同様である）．

　密度の各点収束は，分布関数の収束としては，法則収束よりもかなり強い．法則収束は，$A = \{\boldsymbol{x} : \boldsymbol{x} \leq \boldsymbol{a}\}$ という形をしたすべての集合において，$P(\mathbf{X}_n \in A)$ が $P(\mathbf{X} \in A)$ に収束することを要求する．一方，密度が収束するとき，すべてのボレル集合 A において $P(\mathbf{X}_n \in A)$ は $P(\mathbf{X} \in A)$ に収束し，さらにはその収束は一様である．言い換えると，$\mathbf{X}_n$ と $\mathbf{X}$ が（同じ測度 ν に関して）それぞれ密度 $f_n(\boldsymbol{x})$ と $f(\boldsymbol{x})$ をもつならば，任意の $\boldsymbol{x}$ において $f_n(\boldsymbol{x}) \to f(\boldsymbol{x})$ のとき次が成り立つ．

$$\sup_A |P(\mathbf{X}_n \in A) - P(\mathbf{X} \in A)| \longrightarrow 0$$

この証明は演習問題 2.6 で扱う．この手の収束には，ベルンシュタイン・フォンミーゼスの定理でも出会うことになるだろう（第 21 章を参照せよ）．

　この種の収束と法則収束との違いを説明するために，$\{1/n, 2/n, ..., 1\}$ 上で一様に分布する確率変数 X_n について考えてみよう．このとき，$X_n \xrightarrow{\mathscr{L}} X$, $X \in \mathscr{U}(0,1)$（区間 [0,1] 上の一様分布）である．しかし，すべてのボレル集合 A において $P(X_n \in A)$ が $P(X \in A)$ に収束するわけではない．例えば，A を有理数の集合とすると，$(X_n \in A) = 1$ だが $P(X \in A) = 0$ である．

　(d) の結果を用いると，確率収束を扱うときの道具として概収束を利用できる．一般に，概収束は扱いやすい．結果 (d) の利用例を 1 つ挙げよう．$g(\boldsymbol{x})$ が $\boldsymbol{x}$ に関して連続のとき，確率 1 で $\mathbf{X}_n \to \mathbf{X}$（つまり，概収束）ならば，確率 1 で $g(\mathbf{X}_n) \to g(\mathbf{X})$ であることはすぐに分かる．では，概収束を確率収束に置き換えてもこの結果は成り立つだろうか．$\mathbf{X}_n \xrightarrow{\mathrm{P}} \mathbf{X}$ とし，$g(\boldsymbol{x})$ は $\boldsymbol{x}$ に関し連続と仮定する．$g(\mathbf{X}_n) \xrightarrow{\mathrm{P}} g(\mathbf{X})$ を示すには，結果 (d) を使って，任意の部分列 n' に対して $g(\mathbf{X}_{n''}) \xrightarrow{\mathrm{a.s.}} g(\mathbf{X})$ であるようなさらなる部分列 n'' が存在することを示せば十分である．そこで，n' を任意の部分列とすると，結果 (d) により，$\mathbf{X}_{n''} \xrightarrow{\mathrm{a.s.}} \mathbf{X}$ となるようなさらなる部分列が存在する．そのとき，$g(\boldsymbol{x})$ は連続なので，$g(\mathbf{X}_{n''}) \xrightarrow{\mathrm{a.s.}} g(\mathbf{X})$ となり，証明が得られる．

[定理 2 の証明] (a) 次式の左辺は次のように下側から評価できる．

$$P\left(|\mathbf{X}_n - \boldsymbol{c}| \leq \sqrt{d}\varepsilon\right) \geq P\left(\boldsymbol{c} - \varepsilon\mathbf{1} < \mathbf{X}_n \leq \boldsymbol{c} + \varepsilon\mathbf{1}\right)$$

右辺は分布関数を使って展開でき，確率 1 に収束することが確かめられる．例えば $d=2$ の場合は，右辺は次のように展開でき，

$$F_{\mathbf{X}_n}\left(\boldsymbol{c} + \varepsilon\begin{pmatrix}1\\1\end{pmatrix}\right) - F_{\mathbf{X}_n}\left(\boldsymbol{c} + \varepsilon\begin{pmatrix}1\\-1\end{pmatrix}\right) - F_{\mathbf{X}_n}\left(\boldsymbol{c} + \varepsilon\begin{pmatrix}-1\\1\end{pmatrix}\right) + F_{\mathbf{X}_n}\left(\boldsymbol{c} + \varepsilon\begin{pmatrix}-1\\-1\end{pmatrix}\right)$$

1 に収束することは明らかである．

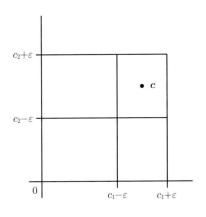

図 **2.1**

(b) これは d 次元空間でのルベーグの優収束定理である．$\mathbf{X}_n \xrightarrow{\text{a.s.}} \mathbf{X}$ かつ $|\mathbf{X}_n|^r \leq Z$ ならば $|\mathbf{X}|^r \leq Z$ a.s.（確率 1 で $|\mathbf{X}|^r \leq Z$）である．ゆえに，

$$|\mathbf{X}_n - \mathbf{X}|^r \leq (|\mathbf{X}_n| + |\mathbf{X}|)^r \leq (Z^{1/r} + Z^{1/r})^r \leq 2^r Z \quad \text{a.s.}$$

第 1 章で与えられたルベーグの優収束定理の X_n と X をそれぞれ $|\mathbf{X}_n - \mathbf{X}|^r$ と 0 で置き換えるとここでの結果が得られる．

(c) x^+ は x の正値部分を表すとする（$x^+ = \max\{x, 0\}$）．まず 1 次元においては，実数 x において $|x| = x + 2(-x)^+$ なので，$E|X_n - X| = E(X_n - X) + 2E(X - X_n)^+$

である．$EX_n \to EX$ なので第1項は0に収束する．また，$0 \le (X - X_n)^+ \le X^+$ であり $E(X^+) < \infty$ なので，ルベーグの優収束定理により，第2項も0に収束する．多次元においては，三角不等式により，$|\mathbf{X}_n - \mathbf{X}| \le \sum_{i=1}^d |X_{ni} - X_i|$ なので，右辺の各項においてそれぞれ上と同様の評価をすればよい．

(d) の結果を導くには，ボレル・カンテリの補題を用いる．事象 $A_i, i = 1, 2, ...$ に対して，事象 $[A_i \text{ i.o.}] = \limsup_{n \to \infty} A_n = \bigcap_{n=1}^\infty \bigcup_{i=n}^\infty A_i$ は，A_i が無限回起こる事象を表す．

> **ボレル・カンテリの補題：** $\sum_{i=1}^\infty P(A_i) < \infty$ ならば，$P(A_i \text{ i.o.}) = 0$ である．逆に，A_i が互いに独立で，$\sum_{i=1}^\infty P(A_i) = \infty$ ならば，$P(A_i \text{ i.o.}) = 1$ である．

[証明] （前半部分）無限に多くの A_i が起こるとき，任意の n に対して $n \le i$ であるような少なくとも1つの A_i が起こる．ゆえに，

$$P(A_i \text{ i.o.}) \le P\left(\bigcup_{i=n}^\infty A_i\right) \le \sum_{i=n}^\infty P(A_i) \to 0 \quad (n \to \infty) \quad \blacksquare$$

逆の証明は演習問題 2.4 に回す．

ボレル・カンテリの補題の典型的な使用例をコイン投げに見ることができる．$X_1, X_2, ...$ を，n 回目の試行における成功の確率が p_n であるようなベルヌーイ試行列とする．成功が無限回起こる確率はどれほどだろうか．あるいは，同じことだが，$P(X_n = 1 \text{ i.o.})$ はいくらか．ボレル・カンテリの補題とその逆から，この確率は $\sum_{n=1}^\infty p_n$ が有限か無限かによって0か1である．もし $p_n = 1/n^2$ なら $P(X_n = 1 \text{ i.o.}) = 0$ であり，$p_n = 1/n$ なら $P(X_n = 1 \text{ i.o.}) = 1$ である．

ボレル・カンテリの補題は概収束に関係した問題を扱うときに役に立つ．というのも，概収束 $\mathbf{X}_n \xrightarrow{\text{a.s.}} \mathbf{X}$ は次に同値だからである（補題 1.1 の証明にある (1) 式から容易に導ける）．

$$\text{任意の} \varepsilon > 0 \text{ において } P(|\mathbf{X}_n - \mathbf{X}| > \varepsilon \text{ i.o.}) = 0$$

(d) ($\Longleftarrow$) $\mathbf{X}_n$ が $\mathbf{X}$ に確率収束しないと仮定する．このとき，$\varepsilon > 0$ と $\delta > 0$ が存在して，無限に多くの n（それを n_i とおく）に対して $P(|\mathbf{X}_{n_i} - \mathbf{X}| > \varepsilon) > \delta$ とできる．ゆえに，n_i のどのような部分列においても確率収束しないので，概収束もしないことになる．

($\Longrightarrow$) $\varepsilon_i > 0$ で $\sum_{i=1}^{\infty} \varepsilon_i < \infty$ とする．そこで，$n \geq n_i$ ならば $P(|\mathbf{X}_n - \mathbf{X}| \geq \varepsilon_i) < \varepsilon_i$ となるような n_i を見つける．このとき，$n_1 < n_2 < \cdots$ と仮定しても一般性を失わない．$A_i = [|\mathbf{X}_{n_i} - \mathbf{X}| \geq \varepsilon_i]$ とおくと，$\sum_{i=1}^{\infty} P(A_i) \leq \sum_{i=1}^{\infty} \varepsilon_i < \infty$ である．ゆえに，ボレル・カンテリの補題より，$P(A_i \text{ i.o.}) = 0$ を得る．これは，$[|\mathbf{X}_{n_i} - \mathbf{X}| \geq \varepsilon_i]$ が確率 1 で有限回しか起こらないことを意味する．$\varepsilon_i \to 0$ なので，任意の $\varepsilon > 0$ において，$[|\mathbf{X}_{n_i} - \mathbf{X}| \geq \varepsilon]$ が確率 1 で有限回しか起こらないことを意味する．ゆえに，$\mathbf{X}_{n_i} \xrightarrow{\text{a.s.}} \mathbf{X}$ を得る．つまり，任意の $\varepsilon > 0$ に対して，$P(|\mathbf{X}_{n_i} - \mathbf{X}| \geq \varepsilon \text{ i.o.}) = 0$ である．同様に，n' を任意の部分列とすると，$\mathbf{X}_{n'} \xrightarrow{P} \mathbf{X}$ であるが，n' の部分列 n'' が存在して $\mathbf{X}_{n''} \xrightarrow{\text{a.s.}} \mathbf{X}$ とできる． ∎

——————— 演習問題 2 ———————

2.1. $X_1, X_2, \ldots$ は独立同分布で，次の密度関数に従うとする．

$$f(x) = \alpha x^{-(\alpha+1)} I(1 < x)$$

(a) $(1/n)X_n \xrightarrow{L_r} 0$ が成り立つのはどのような $\alpha > 0$ と $r > 0$ に対してか．

(b) $(1/n)X_n \xrightarrow{\text{a.s.}} 0$ が成り立つのはどのような $\alpha > 0$ に対してか（ボレル・カンテリの補題を用いよ）．

2.2. $\sum_{n=1}^{\infty} E|\mathbf{X}_n - \mathbf{X}|^2 < \infty$ のとき，$\mathbf{X}_n \xrightarrow{\text{a.s.}} \mathbf{X}$ かつ $\mathbf{X}_n \xrightarrow{L_2} \mathbf{X}$ であることを示せ．また，$\sum_{n=1}^{\infty} E|\mathbf{X}_n - \mathbf{X}|^r < \infty$ のとき，$\mathbf{X}_n \xrightarrow{\text{a.s.}} \mathbf{X}$ かつ $\mathbf{X}_n \xrightarrow{L_r} \mathbf{X}$ であることを示せ．

2.3. 定理 2 の (d) を用いて次を示すことにより，定理 2 の (b) と (c) を改良せよ．

(a) $\mathbf{X}_n \xrightarrow{P} \mathbf{X}$ であり，ある $r > 0$ に対して $|\mathbf{X}_n|^r \leq Z$ であり，$EZ < \infty$ ならば，$\mathbf{X}_n \xrightarrow{L_r} \mathbf{X}$ である．

(b) $\mathbf{X}_n \xrightarrow{P} \mathbf{X}$ であり，$\mathbf{X}_n \geq 0$ であり，$E\mathbf{X}_n \to E\mathbf{X} < \infty$ ならば，$\mathbf{X}_n \xrightarrow{L_1} \mathbf{X}$ である．

2.4. (a) $\sum_{i=1}^{\infty} P(A_i) = \infty$ かつ $P(A_i \text{ i.o.}) = 0$ となるような事象列 $A_1, A_2, \ldots$ を与えよ.

(b) $A_1, A_2, \ldots$ が互いに独立で, $\sum_{i=1}^{\infty} P(A_i) = \infty$ ならば, $P(A_i \text{ i.o.}) = 1$ となることを示せ. (ヒント：次を利用せよ)

$$P(A_i \text{は有限回しか起こらない}) = P\left(\bigcup_{n=1}^{\infty} \bigcap_{i=n}^{\infty} A_i^c\right)$$
$$= \lim_{n \to \infty} \prod_{i=n}^{\infty} (1 - P(A_i))$$
$$\leq \lim_{n \to \infty} \exp\left(-\sum_{i=n}^{\infty} P(A_i)\right)$$

2.5. $X_1, X_2, \ldots$ は独立で, 次の分布に従うとする.

$$P(X_n = n^\alpha) = \frac{1}{n}, \quad P(X_n = 0) = 1 - \frac{1}{n}$$

ただし, $-\infty < \alpha < \infty$ は定数である. α がどのような場合に次が成り立つか.

(a) $X_n \xrightarrow{\text{P}} 0$

(b) $X_n \xrightarrow{\text{a.s.}} 0$

(c) 与えられた r に対して, $X_n \xrightarrow{L_r} 0$

2.6. (a) 密度関数 $f_n(x)$ と $g(x)$ がすべての x において $f_n(x) \to g(x)$ $(n \to \infty)$ であるとする. 次を示せ.

$$\int_{-\infty}^{\infty} |f_n(x) - g(x)| dx \to 0 \quad (n \to \infty)$$

(b) $\int_{-\infty}^{\infty} |f_n(x) - g(x)| dx \to 0$ $(n \to \infty)$ が成り立つと仮定する. ただし, $f_n(x)$ は X_n の密度, $g(x)$ は X の密度である. このとき, 次が成り立つ事を示せ.

$$\sup_A |P(X_n \in A) - P(X \in A)| \to 0 \quad (n \to \infty)$$

2.7. 次のようにシェッフェの定理を拡張せよ.

$$\left.\begin{array}{r} X_n \xrightarrow{\text{a.s.}} X \\ E|X_n| \to E|X| < \infty \end{array}\right\} \implies E|X_n - X| \to 0$$

2.8. $X_n \xrightarrow{\text{a.s.}} X$ であり, $EX_n^2 \to EX^2 < \infty$ ならば, $X_n \xrightarrow{L_2} X$ であることを示せ.

第3章　法則収束

　この章では，確率ベクトル列 $\mathbf{X}_n$ の関数の期待値の収束と $\mathbf{X}_n$ の法則収束との関係を調べる．ここでの基本的な結果は，任意の連続で有界な関数 g に対して $Eg(\mathbf{X}_n) \to Eg(\mathbf{X})$ であることと法則収束 $\mathbf{X}_n \xrightarrow{\mathscr{L}} \mathbf{X}$ が同値になる，ということである．最後に，確率ベクトル列の法則収束とそれらに対応する特性関数の収束とが同値である，という**連続定理**を示してこの章を終える．

　g を $\mathbb{R}^d$ 上の実数値関数とする．あるコンパクト集合 $C \subset \mathbb{R}^d$ が存在して，$x \notin C$ のとき $f(x) = 0$ ならば，g は**あるコンパクト集合外で消える**という．

定理 3

次の条件は互いに同値である．

(a) $\mathbf{X}_n \xrightarrow{\mathscr{L}} \mathbf{X}$.

(b) あるコンパクト集合外で消える任意の連続関数 g に対して $Eg(\mathbf{X}_n) \to Eg(\mathbf{X})$.

(c) 任意の有界な連続関数 g に対して $Eg(\mathbf{X}_n) \to Eg(\mathbf{X})$.

(d) 任意の有界な可測関数 g に対して，$C(g)$ を g の連続点からなる集合とおくとき，$P(\mathbf{X} \in C(g)) = 1$ ならば $Eg(\mathbf{X}_n) \to Eg(\mathbf{X})$. 今後，$C(g)$ を g の**連続点集合**と呼ぶ．

　(a) から (b), (c), (d) を導くという結果は**ヘリー・ブレイの定理**として知られている．例えば，$X_n \xrightarrow{\mathscr{L}} X$ のときは常に，$E\cos(X_n) \to E\cos(X)$ が成り立つ．なぜなら，$\cos(x)$ は有界で連続だからである．まずは，有界性と連続性が必要であることを示す反例を与えておこう．

例 3.1. $\mathbb{R}$ 上で $g(x) = x$ とおき，次のような確率変数列を考える．
$$P(X_n = 0) = 1 - \frac{1}{n}, \quad P(X_n = n) = \frac{1}{n}$$
このとき，$X_n \xrightarrow{\mathscr{L}} X = 0$ であるが，$Eg(X_n) = n \cdot 1/n = 1 \not\to Eg(X) = Eg(0) = 0$．つまり，(c) と (d) において g の有界性を外すことはできない．

例 3.2. $\mathbb{R}$ 上の定義関数 $g(x) = I(x > 0)$ について考える．また，X_n は $1/n$ に退化した確率変数列とする．このとき，$X_n \xrightarrow{\mathscr{L}} 0$ であるが，$Eg(X_n) = 1 \not\to Eg(0) = 0$ である．このように，(b) と (c) においては連続性が必要である．同様に，(d) においても，$P(\mathbf{X} \in C(g)) = 1$ を必要とする．

[定理 3 の証明] (d) $\Rightarrow$ (c) $\Rightarrow$ (b) は明らかである．ここでは，(d) $\Rightarrow$ (a) $\Rightarrow$ (b) $\Rightarrow$ (c) $\Rightarrow$ (d) の順番で証明する．

(d) $\Rightarrow$ (a): $\boldsymbol{x}_0$ を $F_\mathbf{X}$ の連続点とし，$\mathbb{R}^d$ 上の定義関数 $g(\boldsymbol{x}) = I(\boldsymbol{x} \leq \boldsymbol{x}_0)$ について考える．このとき $F_\mathbf{X}(\boldsymbol{x}_0) = Eg(\mathbf{X})$ である．g の不連続点とは，連立不等式 $\boldsymbol{x} \leq \boldsymbol{x}_0$ において少なくとも 1 つの等号を与える点である．$\boldsymbol{x}_0$ は $F_\mathbf{X}$ の連続点なので，$F_\mathbf{X}(\boldsymbol{x}_0 + \varepsilon \mathbf{1}) - F_\mathbf{X}(\boldsymbol{x}_0 - \varepsilon \mathbf{1}) \to 0 \ (\varepsilon \to 0)$ である．これは，g の不連続点集合が $\mathbf{X}$ の分布の下で確率 0 であることを意味している．つまり $P(\mathbf{X} \in C(g)) = 1$ である．ゆえに，$F_{\mathbf{X}_n}(\boldsymbol{x}_0) = Eg(\mathbf{X}_n) \to Eg(\mathbf{X}) = F_\mathbf{X}(\boldsymbol{x}_0)$ である． □

(a) $\Rightarrow$ (b): g は連続で，コンパクト集合 C の外では消えるとする．このとき，g は一様連続である．つまり，任意の $\varepsilon > 0$ に対して，ある $\delta > 0$ が存在して，次が成り立つ．
$$|\boldsymbol{x} - \boldsymbol{y}| < \delta \implies |g(\boldsymbol{x}) - g(\boldsymbol{y})| < \varepsilon$$
次に，各座標軸において，その軸に直交する平行超平面で C を切り分ける．ただし，隣り合う平行超平面間の距離は高々 $\delta/\sqrt{d}$ とする．また，(平行な超平面で，確率が正になるものは高々可算個なので) どの超平面も $F_\mathbf{X}$ の下で確率 0 であるようにとれる．これにより，$\mathbb{R}^d$ は平行多面体 $(\boldsymbol{b}, \boldsymbol{c}] = \{\boldsymbol{x} : \boldsymbol{b} < \boldsymbol{x} \leq \boldsymbol{c}\} = \{\boldsymbol{x} = (x_1, ..., x_d)^t : b_i < x_i \leq c_i, i = 1, 2, ..., d\}$ に切り分けられ，任意の平行多面体内において $|g(\boldsymbol{x}) - g(\boldsymbol{c})| \leq \varepsilon$

である．

$$\tilde{g}(\boldsymbol{x}) = \sum_{\text{すべての}(\boldsymbol{b},\boldsymbol{c}]} g(\boldsymbol{c})I(\boldsymbol{b} < \boldsymbol{x} \leq \boldsymbol{c})$$

とおくと，すべての $\boldsymbol{x} \in \mathbb{R}^d$ において $|g(\boldsymbol{x}) - \tilde{g}(\boldsymbol{x})| \leq \varepsilon$ である．g はコンパクト集合 C の外では消えるので，この上の和は本質的には有限個である．ゆえに，この和は（定理 2(a) の証明におけるように）次のように表現できる．

$$\tilde{g}(\boldsymbol{x}) = \sum_i a_i I(\boldsymbol{x} \leq \boldsymbol{x}_i)$$

ただし，どの $\boldsymbol{x}_i$ においても $F_\mathbf{X}$ は連続である．ゆえに，$\mathbf{X}_n \xrightarrow{\mathscr{L}} \mathbf{X}$ により

$$E\tilde{g}(\mathbf{X}_n) = \sum_i a_i F_{\mathbf{X}_n}(\boldsymbol{x}_i) \longrightarrow \sum_i a_i F_\mathbf{X}(\boldsymbol{x}_i) = E\tilde{g}(\mathbf{X})$$

これにより，

$$|Eg(\mathbf{X}_n) - Eg(\mathbf{X})|$$
$$\leq |Eg(\mathbf{X}_n) - E\tilde{g}(\mathbf{X}_n)| + |E\tilde{g}(\mathbf{X}_n) - E\tilde{g}(\mathbf{X})| + |E\tilde{g}(\mathbf{X}) - Eg(\mathbf{X})|$$
$$\leq 2\varepsilon + |E\tilde{g}(\mathbf{X}_n) - E\tilde{g}(\mathbf{X})| \longrightarrow 2\varepsilon$$

これはすべての $\varepsilon > 0$ に対して成り立つので，$Eg(\mathbf{X}_n) \to Eg(\mathbf{X})$ を得る． □

(b) ⇒ (c): g は連続で，すべての $\boldsymbol{x} \in \mathbb{R}^d$ に対して，$|g(\boldsymbol{x})| < A$ であるとする．このとき，$\varepsilon > 0$ に対して，$P(|\mathbf{X}| \geq B) < \varepsilon/(2A)$ となるような B をとる．この B に対して，次の条件を満足する連続関数 h が定義できる．

$$h(\boldsymbol{x}) = \begin{cases} 0, & |\boldsymbol{x}| \geq B+1 \\ 1, & |\boldsymbol{x}| \leq B \end{cases}, \quad \text{かつ任意の } \boldsymbol{x} \in \mathbb{R}^d \text{において } 0 \leq h(\boldsymbol{x}) \leq 1$$

このとき，

$$|Eg(\mathbf{X}_n) - Eg(\mathbf{X})| \leq |Eg(\mathbf{X}_n) - Eg(\mathbf{X}_n)h(\mathbf{X}_n)|$$
$$+ |Eg(\mathbf{X}_n)h(\mathbf{X}_n) - Eg(\mathbf{X})h(\mathbf{X})|$$
$$+ |Eg(\mathbf{X})h(\mathbf{X}) - Eg(\mathbf{X})|$$

$g \cdot h$ は連続で，コンパクト集合 $\{\boldsymbol{x} : |\boldsymbol{x}| \leq B+1\}$ の外では消えるので，右辺の第 2

項は 0 に収束する．第 1 項は次のように $\varepsilon/2$ で上から抑えられるようになり，

$$\begin{aligned}
|Eg(\mathbf{X}_n) - Eg(\mathbf{X}_n)h(\mathbf{X}_n)| &\leq E|g(\mathbf{X}_n)||1 - h(\mathbf{X}_n)| \\
&\leq AE(1 - h(\mathbf{X}_n)) \\
&= A(1 - Eh(\mathbf{X}_n)) \\
&\to A(1 - Eh(\mathbf{X})) \leq \frac{\varepsilon}{2}
\end{aligned}$$

第 3 項も同様に $\varepsilon/2$ で評価できる．ゆえに，$|Eg(\mathbf{X}_n) - Eg(\mathbf{X})|$ は，ε に収束する値で上から抑えられる．任意の $\varepsilon > 0$ に対してこれは成り立つので，$|Eg(\mathbf{X}_n) - Eg(\mathbf{X})| \to 0$ を得る． □

(c) ⇒ (d): これを示すには，次の補題を用いる．

補題 3.1. 可測関数 g は有界で，$P(X \in C(g)) = 1$ であるとする．このとき，任意の $\varepsilon > 0$ に対して，次を満足する有界で連続な関数 f と h が存在する．

$$f \leq g \leq h, \quad E(h(\mathbf{X}) - f(\mathbf{X})) < \varepsilon$$

[証明] $k = 1, 2, \ldots$ に対して，次の関数を定義する．

$$f_k(\boldsymbol{x}) = \inf_y \{g(\boldsymbol{y}) + k|\boldsymbol{x} - \boldsymbol{y}|\}, \quad h_k(\boldsymbol{x}) = \sup_y \{g(\boldsymbol{y}) - k|\boldsymbol{x} - \boldsymbol{y}|\}$$

このとき，明らかに，

$$f_1(\boldsymbol{x}) \leq f_2(\boldsymbol{x}) \leq \cdots \leq g(\boldsymbol{x}) \leq \cdots \leq h_2(\boldsymbol{x}) \leq h_1(\boldsymbol{x})$$

であり，各 $f_k(\boldsymbol{x})$ と $h_k(\boldsymbol{x})$ は連続であり有界である．というのも，

$$\begin{aligned}
f_k(\boldsymbol{x}') &= \inf_y \{g(\boldsymbol{y}) + k|\boldsymbol{x}' - \boldsymbol{y}|\} \\
&\leq \inf_y \{g(\boldsymbol{y}) + k|\boldsymbol{x} - \boldsymbol{y}|\} + k|\boldsymbol{x} - \boldsymbol{x}'| \\
&= f_k(\boldsymbol{x}) + k|\boldsymbol{x} - \boldsymbol{x}'|
\end{aligned}$$

なので，$|f_k(\boldsymbol{x}) - f_k(\boldsymbol{x}')| \leq k|\boldsymbol{x} - \boldsymbol{x}'|$ が成り立つからである．$f_0(\boldsymbol{x}) = \lim_{k \to \infty} f_k(\boldsymbol{x})$，$h_0(\boldsymbol{x}) = \lim_{k \to \infty} h_k(\boldsymbol{x})$ とおくと，$f_0(\boldsymbol{x}) \leq g(\boldsymbol{x}) \leq h_0(\boldsymbol{x})$．

次に,$\boldsymbol{x} \in C(g)$ のとき,$f_0(\boldsymbol{x}) = g(\boldsymbol{x}) = h_0(\boldsymbol{x})$ であることも確かめられる.なぜならば,任意の $\varepsilon > 0$ に対して,$f_0(\boldsymbol{x}) \geq g(\boldsymbol{x}) - \varepsilon$ を示すことができるからである.そのためにまず,$|\boldsymbol{x} - \boldsymbol{y}| < \delta$ ならば $|g(\boldsymbol{x}) - g(\boldsymbol{y})| < \varepsilon$ となるような $\delta > 0$ を見つける.次に,B を g の下界とし,$k > (g(\boldsymbol{x}) - B)/\delta$ であれば,次が成り立つ.

$$\begin{aligned}
f_0(\boldsymbol{x}) &\geq f_k(\boldsymbol{x}) \\
&= \min\left\{\inf_{|y-x|<\delta}\{g(\boldsymbol{y}) + k|\boldsymbol{x} - \boldsymbol{y}|\},\ \inf_{|y-x|\geq\delta}\{g(\boldsymbol{y}) + k|\boldsymbol{x} - \boldsymbol{y}|\}\right\} \\
&\geq \min\left\{g(\boldsymbol{x}) - \varepsilon, B + \frac{g(\boldsymbol{x}) - B}{\delta}\delta\right\} \\
&= g(\boldsymbol{x}) - \varepsilon
\end{aligned}$$

さらには,$P(\mathbf{X} \in C(g)) = 1$ なので,$Ef_0(\mathbf{X}) = Eg(\mathbf{X}) = Eh_0(\mathbf{X})$ が成り立つ.以上により,有界収束定理を用いて $Ef_k(\mathbf{X}) \uparrow Ef_0(\mathbf{X})$ と $Eh_k(\mathbf{X}) \downarrow Eh_0(\mathbf{X})$ が得られるので,任意の $\varepsilon > 0$ に対して $E(h_k(\mathbf{X}) - f_k(\mathbf{X})) < \varepsilon$ となるような k を選ぶことができる.∎

[(c) ⇒ (d) の証明] g を $P(\mathbf{X} \in C(g)) = 1$ であるような有界可測関数とする.また,$\varepsilon > 0$ に対して,f と h を補題 3.1 で得られるものとする.このとき,

$$\begin{aligned}
Eg(\mathbf{X}) - \varepsilon \leq Ef(\mathbf{X}) &= \lim_{n\to\infty} Ef(\mathbf{X}_n) \\
&\leq \liminf_{n\to\infty} Eg(\mathbf{X}_n) \leq \limsup_{n\to\infty} Eg(\mathbf{X}_n) \\
&\leq \lim_{n\to\infty} Eh(\mathbf{X}_n) = Eh(\mathbf{X}) \leq Eg(\mathbf{X}) + \varepsilon
\end{aligned}$$

$\varepsilon > 0$ は任意なので,$Eg(\mathbf{X}) = \lim_{n\to\infty} Eg(\mathbf{X}_n)$ を得る.∎

任意の $\mathbf{X} \in \mathbb{R}^d$ と $\boldsymbol{t} \in \mathbb{R}^d$ に対して,**特性関数**は次のように定義される.

$$\varphi_{\mathbf{X}}(\boldsymbol{t}) = E\exp(i\boldsymbol{t}^t\mathbf{X}) = E\exp(i(t_1X_1 + \cdots + t_dX_d))$$

ただし,$i = \sqrt{-1}$ である.

定理 3(e) 連続定理

$$\mathbf{X}_n \xrightarrow{\mathscr{L}} \mathbf{X} \iff 任意の \boldsymbol{t} \in \mathbb{R}^d に対して \varphi_{\mathbf{X}_n}(\boldsymbol{t}) \longrightarrow \varphi_{\mathbf{X}}(\boldsymbol{t})$$

[証明] （⟹）$\exp(it^t\mathbf{X}) = \cos t^t\mathbf{X} + i\sin t^t\mathbf{X}$ は有界で連続なので，ヘリー・ブレイの定理により直接的に得られる．

（⟸）g を連続で，あるコンパクト集合の外では消える関数とする．このとき，g は有界なので，$|g(\boldsymbol{x})| \leq B$ である上界 $B < \infty$ がとれ，一様連続である．よって，任意の $\varepsilon > 0$ に対して，次を満足する $\delta > 0$ を選ぶことができる．

$$|\boldsymbol{x} - \boldsymbol{y}| < \delta \implies |g(\boldsymbol{x}) - g(\boldsymbol{y})| < \varepsilon$$

$Eg(\mathbf{X}_n) \longrightarrow Eg(\mathbf{X})$ を示すために，$\mathbf{X}_n$ と $\mathbf{X}$ に対して独立な確率ベクトル $\mathbf{Y}_\sigma \in \mathcal{N}(\mathbf{0}, \sigma^2 \mathbf{I})$ を導入すると，

$$\begin{aligned}|Eg(\mathbf{X}_n) - Eg(\mathbf{X})| &\leq |Eg(\mathbf{X}_n) - Eg(\mathbf{X}_n + \mathbf{Y}_\sigma)| \\ &+ |Eg(\mathbf{X}_n + \mathbf{Y}_\sigma) - Eg(\mathbf{X} + \mathbf{Y}_\sigma)| \\ &+ |Eg(\mathbf{X} + \mathbf{Y}_\sigma) - Eg(\mathbf{X})|\end{aligned}$$

右辺の第 1 項は，十分に σ を小さくとると，次のように評価できる．

$$\begin{aligned}|Eg(\mathbf{X}_n) - Eg(\mathbf{X}_n + \mathbf{Y}_\sigma)| &\leq E\left(|g(\mathbf{X}_n) - g(\mathbf{X}_n + \mathbf{Y}_\sigma)|I(|\mathbf{Y}_\sigma| \leq \delta)\right) \\ &+ E\left(|g(\mathbf{X}_n) - g(\mathbf{X}_n + \mathbf{Y}_\sigma)|I(|\mathbf{Y}_\sigma| > \delta)\right) \\ &\leq \varepsilon + 2BP(|\mathbf{Y}_\sigma| > \delta) \leq 2\varepsilon\end{aligned}$$

第 3 項も同様に 2ε で抑えられる．ゆえに，残りの

$$Eg(\mathbf{X}_n + \mathbf{Y}_\sigma) \longrightarrow Eg(\mathbf{X} + \mathbf{Y}_\sigma)$$

を示せばよい．

$\mathbf{Z} \in \mathcal{N}(\mathbf{0}, \alpha^2 \mathbf{I})$ の特性関数は次で与えられる．

$$\varphi(\boldsymbol{t}) = E\exp(i\boldsymbol{t}^t\mathbf{Z}) = \left(\frac{1}{\sqrt{2\pi}\alpha}\right)^d \int_{\mathbb{R}^d} \exp\left(i\boldsymbol{t}^t\boldsymbol{z} - \frac{\boldsymbol{z}^t\boldsymbol{z}}{2\alpha^2}\right) d\boldsymbol{z} = \exp\left(-\frac{\alpha^2 \boldsymbol{t}^t\boldsymbol{t}}{2}\right) \tag{1}$$

よって，次のように変形できる．

$$\begin{aligned}&Eg(\mathbf{X}_n + \mathbf{Y}_\sigma) \\ =& \left(\frac{1}{\sqrt{2\pi}\sigma}\right)^d \int_{\boldsymbol{x} \in \mathbb{R}^d} \int_{\boldsymbol{y} \in \mathbb{R}^d} g(\boldsymbol{x} + \boldsymbol{y}) \exp\left(-\frac{\boldsymbol{y}^t\boldsymbol{y}}{2\sigma^2}\right) d\boldsymbol{y} dF_n(\boldsymbol{x})\end{aligned}$$

$$
\begin{aligned}
&= \left(\frac{1}{\sqrt{2\pi}\sigma}\right)^d \int_{\boldsymbol{u}\in\mathbb{R}^d} g(\boldsymbol{u}) \int_{\boldsymbol{x}\in\mathbb{R}^d} \exp\left(-\frac{(\boldsymbol{u}-\boldsymbol{x})^t(\boldsymbol{u}-\boldsymbol{x})}{2\sigma^2}\right) dF_n(\boldsymbol{x})d\boldsymbol{u} \\
&= \left(\frac{1}{\sqrt{2\pi}}\right)^{2d} \int_{\boldsymbol{u}\in\mathbb{R}^d} g(\boldsymbol{u}) \int_{\boldsymbol{x}\in\mathbb{R}^d} \int_{\boldsymbol{t}\in\mathbb{R}^d} \exp\left(i\boldsymbol{t}^t(\boldsymbol{u}-\boldsymbol{x}) - \frac{\sigma^2 \boldsymbol{t}^t\boldsymbol{t}}{2}\right) d\boldsymbol{t} dF_n(\boldsymbol{x})d\boldsymbol{u} \\
&= \left(\frac{1}{\sqrt{2\pi}}\right)^d \int_{\boldsymbol{u}\in\mathbb{R}^d} g(\boldsymbol{u}) \int_{\boldsymbol{t}\in\mathbb{R}^d} \exp\left(i\boldsymbol{t}^t\boldsymbol{u} - \frac{\sigma^2 \boldsymbol{t}^t\boldsymbol{t}}{2}\right) \varphi_{\mathbf{X}_n}(-\boldsymbol{t})d\boldsymbol{t} d\boldsymbol{u} \\
&\longrightarrow \left(\frac{1}{\sqrt{2\pi}}\right)^d \int_{\boldsymbol{u}\in\mathbb{R}^d} g(\boldsymbol{u}) \int_{\boldsymbol{t}\in\mathbb{R}^d} \exp\left(i\boldsymbol{t}^t\boldsymbol{u} - \frac{\sigma^2 \boldsymbol{t}^t\boldsymbol{t}}{2}\right) \varphi_{\mathbf{X}}(-\boldsymbol{t})d\boldsymbol{t} d\boldsymbol{u}
\end{aligned}
$$

上の変形において，2 行目では $\boldsymbol{y}$ を $\boldsymbol{u} = \boldsymbol{x} + \boldsymbol{y}$ に変数変換し，3 行目では上の関係式 (1) において $\alpha = 1/\sigma$ ($\boldsymbol{t} = \boldsymbol{u} - \boldsymbol{x}$, $\boldsymbol{z} = \boldsymbol{t}$) と考えている．最後の収束は，$|\exp(i\boldsymbol{t}^t\boldsymbol{u})\varphi_{\mathbf{X}_n}(-\boldsymbol{t})| \leq 1$ であり，g はあるコンパクト集合外では消えるので，ルベーグの優収束定理を用いて得られる．最後の式は，変形をまた逆にたどることにより $Eg(\mathbf{X} + \mathbf{Y}_\sigma)$ に等しいことが示せる． ∎

演習問題 3

3.1. $X_n \xrightarrow{\mathscr{L}} X \in \mathscr{P}(\lambda)$ (ポアソン分布) のとき，以下の g に関して $Eg(X_n) \to Eg(X)$ は成り立つか．

  (a) $g(x) = I(0 < x < 10)$
  (b) $g(x) = \exp(-x^2)$
  (c) $g(x) = \text{sgn}(\cos x)$, ただし，$\text{sgn}(x) = I(x > 0) - I(x < 0)$
  (d) $g(x) = x$

成り立たない場合は，反例を与えよ．

3.2. すべての $\boldsymbol{a} \in \mathbb{R}^d$ に対して $\boldsymbol{a}^t\mathbf{X}_n \xrightarrow{\mathscr{L}} \boldsymbol{a}^t\mathbf{X}$ ならば，$\mathbf{X}_n \xrightarrow{\mathscr{L}} \mathbf{X}$ であることを示せ．

3.3. $\mathbf{X}_n$ と $\mathbf{X}$ がそれぞれ密度 f_n と f をもち，すべての $\boldsymbol{x}$ において $f_n(\boldsymbol{x}) \to f(\boldsymbol{x})$ が成り立つとき，任意の有界な可測関数 g に対して $Eg(\mathbf{X}_n) \to Eg(\mathbf{X})$ であることを示せ．

3.4.【2項分布のポアソン近似】 (a) S_n が2項分布 $\mathscr{B}(n, p_n)$ に従い，Z はポアソン分布 $\mathscr{P}(\lambda)$ に従うとする．また，$np_n \to \lambda$ $(n \to \infty)$ と仮定する．特性関数を用いて，$S_n \xrightarrow{\mathscr{L}} Z$ であることを示せ．

(b) 次のように拡張せよ．$X_{n1}, X_{n2}, ..., X_{nn}$ は，$P(X_{nj} = 1) = p_{nj}$ であるベルヌーイ試行とする．また，$n \to \infty$ のとき，$p_{n1} + \cdots + p_{nn} \to \lambda$ であり，$\max_{1 \leq j \leq n} p_{nj} \to 0$ であると仮定する．このとき $S_n \xrightarrow{\mathscr{L}} Z$ であることを示せ．

3.5.【ルカムの不等式】 この不等式は，ポアソン近似を用いて生じる最悪の誤差に関する限界を与える．$X_1, X_2, ..., X_n$ を $P(X_i = 1) = p_i$，$i = 1, ..., n$ であるような独立なベルヌーイ試行列とし，$S_n = \sum_{i=1}^n X_i$ とおく．また，$\lambda = \sum_{i=1}^n p_i$ とし，Z はポアソン分布 $\mathscr{P}(\lambda)$ に従う確率変数とする．任意の集合 A に対し，次が成り立つことを示せ．

$$|P(S_n \in A) - P(Z \in A)| \leq \sum_{i=1}^n p_i^2$$

$p_i = \lambda/n$ のとき，上の不等式により演習 3.4(a) の結果を導くことができる（Steele(1994)）．

（ヒント）S_n と Z を同じ確率空間上で定義し，カップルにして限りなく近づける，というカップリングの手法を用いる．$i = 1, ..., n$ に対して，U_i は独立に一様分布 $\mathscr{U}(0,1)$ に従うものとし，$X_i = I(U_i > 1 - p_i)$ とする．また，$U_i \leq e^{-p_i}$ のとき $Y_i = 0$ とし，Y_i は U_i を使って $Y_i \in \mathscr{P}(p_i)$ であるように構成する．これが可能なら，$Z = \sum_{i=1}^n Y_i \in \mathscr{P}(\lambda)$ と定義できる．このとき，以下のことを示せ．

(1) $|P(S_n \in A) - P(Z \in A)| \leq P(S_n \neq Z)$

(2) $P(S_n \neq Z) \leq \sum_{i=1}^n P(X_i \neq Y_i)$

(3) $P(X_i \neq Y_i) \leq p_i^2$

第4章　大数の法則

　ある分布からの標本平均がその分布の平均に（ある意味）で収束する，ということを**大数の法則**は表している．その収束が確率収束（この場合，法則収束と同値である）ならば大数の弱法則と呼ばれ，概収束の場合は大数の強法則と呼ばれている．統計学において最も単純で最も有用な大数の法則は，分布が2次の積率をもち，収束が L_2 収束の意味で与えられるときである．

　これら3つの大数の法則を多次元の設定で記述し，特性関数とその連続定理に基づく弱法則の証明を与える．そのため，次章の中心極限定理の証明を与えるためにも，ベクトル変数をもちベクトル値をとる関数の偏微分の性質，2次までのテイラー展開などを導入する．また，関連した特性関数の性質もまとめておく．

　これらの法則は，統計的推定の一致性の概念に関係していて，グリベンコ・カンテリの定理を応用例として導くことができる．この定理は，標本分布関数が真の分布関数の推定量として一様な強一致性をもつ，というものである．回帰係数や自己相関母数の推定，大偏差確率の計算などへの応用は演習問題で与える．

　【記号法】 $f : \mathbb{R}^d \to \mathbb{R}$ のとき，f の偏微分は行ベクトルとして表記される．

$$\dot{f}(\boldsymbol{x}) = \frac{\partial}{\partial \boldsymbol{x}} f(x) = \left(\frac{\partial}{\partial x_1} f(\boldsymbol{x}), \frac{\partial}{\partial x_2} f(\boldsymbol{x}), ..., \frac{\partial}{\partial x_d} f(\boldsymbol{x}) \right)$$

$\boldsymbol{g} : \mathbb{R}^d \to \mathbb{R}^k$ の偏微分は，$\boldsymbol{g}$ を列ベクトルと考えて，

$$\boldsymbol{g} = \begin{pmatrix} g_1 \\ \vdots \\ g_k \end{pmatrix}$$

次の $k \times d$ 行列で与える．

$$\frac{\partial}{\partial \boldsymbol{x}} \boldsymbol{g}(\boldsymbol{x}) = \dot{\boldsymbol{g}}(\boldsymbol{x}) = \begin{pmatrix} \dot{g}_1(\boldsymbol{x}) \\ \vdots \\ \dot{g}_k(\boldsymbol{x}) \end{pmatrix} = \begin{pmatrix} \frac{\partial}{\partial x_1} g_1(\boldsymbol{x}) & \cdots & \frac{\partial}{\partial x_d} g_1(\boldsymbol{x}) \\ \vdots & \ddots & \vdots \\ \frac{\partial}{\partial x_1} g_k(\boldsymbol{x}) & \cdots & \frac{\partial}{\partial x_d} g_k(\boldsymbol{x}) \end{pmatrix}$$

$f : \mathbb{R}^d \to \mathbb{R}$ の 2 次の偏微分は次で定義される.

$$\ddot{f}(\boldsymbol{x}) = \frac{\partial}{\partial \boldsymbol{x}} \dot{f}(\boldsymbol{x}) = \begin{pmatrix} \frac{\partial^2}{(\partial x_1)^2} f(\boldsymbol{x}) & \cdots & \frac{\partial^2}{\partial x_1 \partial x_d} f(\boldsymbol{x}) \\ \vdots & \ddots & \vdots \\ \frac{\partial^2}{\partial x_d \partial x_1} f(\boldsymbol{x}) & \cdots & \frac{\partial^2}{(\partial x_d)^2} f(\boldsymbol{x}) \end{pmatrix}$$

【計算法】

(1) $\boldsymbol{f} : \mathbb{R}^d \to \mathbb{R}^s$, $\boldsymbol{g} : \mathbb{R}^s \to \mathbb{R}^k$ であり, $\boldsymbol{h}(\boldsymbol{x}) = \boldsymbol{g}(\boldsymbol{f}(\boldsymbol{x}))$ のとき, $\dot{\boldsymbol{h}}(\boldsymbol{x}) = \dot{\boldsymbol{g}}(\boldsymbol{f}(\boldsymbol{x})) \dot{\boldsymbol{f}}(\boldsymbol{x})$.

(2) $\boldsymbol{f} : \mathbb{R}^d \to \mathbb{R}^k$, $\boldsymbol{g} : \mathbb{R}^d \to \mathbb{R}^k$ であり, $h(\boldsymbol{x}) = \boldsymbol{f}(\boldsymbol{x})^t \boldsymbol{g}(\boldsymbol{x})$ のとき, $\dot{h}(\boldsymbol{x}) = \boldsymbol{f}(\boldsymbol{x})^t \dot{\boldsymbol{g}}(\boldsymbol{x}) + \boldsymbol{g}(\boldsymbol{x})^t \dot{\boldsymbol{f}}(\boldsymbol{x})$.

(3) **平均値の定理** $\boldsymbol{f} : \mathbb{R}^d \to \mathbb{R}^k$ であり, $\dot{\boldsymbol{f}}(\boldsymbol{x})$ が開球 $\{\boldsymbol{x} : |\boldsymbol{x} - \boldsymbol{x}_0| < r\}$ において連続ならば, $|\boldsymbol{t}| < r$ において,

$$\boldsymbol{f}(\boldsymbol{x}_0 + \boldsymbol{t}) = \boldsymbol{f}(\boldsymbol{x}_0) + \left(\int_0^1 \dot{\boldsymbol{f}}(\boldsymbol{x}_0 + u\boldsymbol{t}) du \right) \boldsymbol{t}$$

[証明] $\boldsymbol{h}(u) = \boldsymbol{f}(\boldsymbol{x}_0 + u\boldsymbol{t})$ とおくと, (1) より $\dot{\boldsymbol{h}}(u) = \dot{\boldsymbol{f}}(\boldsymbol{x}_0 + u\boldsymbol{t})\boldsymbol{t}$ である. ゆえに,

$$\int_0^1 \dot{\boldsymbol{f}}(\boldsymbol{x}_0 + u\boldsymbol{t}) \boldsymbol{t} du = \int_0^1 \dot{\boldsymbol{h}}(u) du = \boldsymbol{h}(1) - \boldsymbol{h}(0) = \boldsymbol{f}(\boldsymbol{x}_0 + \boldsymbol{t}) - \boldsymbol{f}(\boldsymbol{x}_0) \quad \blacksquare$$

(4) 【テイラー展開】 $f : \mathbb{R}^d \to \mathbb{R}$ であり, $\ddot{f}(\boldsymbol{x})$ が開球 $\{\boldsymbol{x} : |\boldsymbol{x} - \boldsymbol{x}_0| < r\}$ において連続ならば, $|\boldsymbol{t}| < r$ において,

$$f(\boldsymbol{x}_0 + \boldsymbol{t}) = f(\boldsymbol{x}_0) + \dot{f}(\boldsymbol{x}_0) \boldsymbol{t} + \boldsymbol{t}^t \left(\int_0^1 \int_0^1 v \ddot{f}(\boldsymbol{x}_0 + uv\boldsymbol{t}) du dv \right) \boldsymbol{t}$$

【特性関数の性質】 $\varphi_{\mathbf{X}}(t) = E\exp(it^t \mathbf{X})$

(1) $\varphi_{\mathbf{X}}(t)$ はすべての $t \in \mathbb{R}^d$ に対して存在し，連続である．
(2) $\varphi_{\mathbf{X}}(\mathbf{0}) = 1$ であり，すべての $t \in \mathbb{R}^d$ に対して $|\varphi_{\mathbf{X}}(t)| \leq 1$．
(3) スカラー $b \neq 0$ に対して，$\varphi_{\mathbf{X}/b}(t) = \varphi_{\mathbf{X}}(t/b)$．
(4) ベクトル c に対して，$\varphi_{\mathbf{X}+c}(t) = \exp(it^t c)\varphi_{\mathbf{X}}(t)$．
(5) $\mathbf{X}$ と $\mathbf{Y}$ が独立のとき，$\varphi_{\mathbf{X}+\mathbf{Y}}(t) = \varphi_{\mathbf{X}}(t)\varphi_{\mathbf{Y}}(t)$
(6) $E|\mathbf{X}| < \infty$ ならば，$\dot\varphi_{\mathbf{X}}(t)$ が存在し，連続であり，$\dot\varphi_{\mathbf{X}}(\mathbf{0}) = i\mu^t$．ただし，$\mu = E\mathbf{X}$．
(7) $E|\mathbf{X}|^2 < \infty$ ならば，$\ddot\varphi_{\mathbf{X}}(t)$ が存在し，連続であり，$\ddot\varphi_{\mathbf{X}}(\mathbf{0}) = -E\mathbf{X}\mathbf{X}^t$ である．
(8) $\mathbf{X}$ が c に退化しているとき，$\varphi_{\mathbf{X}}(t) = \exp(it^t c)$．
(9) $\mathbf{X} \in \mathcal{N}(\mu, \Sigma)$ のとき，$\varphi_{\mathbf{X}}(t) = \exp(it^t\mu - t^t \Sigma t/2)$．

定理4

$\mathbf{X}, \mathbf{X}_1, \mathbf{X}_2, \ldots$ は独立同分布な確率ベクトルで，$\bar{\mathbf{X}}_n = 1/n \sum_{i=1}^n \mathbf{X}_i$ とおく．このとき，

(a) **(弱収束)** $E|\mathbf{X}| < \infty$ ならば，$\bar{\mathbf{X}}_n \xrightarrow{\mathrm{P}} \mu = E\mathbf{X}$．
(b) $E|\mathbf{X}|^2 < \infty$ ならば，$\bar{\mathbf{X}}_n \xrightarrow{L_2} \mu = E\mathbf{X}$．
(c) **(強収束)** $\bar{\mathbf{X}}_n \xrightarrow{\mathrm{a.s.}} \mu \iff E|\mathbf{X}| < \infty$ かつ $\mu = E\mathbf{X}$．

[証明] (a) $\varphi_{\mathbf{X}}(t) = E\exp(it^t \mathbf{X})$ とおく．このとき，

$$\begin{aligned}
\varphi_{\bar{\mathbf{X}}_n}(t) &= \varphi_{\mathbf{X}_1 + \cdots + \mathbf{X}_n}\left(\frac{1}{n}t\right) \\
&= \prod_{i=1}^n \varphi_{\mathbf{X}_i}\left(\frac{1}{n}t\right) \\
&= \varphi_{\mathbf{X}}\left(\frac{t}{n}\right)^n \\
&= \left(\varphi_{\mathbf{X}}(\mathbf{0}) + \frac{1}{n}\left(\int_0^1 \dot\varphi_{\mathbf{X}}\left(\frac{u}{n}t\right) du\right) t\right)^n
\end{aligned}$$

$\varphi_{\mathbf{X}}(\mathbf{0}) = 1$ であり，$\dot{\varphi}_{\mathbf{X}}(t) \to i\boldsymbol{\mu}^t$ $(t \to 0)$ なので，

$$\varphi_{\bar{\mathbf{X}}_n}(t) \longrightarrow \exp\left(\lim_{n\to\infty}\left(\int_0^1 \dot{\varphi}_{\mathbf{X}}\left(\frac{u}{n}t\right)du\right)t\right) = \exp(i\boldsymbol{\mu}^t t)$$

ここでは，複素数列 a_n において，$\lim_{n\to\infty} na_n$ が存在するとき，$(1+a_n)^n \to \exp(\lim_{n\to\infty} na_n)$ であるという事実を用いている．$\exp(i\boldsymbol{\mu}^t t)$ は，点 $\boldsymbol{\mu}$ で確率 1 をとる分布の特性関数なので，連続定理により，$\bar{\mathbf{X}}_n \xrightarrow{\mathscr{L}} \boldsymbol{\mu}$ を得る．これは定理 2(a) により，$\bar{\mathbf{X}}_n \xrightarrow{\mathrm{P}} \boldsymbol{\mu}$ と同値である．

(b)
$$\begin{aligned}
E|\bar{\mathbf{X}}_n - \boldsymbol{\mu}|^2 &= E(\bar{\mathbf{X}}_n - \boldsymbol{\mu})^t(\bar{\mathbf{X}}_n - \boldsymbol{\mu}) \\
&= \frac{1}{n^2}\sum_{i=1}^n \sum_{i=1}^n E(\mathbf{X}_i - \boldsymbol{\mu})^t(\mathbf{X}_i - \boldsymbol{\mu}) \\
&= \frac{1}{n^2}\sum_{i=1}^n E(\mathbf{X}_i - \boldsymbol{\mu})^t(\mathbf{X}_i - \boldsymbol{\mu}) \\
&= \frac{1}{n}E(\mathbf{X} - \boldsymbol{\mu})^t(\mathbf{X} - \boldsymbol{\mu}) \to 0
\end{aligned}$$

(この証明では，X_i が無相関で，同じ平均と分散をもつという性質だけを用いている．独立性あるいは，独立同分布であるということまでは要求していない)

(c) 省略．（例えば，Chung(1974), Rao(1973) を参照せよ） ∎

結果 (b) の証明法は非常に一般的であり，統計的推定問題において一致性を証明するときにはきわめて有用である．統計的推定問題においては，対象の確率分布 $P_{\boldsymbol{\theta}}$ は母数 $\boldsymbol{\theta} \in \Theta \subset \mathbb{R}^d$ に依存し，$\boldsymbol{\theta}$ の推定量 $\hat{\boldsymbol{\theta}}_n$ は確率変数列として与えられる．任意の $\boldsymbol{\theta} \in \Theta$ に関して，$P = P_{\boldsymbol{\theta}}$ が「真」の確率分布であるとき $\hat{\boldsymbol{\theta}}_n \xrightarrow{\mathrm{P}} \boldsymbol{\theta}$ が成り立つならば，$\hat{\boldsymbol{\theta}}_n$ は**一致性**をもつといわれる．これは**弱一致性**あるいは**確率収束的一致性**とも呼ばれる．同様に，**強一致性** $(\hat{\boldsymbol{\theta}}_n \xrightarrow{\mathrm{a.s.}} \boldsymbol{\theta})$，$L_2$ **一致性** $(\hat{\boldsymbol{\theta}}_n \xrightarrow{L_2} \boldsymbol{\theta})$ なども定義でき，この 2 つから弱一致性を導くことができる．標本平均は母集団平均の弱（強）一致推定量である，と述べたものが大数の弱（強）法則である．

演習問題 4.1 と 4.2 では大数の法則の拡張を与える．前者では同分布性を仮定せず，後者では独立性を仮定しない．

大数の弱法則によると，$X_1, ..., X_n$ が独立同分布の確率変数列で有限な 1 次積率をもつとき，任意の $\varepsilon > 0$ に対して $P(|\bar{X}_n - \mu| > \varepsilon) \to 0$ $(n \to \infty)$ であ

る．定理 4(b) での計算を見るだけなら，$P(|\bar{X}_n - \mu| > \varepsilon)$ の 0 への収束率は少なくとも $1/n$ であることが分かる．実際は，$P(|\bar{X}_n - \mu| > \varepsilon)$ の 0 への収束は典型的には指数関数的であり，その収束率は X の従う分布と ε に依存する．より具体的には，$P(|\bar{X}_n - \mu| > \varepsilon)$ は漸近的には $\exp(-n\alpha)$，$\alpha > 0$ と同じ振る舞いをする．言い換えると，$P(|\bar{X}_n - \mu| > \varepsilon)^{1/n} \to \exp(-\alpha)$，あるいは次のように表現できる．

$$\frac{1}{n} \log P(|\bar{X}_n - \mu| > \varepsilon) \longrightarrow -\alpha \quad (n \to \infty)$$

$P(|\bar{X}_n - \mu| > \varepsilon)$ の 0 への収束率を調べる研究分野は，**大偏差理論**と呼ばれている（演習問題 4.5-8 を参照せよ）．

【経験分布関数の一致性】 $X_1, ..., X_n$ を $\mathbb{R}$ 上の独立同分布な確率変数列とする．分布関数を $F(x) = P(X \leq x)$ とおく．F のノンパラメトリックな最尤推定量は**標本分布関数**あるいは**経験分布関数**と呼ばれ，次のように定義される．

$$F_n(x) = \frac{1}{n} \sum_{i=1}^{n} I(X_i \leq x)$$

$F_n(x)$ は，x 以下に出現する観測値の割合である．任意に x を固定すると，大数の強法則より，$F_n(x) \xrightarrow{\text{a.s.}} F(x)$ である．なぜなら，$I(X_i \leq x)$ は平均 $F(x)$ をもつ独立同分布な確率変数列と考えられるからである．つまり，すべての x において，$F_n(x)$ は $F(x)$ の強一致推定量である．

次の系 4.1 は 2 点において，この事実を改良する．まず，収束は確率 1 の集合の上で起こるが，その集合は x と無関係に選ぶことができる．次に，収束は x に関して一様である．この経験分布関数の真の分布への一様な概収束性は，**グリベンコ・カンテリの定理**として知られている．

系 4.1. $P(\sup_x |F_n(x) - F(x)| \to 0) = 1$．

[証明] $\varepsilon > 0$ とする．また，$k > 1/\varepsilon$ であるような整数 k をとり，$i = 1, ..., k-1$ に対して，$-\infty = x_0 < x_1 \leq x_2 \leq \cdots \leq x_{k-1} < x_k = \infty$ を $F(x_i^-) \leq i/k \leq F(x_i)$ が成り立つようにとる（$F(x_i^-)$ は $P(X < x_i)$ を表す）．$x_{i-1} < x_i$ ならば $F(x_i^-) - F(x_{i-1}) \leq$

ε であることに注意する．大数の強法則により，$F_n(x_i) \xrightarrow{\text{a.s.}} F(x_i), F_n(x_i^-) \xrightarrow{\text{a.s.}} F(x_i^-)$ が成り立つ（ただし，$i = 1, 2, ..., k-1$）．ゆえに，次が成り立つ．

$$\Delta_n = \max_{1 \leq i \leq k-1} \left\{|F_n(x_i) - F(x_i)|, |F_n(x_i^-) - F(x_i^-)|\right\} \xrightarrow{\text{a.s.}} 0$$

$x_i, i = 1, ..., k-1$ 以外の任意の実数を x とすると，$x_{i-1} < x < x_i$ となる i が存在して

$$F_n(x) - F(x) \leq F_n(x_i^-) - F(x_{i-1}) \leq F_n(x_i^-) - F(x_i^-) + \varepsilon$$

および

$$F_n(x) - F(x) \geq F_n(x_{i-1}) - F(x_i^-) \geq F_n(x_{i-1}) - F(x_{i-1}) - \varepsilon$$

が成り立つ．これより，

$$\sup_x |F_n(x) - F(x)| \leq \Delta_n + \varepsilon \xrightarrow{\text{a.s.}} \varepsilon$$

これは任意の $\varepsilon > 0$ に対して成り立つので，証明を得る． ∎

──── 演習問題 4 ────

4.1. 【回帰係数の最小 2 乗推定量の一致性】与えられた $z_1, z_2, ...$ に対して，$X_1, X_2, ...$ は独立で，線形回帰 $E(X_i) = \alpha + \beta z_i$ で平均が与えられ，一定の分散 $V(X_i) = \sigma^2$ をもつとする．$X_1, X_2, ...$ に基づく α, β の最小 2 乗推定量は次で与えられる．

$$\hat{\beta}_n = \sum_{i=1}^n \frac{(z_i - \bar{z}_n)}{\sum_{i=1}^n (z_i - \bar{z}_n)^2} X_i$$
$$\hat{\alpha}_n = \bar{X}_n - \hat{\beta}_n \bar{z}_n$$

ただし，$\bar{z}_n = (1/n) \sum_{i=1}^n z_i$ である．
  (a) $z_1, z_2, ...$ に関するどのような条件の下で，$\hat{\beta}_n \xrightarrow{L_2} \beta$ が得られるか．
  (b) $\hat{\alpha}_n \xrightarrow{L_2} \alpha$ に関してはどうか．

4.2. 【自己回帰モデル】$\varepsilon_1, \varepsilon_2, ...$ は独立で，すべて同じ平均 μ と分散 σ^2 をもつものとする．X_n を次のような自己回帰列とする．

$$X_1 = \varepsilon_1$$

$n \geq 2$ に対しては

$$X_n = \beta X_{n-1} + \varepsilon_n$$

ただし，$-1 \leq \beta < 1$ である．このとき，$\bar{X}_n \xrightarrow{L_2} \mu/(1-\beta)$ を示せ．

4.3. 【ベルンシュタインの定理】 $X_1, X_2, ...$ を，$E(X_i) = 0$，$V(X_i) = \sigma_i^2$，$\rho(X_i, X_j) = \rho_{ij}$ であるような確率変数列とする．分散が一様有界 ($\sigma_i^2 \leq c$) で，$|i-j| \to \infty$ のとき $\rho_{ij} \to 0$ と仮定する（つまり，任意の $\varepsilon > 0$ に対して，ある N が存在して $|i-j| > N$ ならば $|\rho_{ij}| < \varepsilon$）．このとき，$\bar{X}_n \xrightarrow{L_2} 0$ であることを示せ．

4.4. 【モンテカルロ法】次の積分を

$$I = \int_1^\infty \frac{1}{x} \sin(2\pi x) dx = 0.153...$$

モンテカルロ法を使って計算するには，次のようなやり方が考えられる．まず，変数変換 $y = 1/x$ により

$$I = \int_0^1 \frac{1}{y} \sin\left(\frac{2\pi}{y}\right) dy$$

と書きかえられるので，次のようにモンテカルロ法により近似する．

$$\hat{I}_n = \frac{1}{n} \sum_{i=1}^n \frac{1}{Y_i} \sin\left(\frac{2\pi}{Y_i}\right)$$

ただし，$Y_1, ..., Y_n$ は区間 $[0,1]$ 上の一様分布からの標本である．この近似がうまく働くか考察せよ．$\hat{I}_n$ は I に収束すると言えるか．

以下の4つの演習では独立同分布な確率変数の和に対する大偏差理論を扱う．その一般理論への入門的解説としては Bucklew(1990) を参照するとよい．

$X_1, ..., X_n$ は独立同分布な確率変数列で，すべての θ に関して有限な**積率母関数** $M(\theta)$ をもつものとする．μ を X_n の平均とする．$P(|\bar{X}_n - \mu| > \varepsilon)$ が 0 に指数関数的に収束することを示すためには，$P(\bar{X}_n > \mu + \varepsilon)$ と $P(\bar{X}_n < \mu - \varepsilon)$ がそれぞれ指数関数的に 0 に近づくことを示せば十分である．ここでは，前

者を扱うことにする．後者についても，対称的な同様の証明ができるからである．もしも大偏差の**収束率関数** $H(x)$ （演習問題 4.5 で与える）が $\mu+\varepsilon$ で連続ならば，$(1/n)\log P(\bar{X}_n > \mu+\varepsilon) \to -H(\mu+\varepsilon)$ が成り立つ，というのが主な結果である．これは演習問題 4.6 と 4.7 で 2 段階に分けて証明する．

4.5. 確率変数 X は原点の近傍で有限な積率母関数 $M(\theta) = E\exp(\theta X)$ をもつとする．また，X の平均を $\mu = EX$ とおく．このとき，

$$H(x) = \sup_{\theta} (\theta x - \log M(\theta))$$

は X の大偏差収束率関数と呼ばれる．

(a) $H(x)$ は凸関数であることを示せ．

(b) $H(x)$ は $x = \mu$ で最小値 0 をとることを示せ．

(c) 正規分布，ポアソン分布，ベルヌーイ分布における $H(x)$ を求めよ．

4.6. すべての θ と n について，次を示せ．

$$P\left(\bar{X}_n \geq \mu+\varepsilon\right) \leq \exp\left(-\theta(\mu+\varepsilon) + n\log M\left(\frac{\theta}{n}\right)\right)$$
$$\leq \exp\left(-nH(\mu+\varepsilon)\right)$$

（チェビシェフ型の不等式を用いよ）

4.7. $f(x)$ を X_i の共通の密度関数とし，次の指数型密度関数を導入する．

$$f(x|\theta) = \frac{1}{M(\theta)} e^{\theta x} f(x)$$

$\theta = 0$ のときは，$f(x)$ そのものであり，これで導かれる確率測度を $P = P_0$ とおく．δ を任意の正数とし，$y = \mu+\varepsilon+\delta$ とおく．また，$E_{\theta'} X = y$ となるような θ' を定義しておく．これは $\dot{M}(\theta')/M(\theta') = y$ を解くことに等しい．

(a) 次を示せ．

$$P_{\theta'}(|\bar{X}_n - y| < \delta) \leq \exp\left(nH(y+\delta)\right) P_0\left(|\bar{X}_n - y| < \delta\right)$$

(b) 次が成り立つことに注意せよ．

$$P(\bar{X}_n > \mu + \varepsilon) \geq P(|\bar{X}_n - y| < \delta)$$
$$\geq \exp\left(-nH(y+\delta)\right) P_{\theta'}\left(|\bar{X}_n - y| < \delta\right)$$

これより，次を示せ．

$$\liminf_{n\to\infty} \frac{1}{n} \log P(\bar{X}_n > \mu + \varepsilon) \geq -H(\mu + \varepsilon)$$

4.8. 成功の確率 p をもつベルヌーイ確率変数の場合，収束率関数 $H(x)$ は $x = 1$ で不連続である．このとき，$P(\bar{X}_n \geq 1)$ と $P(\bar{X}_n > 1)$ が 0 へ収束する収束率を直接的な計算により決定せよ．

第5章　中心極限定理

　この章では，独立同分布な確率ベクトルを扱うときに基礎となる中心極限定理を紹介する．確率ベクトルを扱うが，証明は確率変数に対するものと本質的には同じである．リンドバーグ・フェラーによる，独立だが同分布ではない確率変数への拡張は，証明なしで与えることにする．重要ないくつかの統計的な問題，回帰係数の最小2乗推定量，対比較実験に対する確率化検定，符号付き順位検定などへの応用も与える．

> **定理5**
> $\mathbf{X}_1, \mathbf{X}_2, \ldots$ は独立同分布な確率ベクトルで，平均 $\boldsymbol{\mu}$ と有限な分散行列 $\boldsymbol{\Sigma}$ をもつとする．このとき，$\sqrt{n}(\bar{\mathbf{X}}_n - \boldsymbol{\mu}) \xrightarrow{\mathscr{L}} \mathscr{N}(\mathbf{0}, \boldsymbol{\Sigma})$ である．

[証明] $\sqrt{n}(\bar{\mathbf{X}}_n - \boldsymbol{\mu}) = (1/\sqrt{n}) \sum_{i=1}^n (\mathbf{X}_i - \boldsymbol{\mu})$ なので，

$$
\begin{aligned}
\varphi_{\sqrt{n}(\bar{\mathbf{X}}_n - \boldsymbol{\mu})}(\boldsymbol{t}) &= \varphi_{\sum_{i=1}^n (\mathbf{X}_i - \boldsymbol{\mu})}\left(\frac{1}{\sqrt{n}}\boldsymbol{t}\right) \\
&= \prod_{i=1}^n \varphi_{\mathbf{X}_i - \boldsymbol{\mu}}\left(\frac{1}{\sqrt{n}}\boldsymbol{t}\right) \\
&= \varphi\left(\frac{1}{\sqrt{n}}\boldsymbol{t}\right)^n
\end{aligned}
$$

ただし，$\varphi(\boldsymbol{t})$ は $\mathbf{X} - \boldsymbol{\mu}$ の特性関数である．このとき，$\varphi(\mathbf{0}) = 1$，$\dot{\varphi}(\mathbf{0}) = \mathbf{0}^t$ であり，$\boldsymbol{t} \to \mathbf{0}$ のとき $\ddot{\varphi}(\boldsymbol{t}) \to -\boldsymbol{\Sigma}$ なので，テイラーの定理により次を得る．

$$
\begin{aligned}
\varphi_{\sqrt{n}(\bar{\mathbf{X}}_n - \boldsymbol{\mu})}(\boldsymbol{t}) &= \left(1 + \frac{1}{n} \int_0^1 \int_0^1 v \boldsymbol{t}^t \ddot{\varphi}\left(\frac{uv}{\sqrt{n}}\boldsymbol{t}\right) \boldsymbol{t}\, du\, dv\right)^n \\
&\to \exp\left(\lim_{n \to \infty} \int_0^1 \int_0^1 v \boldsymbol{t}^t \ddot{\varphi}\left(\frac{uv}{\sqrt{n}}\boldsymbol{t}\right) \boldsymbol{t}\, du\, dv\right) \\
&= \exp\left(-\frac{1}{2}\boldsymbol{t}^t \boldsymbol{\Sigma} \boldsymbol{t}\right)
\end{aligned}
$$

収束先を求めるとき，$\lim_{n\to\infty} na_n$ が存在するような複素数列 a_n においては，$(1+a_n)^n \to \exp(\lim_{n\to\infty} na_n)$ であるという事実を用いた． ∎

独立だが同分布ではないような場合への中心極限定理の拡張は，統計学では非常に重要である．そのため，1次元の場合の基本定理を証明なしに述べておく．証明は，定理5の証明とほとんど同様であるが，Feller(1966) あるいは Chung(1974) を参照するとよい．この拡張は，確率変数列の三角配列の形式で述べておくと有用である．

$$X_{11}$$
$$X_{21}, X_{22}$$
$$X_{31}, X_{32}, X_{33}$$
$$\cdots$$

各行での確率変数列は互いに独立で，平均 0 と有限な分散をもつと仮定する．

> **リンドバーグ・フェラーの定理：** $n=1,2,...$ に対して，$X_{ni}, i=1,2,...,n$ は独立な確率変数列であり，$EX_{ni}=0$ かつ $V(X_{ni})=\sigma_{ni}^2$ であるとする．$Z_n = \sum_{i=1}^n X_{ni}$, $B_n^2 = V(Z_n) = \sum_{i=1}^n \sigma_{ni}^2$ とおく．このとき，任意の $\varepsilon > 0$ に対して
>
> $$\frac{1}{B_n^2} \sum_{i=1}^n E\left(X_{ni}^2 I(|X_{ni}| \geq \varepsilon B_n)\right) \longrightarrow 0 \quad (n \to \infty)$$
>
> が成り立てば（**リンドバーグ条件**と呼ばれる），$Z_n/B_n \xrightarrow{\mathscr{L}} \mathscr{N}(0,1)$ である．逆に，$Z_n/B_n \xrightarrow{\mathscr{L}} \mathscr{N}(0,1)$ であるとき，さらに $(1/B_n^2)\max_{i\leq n}\sigma_{ni}^2 \to 0 \ (n\to\infty)$ であれば（つまり，和 B_n^2 の特定の項が極限に大きな影響を与えることがないならば），リンドバーグ条件が成り立つ．

$X_1, X_2, ...$ が独立同分布な確率変数列で，平均 μ と分散 $V(X_i)=\sigma^2$ をもつとしよう．この特別ではあるけれども重要な場合において，$X_{ni}=z_{ni}(X_i-\mu)$ と定義し，$Z_n = \sum_{i=1}^n z_{ni}(X_i-\mu)$ とおくと，$B_n^2 = \sigma^2 \sum_{i=1}^n z_{ni}^2$ であり，Z_n/B_n の漸近正規性をこの定理から導くことができる（演習問題 5.5 を参照せよ）．

例 5.1. 【回帰係数の最小 2 乗推定量の漸近正規性への応用】 $i=1,2,\ldots$ に対して, $x_i = \alpha + \beta z_i + e_i$ と仮定する. ただし, z_i は必ずしも等しくない既知の定数で, e_i は平均 0 と共通の分散 σ^2 をもつ互いに独立な確率変数である. 演習問題 4.1 によれば, β の最小 2 乗推定量 $\hat{\beta}_n$ は, $\sum_{i=1}^n (z_i - \bar{z}_n)^2 \to \infty \ (n \to \infty)$ が成り立つとき一致推定量である. ここでは, 条件を強めて,

(a) e_i は同じ分布に従う,

(b) $\dfrac{\max_{i \leq n}(z_i - \bar{z}_n)^2}{\sum_{i=1}^n (z_i - \bar{z}_n)^2} \longrightarrow 0 \ (n \to \infty)$

を仮定すると, $\hat{\beta}_n$ が漸近正規性をもつことを示そう. まず次のように変形できる

$$\hat{\beta}_n = \frac{\sum_{i=1}^n X_i(z_i - \bar{z}_n)}{\sum_{i=1}^n (z_i - \bar{z}_n)^2} = \beta + \frac{\sum_{i=1}^n e_i(z_i - \bar{z}_n)}{\sum_{i=1}^n (z_i - \bar{z}_n)^2}$$

$X_{ni} = e_i(z_i - \bar{z}_n)$ とおいて, リンドバーグ・フェラーの定理の条件が満足されていることを示す. $EX_{ni} = 0$ であり, $V(X_{ni}) = \sigma^2(z_i - \bar{z}_n)^2$ なので, $B_n^2 = \sigma^2 \sum_{i=1}^n (z_i - \bar{z}_n)^2$ である. ゆえに,

$$\frac{1}{B_n^2} \sum_{i=1}^n E\left(X_{ni}^2 I(|X_{ni}| \geq \varepsilon B_n)\right)$$

$$= \frac{1}{B_n^2} \sum_{i=1}^n E\left(e_i^2 (z_i - \bar{z}_n)^2 I(|e_i(z_i - \bar{z}_n)| \geq \varepsilon B_n)\right)$$

$$\leq \frac{1}{B_n^2} \sum_{i=1}^n (z_i - \bar{z}_n)^2 E\left(e_i^2 I\left(|e_i| \geq \frac{\varepsilon \sigma}{\gamma_n}\right)\right)$$

ただし, $\gamma_n^2 = \max_{i \leq n}(z_i - \bar{z}_n)^2 / \sum_{i=1}^n (z_i - \bar{z}_n)^2$ である. 仮定 (a) により, 因数である期待値は i と無関係なので, 和の記号の前に出せて, B_n^2 は消える. そして, 残された期待値は 0 に収束する. なぜならば, 仮定 (b) により $\gamma_n \to 0$ であり, e_i の分散は有限だからである. ゆえに, 次の結果を得る.

$$\sqrt{n} s_n (\hat{\beta}_n - \beta) \xrightarrow{\mathscr{L}} N(0, \sigma^2)$$

ただし, $s_n^2 = (1/n) \sum_{i=1}^n (z_i - \bar{z}_n)^2$ である.

例 5.2. 【対比較のための確率化 t 検定】処理と対照を比較するための対比較実験において，$2n$ 個の実験単位が n 個の対に分類される．各対の中の 2 実験単位は限りなく同じであるように設定される．各対において，どの実験単位が処理に使われるか，対照に使われるかはランダムに選ばれる．(X_i, Y_i), $i = 1, 2, ..., n$ で i 番目の測定結果を表し，X_i は処理結果，Y_i は対照結果を表すものとする．

通常の対比較 t 検定では，差である $Z_i = X_i - Y_i$ が独立同分布で有限な分散をもつと仮定して処理と対照の比較を行う．処理と対照の間に差がないとする仮説 H_0 は，Z_i の分布が原点に関して対称である，という仮説に等しい．普通使われる H_0 の検定は，1 標本 t 統計量 $t = \sqrt{n-1}\bar{Z}_n/s_z = \sqrt{n-1}(\bar{X}_n - \bar{Y}_n)/s_z$ に基づく．ただし，s_z は標本の標準偏差であり，$s_z^2 = (1/n)\sum_{i=1}^{n}(Z_i - \bar{Z}_n)^2$ で定義される．Z_i が独立同分布であり，正規分布に従うなら，統計量 t は自由度 $n-1$ の t 分布に従う．

確率化検定（あるいは，**並べかえ検定**とも呼ばれる）でもこの問題を扱うことができる．この検定は，処理と対照の指定が独立で無作為化されているという設定のみに基づき，Z_i の観測値 z_i が与えられると，それらの条件付きでの解析がなされる．そのため，帰無仮説 H_0 では，$|Z_i| = |z_i|$ の条件付きの下で，確率変数 Z_i は独立で，$P(Z_j = |z_j|) = P(Z_j = -|z_j|) = 1/2$ の分布をもつと仮定される．ゆえに，H_0 の下では，ベクトル $(Z_1, ..., Z_n)$ は 2^n 個の値 $(\pm|z_1|, ..., \pm|z_n|)$ を等確率で取り得る．同様に，$(Z_1, ..., Z_n)$ に基づくどのような統計量も高々 2^n 個の値しか取り得ない．

確率化 t 検定は 1 標本 t 統計量 $t = \sqrt{n-1}\bar{Z}_n/s_z$ を用いるが，棄却判断のときには，t 分布を利用しない．$(Z_1, ..., Z_n)$ の等しく取り得る 2^n 個の値から導かれる離散分布を用いるのである．例えば，片側対立仮説に対する検定では，すべての 2^n 個の値すべてに対して t 統計量を計算して，それらの上側 $100\alpha\%$ 区間を求めておき，その中に観測された t 統計量が落ちるとき，帰無仮説 H_0 を棄却する．n が小さいときはコンピュータを用いて，2^n 個のすべての値に対して t 値を計算し，その分布を求めることは易しい．しかし，n が大きいときは，他の方法を考える必要がある．1 つのやり方は，確率化により近似的に求める

というモンテカルロ法である．数百個の確率標本をその分布から取り出し，その確率標本と観測された t 統計量とを比較すればよい．ここで用いるもう 1 つの考え方は，無作為化された帰無仮説 H_0 の下での統計量の大標本分布を求める，というものである．

まずは，統計量 $\bar{Z}_n$ に対する確率化検定を考えてみよう．z_i が次の条件を満足するとき

$$\frac{\max_{i \leq n} z_i^2}{\sum_{i=1}^n z_i^2} \longrightarrow 0 \tag{1}$$

H_0 の下で $\sqrt{n}\bar{Z}_n/\sigma_n \xrightarrow{\mathscr{L}} \mathscr{N}(0,1)$ であることが示せる．ただし，$\sigma_n^2 = (1/n)\sum_{i=1}^n z_i^2$ である．リンドバーグ・フェラーの定理における記号法では $X_{ni} = Z_i$ と見なす．$EX_{ni} = 0$ で $V(X_{ni}) = z_i^2$ なので，$B_n^2 = \sum_{i=1}^n z_i^2$ である．リンドバーグ条件が確かめられたなら，$\sum_{i=1}^n Z_i/B_n \xrightarrow{\mathscr{L}} \mathscr{N}(0,1)$ が得られることになる．実際，$|X_{ni}|$ は $|z_i|$ に退化しているので，

$$\frac{1}{B_n^2} \sum_{i=1}^n E\left(X_{ni}^2 I(|X_{ni}| > \varepsilon B_n)\right) = \frac{1}{B_n^2} \sum_{i=1}^n z_i^2 I\left(|z_i| > \varepsilon B_n\right)$$

$$\leq \frac{1}{B_n^2} \sum_{i=1}^n z_i^2 I\left(\max_{i \leq n} |z_i| > \varepsilon B_n\right)$$

$$= I\left(\max_{i \leq n} \frac{z_i^2}{B_n^2} > \varepsilon^2\right)$$

が成り立ち，条件 (1) より，n が十分大きいとき，これは 0 になる．したがって，$\sqrt{n}\bar{Z}_n/\sigma_n = \sum_{i=1}^n Z_i/B_n \xrightarrow{\mathscr{L}} \mathscr{N}(0,1)$ を得る．

確率化 t 検定は，$\bar{Z}_n$ そのものというよりも t 統計量の形式で構成されている．しかし，これら 2 つの確率化検定は互いに同値である．というのも，$t = \sqrt{n-1}\bar{Z}_n/s_z$ は $v = \sqrt{n}\bar{Z}_n/\sigma_n$ の増加関数だからである．これを見るには，t と v が同じ符号をもっていることと，次が成り立つことを確かめるとよい．

$$v^2 = n\frac{\bar{Z}_n^2}{\sigma_n^2} = n\frac{\bar{Z}_n^2}{(s_z^2 + \bar{Z}_n^2)} = n\left(\frac{n-1}{t^2} + 1\right)^{-1}$$

これより得られる結論は，確率化 t 検定は漸近的正規性をもつということ，また条件 (1) が成り立つとき，漸近的には通常の t 検定と同じ棄却点をもつとい

うことである．この結果は，標本数が増加するとき，対比較に対する通常の t 検定のノンパラメトリックな正当化であると考えることができる．

例5.3.【対比較のための符号付き順位検定】 対比較の問題に符号付き順位検定を適用することもできる．この検定も，確率化 t 検定と同じ仮定に基づくことになる．つまり，$|Z_i| = |z_i|$ の条件を付けて考えるとき，H_0 の下では確率変数 Z_i は独立で $P(Z_j = |z_j|) = P(Z_j = -|z_j|) = 1/2$ の分布をもつ．符号付き順位統計量は次のように定義される．$|z_1|, ..., |z_n|$ を最小値から最大値へと並べたときの，$|z_i|$ の順位を R_i とする．（ここでは，$|z_i|$ はすべて異なり，どの $|z_i|$ も 0 ではないと仮定する）このとき，符号付き順位検定量 W_+ は，正値をとる Z_i に対する順位 R_i の和である．

$$W_+ = \sum_{i=1}^{n} R_i I(Z_i > 0)$$

$0 < |z_1| < |z_2| < \cdots < |z_n|$ であるように，Z_i の添字を再度付け直すと，$W_+ = \sum_{i=1}^{n} i I(Z_i > 0)$ と書ける．H_0 の下で，$I(Z_i > 0)$ は独立同分布なベルヌーイ確率変数で，0 または 1 をとる確率は互いに等しい．よって，

$$EW_+ = \frac{1}{2} \sum_{i=1}^{n} i = \frac{n(n+1)}{4}$$

$$V(W_+) = \frac{1}{4} \sum_{i=1}^{n} i^2 = \frac{n(n+1)(2n+1)}{24}$$

$(W_+ - EW_+)/\sqrt{V(W_+)}$ の漸近正規性を示すには，$W_+ = \sum_{i=1}^{n} i I(Z_i > 0)$ が，Z_n に基づく確率化検定の形式に書き換えられればよい．実際，正値の Z_i の順位和から負値の Z_i の順位和を引いたものを W_n と定義すると，$z_i \neq 0$ と仮定しているので，

$$W_n = \sum_{i=1}^{n} i I(Z_i > 0) - \sum_{i=1}^{n} i I(Z_i < 0) = 2W_+ - \sum_{i=1}^{n} i$$

これは，W_+ と W_n の線形関係を表している．しかし，$(1/n)W_n$ は，$z_i = i$ をもつ確率化検定の $\bar{Z}_n$ の定義式そのものである．ゆえに，数列 $|z_i| = i$ が条

件 (1) を満足することを単に見るだけでよいが，これは $\max_{i\leq n} i^2 = n^2$ と $\sum_{i=1}^{n} i^2 = n(n+1)(2n+1)/6$ より明らかである．よって，W_n と W_+ は漸近的に正規分布に従う．つまり，$(W_+ - EW_+)/\sqrt{V(W_+)} \xrightarrow{\mathscr{L}} \mathscr{N}(0,1)$．

近似の改善

中心極限定理の収束は，仮定する分布に依存しているので，一様ではない．標本数 n を固定すると，$\sqrt{n}(\bar{X}_n - \mu)$ の分布への正規近似がいくらでも貧弱であるような分布が存在する．しかし，Berry(1941) と Esseen(1942) によると，$E|X - \mu|^3/\sigma^3$ が有界であるような分布族においては，中心極限定理の近似誤差の上界が存在して，収束が一様であることが示せる．ここでは，1 次元の場合の定理を証明は付けずに紹介する．

【ベリー・エシーンの定理】 $X_1, X_2, ..., X_n$ は独立同分布で，平均 μ，分散 $\sigma^2 > 0$，および 3 次の絶対積率 $\rho = E|X - \mu|^3 < \infty$ をもつと仮定する．このとき，任意の $x \in \mathbb{R}$ と任意の $n \geq 1$ において次が成り立つ．

$$|F_n(x) - \Phi(x)| < \frac{c\rho}{\sqrt{n}\sigma^3}$$

ただし，$F_n(x)$ は $\sqrt{n}(\bar{X}_n - \mu)/\sigma$ の分布関数であり，$\Phi(x)$ は $\mathscr{N}(0,1)$ の分布関数である．c は定数であり，0.4097 よりは大きく 0.7975 よりは小さいことが分かっている（van Beek(1972) を参照せよ）．

【エッジワース展開】 仮定している分布の 3 次及び 4 次の積率に関する情報があるとき，特性関数を展開した高次の項を考慮することにより，正規近似を改善することができる．これはエッジワース展開として知られる漸近展開へと導く．$F_n(x)$ のエッジワース展開による近似の 3 項までを証明なしに与える．

$$\begin{aligned}F_n(x) \sim \Phi(x) &- \frac{\beta_1(x^2-1)}{6\sqrt{n}}\phi(x) \\ &- \left(\frac{\beta_2(x^3-3x)}{24n} + \frac{\beta_1^2(x^5-10x^3+15x)}{72n}\right)\phi(x)\end{aligned}$$

ただし，$\beta_1 = E(X-\mu)^3/\sigma^3$ は歪度，$\beta_2 = E(X-\mu)^4/\sigma^4 - 3$ は尖度，$\phi(x)$ は標準正規分布の密度関数である．この近似は，両辺の差に n を掛けたものが $n \to \infty$ のときに 0 に収束する，という意味で理解されるべきである．4 次の積率を仮定すると，次の条件の下で上の展開は正しい．

$$\limsup_{|t| \to \infty} |E\exp(itX)| < 1$$

この条件は**クラメール条件**として知られている．例えば，仮定している分布に非零で絶対連続な部分が存在するときにクラメール条件は成り立つ．$1/\sqrt{n}$ を含む項までの展開は，分布が非格子型の場合には，3 次の積率の存在を仮定するだけで成り立つ．格子型の場合であっても，分布関数を連続補正したものに対して成り立つ．詳しくは，Feller(1966, Vol. 2, Chap. XVI.4) を参照せよ．

この近似を詳しく見てみよう．第 1 項のみを用いると，中心極限定理で得られる近似そのものである．次の項は $1/\sqrt{n}$ の次数であり，歪度のための補正を与えている．なぜならば，$\beta_1 = 0$ のときこの項は 0 になるからである．特に，仮定している分布が対称ならば，中心極限定理による近似は $1/n$ 未満の次数の項まで正確である．残りの次数 $1/n$ の項は尖度（と歪度）に対する補正である．

エッジワース展開は漸近展開である．この意味するところは，n を固定しておいて展開をさらに進めても収束しないかもしれない，ということである．特に，n を固定して，さらに展開しても精度は悪くなるかもしれない．エッジワース展開と同類の展開に関するさらに進んだ理論を扱った教科書は多数存在する．Bhattacharya(1990) による概説はより数学的な側面を扱っているし，Barndorff-Nielsen and Cox(1989) の教科書はより統計的である．Hall(1992) はブートストラップへのエッジワース展開の応用を扱っている．

最後に，エッジワース展開による精度の改善を説明する単純な例を紹介して終わろう．$n=5$ とし，$X_1, X_2, ..., X_5$ は，区間 $(0, \infty)$ 上の密度関数 $\exp(-x)$ をもつ指数分布からの標本とする．この分布では $\mu=1, \sigma^2=1, \beta_1=2, \beta_2=6$ である．数表 5.1 に，$F_n(x)$ の真の値，正規近似 $\Phi(x)$，次数 $1/\sqrt{n}$ 及び $1/n$ までのエッジワース展開 $E_1(x)$ と $E_2(x)$ が比較のために与えられている．真の値は，自由度 10 の χ^2 分布を平均 0 と分散 1 をもつように標準化された分布から得られる．

表 5.1 正規分布と,指数分布からの標本数 5 の標本平均の正規化に対する
エッジワース展開

x	$\Phi(x)$	$E_1(x)$	$E_2(x)$	正確な確率
-2.0	0.023	-0.001	-0.007	0.000
-1.8	0.036	0.010	0.000	0.003
-1.6	0.055	0.029	0.017	0.015
-1.4	0.081	0.059	0.047	0.042
-1.2	0.115	0.102	0.091	0.086
-1.0	0.159	0.159	0.151	0.147
-0.8	0.212	0.227	0.223	0.221
-0.6	0.274	0.306	0.305	0.305
-0.4	0.345	0.391	0.392	0.392
-0.2	0.421	0.477	0.478	0.478
0.0	0.500	0.559	0.559	0.560
0.2	0.579	0.635	0.634	0.634
0.4	0.655	0.702	0.700	0.701
0.6	0.726	0.758	0.758	0.758
0.8	0.788	0.804	0.808	0.807
1.0	0.841	0.841	0.849	0.847
1.2	0.885	0.872	0.883	0.881
1.4	0.919	0.898	0.910	0.908
1.6	0.945	0.919	0.931	0.929
1.8	0.964	0.938	0.947	0.946
2.0	0.977	0.953	0.959	0.959

正規近似はほどほどに良い近似を与えていて,$x = 0$ のときに最大誤差が 0.060 である.それよりも $E_1(x)$ による近似は良い.最大誤差は,$x = -1.4$ のときに 0.018 にまで縮小している.最後に,$E_2(x)$ はとてつもなく良い近似を与えている.最大誤差は $x = -1.2$ のときに 0.005 である.E_1 と E_2 が負の値になるときは,0 で置き換える.

演習問題 5

5.1. (a) $\mathbb{R}^2$ に値をとる $\mathbf{X}_1, \mathbf{X}_2, \ldots$ は独立同分布であり,点 $(1,0)^t$ を確率 θ_1 で,$(0,1)^t$ を確率 θ_2 で,$(0,0)^t$ を確率 $1 - \theta_1 - \theta_2$ でとる.ただし,$\theta_1 \geq 0, \theta_2 \geq 0$ である.中心極限定理で得られる $\bar{\mathbf{X}}_n$ の漸近分布を求めよ.

(b) $X_1, X_2, \ldots$ は, $x = 0, 1, \ldots$ 上で確率 $f(x|\theta) = e^{-\theta}\theta^x/x!$ をもつポアソン分布からの標本である．このとき，Z_n を 0 が出現した割合とする．つまり $Z_n = (1/n)\sum_{i=1}^n I(X = 0)$．$(\bar{X}_n, Z_n)$ の同時漸近分布を求めよ．

5.2. $X_1, X_2, \ldots$ は独立で，$P(X_n = \sqrt{n}) = P(X_n = -\sqrt{n}) = 1/2$ とする．$\bar{X}_n$ の漸近分布を求めよ（リンドバーグ条件を確かめよ）．

5.3. リンドバーグ・フェラーの定理から，1 次元の場合の中心極限定理を導け．

5.4. $X_1, X_2, \ldots$ が独立で，$EX_i = 0$, $V(X_i) = 1$ であるからといって，$\sqrt{n}\bar{X}_n \xrightarrow{\mathscr{L}} \mathscr{N}(0, 1)$ が成り立つとは限らない．この反例を与えよ ($P(X_i = v_i) = P(X_i = -v_i) = p_i/2$, $P(X_i = 0) = 1 - p_i$ となる p_i, v_i をもつ分布について考えてみよ）．

5.5. (この章のすべての応用は，リンドバーグ・フェラーの定理から導かれる次のような特殊な場合に基づいている) $X_1, X_2, \ldots$ は独立同分布で，$EX_i = \mu$, $V(X_i) = \sigma^2$ とする．与えられた z_{ni} により，$T_n = \sum_{i=1}^n z_{ni} X_i$ と定義する．$\mu_n = ET_n$, $\sigma_n^2 = V(T_n)$ とおく．リンドバーグ・フェラーの定理を用いて，次を示せ．

$$\frac{\max_{i \le n} z_{ni}^2}{\sum_{i=1}^n z_{ni}^2} \longrightarrow 0 \implies \frac{T_n - \mu_n}{\sigma_n} \xrightarrow{\mathscr{L}} \mathscr{N}(0, 1)$$

5.6. 【新記録】$Z_1, Z_2, \ldots$ を連続型で独立同分布な確率変数列とする．$Z_k > \max_{i<k} Z_i$ であるとき，k で新記録が出たという．新記録が出たとき $R_k = 1$ とおき，そうでないとき $R_k = 0$ と定義する．このとき，$R_1, R_2, \ldots$ は独立なベルヌーイ確率変数列で，$P(R_k = 1) = 1 - P(R_k = 0) = 1/k$, $k = 1, 2, \ldots$ である．$S_n = \sum_{k=1}^n R_k$ は最初の n 個の観測で起こった新記録の総数である．ES_n と $V(S_n)$ を求め，$(S_n - ES_n)/\sqrt{V(S_n)} \xrightarrow{\mathscr{L}} N(0, 1)$ を示せ (S_n の分布はランダムな置換での巡回置換の個数の分布でもある)．

5.7. 【ケンドールの τ】$Z_1, Z_2, \ldots$ を連続型で独立同分布な確率変数列とする．X_k は Z_k に対して反順序的な Z_i, $i < k$ の個数を表す．つまり，Z_k よりも大きな Z_i の個数 $X_k = \sum_{i=1}^{k-1} I(Z_i > Z_k)$ である．X_k は互いに独立な確率変数列で，X_k の分布は集合 $\{0, 1, \ldots, k-1\}$ の上の一様分布

になることが知られている．$T_n = \sum_{k=1}^n X_k$ は順序の不一致の総数である．観測値が増加列になっている場合は，その値は0で，減少列になっている場合は，最大値 $\sum_{i=1}^n (i-1) = n(n-1)/2$ をとる．これは，観測値が単調増加あるいは単調減少という傾向をもつという対立仮説に対して，無作為であるという帰無仮説のノンパラメトリック検定として用いることができる．統計量 $\tau_n = 1 - 4T_n/(n(n-1))$ は常に -1 から 1 の間の値を取り，ケンドールの順位相関係数と呼ばれている．n 個の対象に対して付けられた2種類の順序の間の一致の指標である．ET_n と $V(T_n)$ を求めて，$(T_n - ET_n)/\sqrt{V(T_n)} \xrightarrow{\mathscr{L}} \mathscr{N}(0,1)$ を示せ．

5.8. $X_1, X_2, ..., X_n$ は独立同分布な確率変数列で，$P(X_1 = -1) = P(X_1 = 1) = 1/2$ であるとする．$n = 1, 2$ のとき，$\sup_x |F_n(x) - \Phi(x)| = c_n \rho/(\sqrt{n}\sigma^3)$ を満足する c_n を求めよ．$\lim_{n \to \infty} c_n$ を予想せよ（スターリングの公式 $n! \sim (n^n/e^n)\sqrt{2\pi n}$ を用いよ）．この結果から，ベリー・エシーンの定理に現れる c について何かいえるか．

5.9. $X_1, X_2, ..., X_n$ は歪度 β_1 および尖度 β_2 をもつ分布からの標本である．このとき，$S_n = X_1 + X_2 + \cdots + X_n$ の歪度 β_{1n} と尖度 β_{2n} は，$\beta_{1n} = \beta_1/\sqrt{n}$，$\beta_{2n} = \beta_2/n$ で与えられることを示せ．数表 5.1 はまた，自由度 1 の χ^2 分布から取られた大きさ 10 の標本の平均に対するエッジワース展開による近似である，あるいは自由度 10 の χ^2 分布から取られた大きさ 1 の標本に対するエッジワース展開による近似である，と見なせることを示せ．

5.10. X_1, X_2, X_3 は区間 $(0,1)$ 上の一様分布からの大きさ3の標本である．確率 $P(X_1 + X_2 + X_3 \leq 2)$ の真の値と，正規近似およびエッジワース近似とを比較せよ．

第 II 部
統計的大標本論の基礎

第 6 章　スラツキーの定理

　大標本理論に共通する問題は，確率ベクトル列とその法則収束が与えられたとき，つまり $\mathbf{X}_n \xrightarrow{\mathscr{L}} \mathbf{X}$ のとき，与えられた関数 f による $f(\mathbf{X}_n)$ の収束先を見つけたい，というものである．**スラツキーの定理**はこの問題に対する強力な武器である．例えば，この章の終わりで紹介するが，有限な分散をもつ分布からの標本による t 統計量は漸近的に正規分布に従う．このことを示すための簡単なやり方を教えてくれる．

定理 6 | スラツキーの定理

(a) $\mathbf{X}_n \in \mathbb{R}^d$, $\mathbf{X}_n \xrightarrow{\mathscr{L}} \mathbf{X}$ と仮定する．$\boldsymbol{f} : \mathbb{R}^d \to \mathbb{R}^k$ において，$C(\boldsymbol{f})$ を $\boldsymbol{f}$ の連続点集合とおくとき，$P(\mathbf{X} \in C(\boldsymbol{f})) = 1$ ならば，$\boldsymbol{f}(\mathbf{X}_n) \xrightarrow{\mathscr{L}} \boldsymbol{f}(\mathbf{X})$ である．

(b) $\mathbf{X}_n \xrightarrow{\mathscr{L}} \mathbf{X}$ かつ $\mathbf{X}_n - \mathbf{Y}_n \xrightarrow{P} 0$ ならば，$\mathbf{Y}_n \xrightarrow{\mathscr{L}} \mathbf{X}$．

(c) $\mathbf{X}_n \in \mathbb{R}^d$, $\mathbf{Y}_n \in \mathbb{R}^d$, $\mathbf{X}_n \xrightarrow{\mathscr{L}} \mathbf{X}$, かつ $\mathbf{Y}_n \xrightarrow{\mathscr{L}} \boldsymbol{c}$ ならば，

$$\begin{pmatrix} \mathbf{X}_n \\ \mathbf{Y}_n \end{pmatrix} \xrightarrow{\mathscr{L}} \begin{pmatrix} \mathbf{X} \\ \boldsymbol{c} \end{pmatrix}$$

（補足） $\mathbf{X}_n - \mathbf{Y}_n \xrightarrow{P} 0$ のとき，$\mathbf{X}_n$ と $\mathbf{Y}_n$ は**漸近的に同値**であるといわれる．ゆえに，結果 (b) は漸近的に同値な確率ベクトル列は同じ分布へ収束するということを意味する．

例 6.1. $X_n \xrightarrow{\mathscr{L}} X \in \mathcal{N}(0,1)$ とする．$f(x) = x^2$ に対しては，f が連続なので，$X_n^2 \xrightarrow{\mathscr{L}} X^2$ である．$X \in \mathcal{N}(0,1)$ のとき $X^2 \in \chi_1^2$ なので，$X_n^2 \xrightarrow{\mathscr{L}} \chi_1^2$ である．

例 6.2. $X_n \xrightarrow{\mathscr{L}} X \in \mathscr{N}(0,1)$ のとき，$1/X_n \xrightarrow{\mathscr{L}} Z$ である．ただし，Z は $1/X$ の分布をもつ．このときの $f(x) = 1/x$ は $x = 0$ で連続ではないが，$P(X = 0) = 0$ なので問題はない．Z の密度関数は次で与えられる．

$$g(z) = \frac{1}{\sqrt{2\pi z^2}} \exp\left(-\frac{1}{2z^2}\right) I(z \neq 0)$$

例 6.3. しかし，$X_n = 1/n$ であるとき，$f(x) = I(x > 0)$ に対しては，$X_n \xrightarrow{\mathscr{L}} 0$ ではあるが，$f(X_n) \xrightarrow{\mathscr{L}} f(0)$ ではない．

例 6.4. 結果 (c) において，$\mathbf{Y}_n \xrightarrow{\mathscr{L}} \mathbf{Y}$ と仮定して，$(\mathbf{X}_n^t, \mathbf{Y}_n^t)^t \xrightarrow{\mathscr{L}} (\mathbf{X}^t, \mathbf{Y}^t)^t$ を導くという形に拡張することはできない．例えば，$X \in \mathscr{U}(0,1)$ で，すべての n に対して $X_n = X$ と定義する．またすべての偶数 n に対して $Y_n = X$ だが，すべての奇数 n に対しては $Y_n = 1 - X$ と定義すると，$X_n \xrightarrow{\mathscr{L}} X$ で $Y_n \xrightarrow{\mathscr{L}} \mathscr{U}(0,1)$ ではあるけれども，$(X_n, Y_n)^t$ は法則収束しない．

例 6.5. $X_n \xrightarrow{\mathscr{L}} X$, $Y_n \xrightarrow{\mathrm{P}} c$ のとき，$X_n + Y_n \xrightarrow{\mathscr{L}} X + c$ が成り立つだろうか．まず，(c) より，$(X_n, Y_n)^t \xrightarrow{\mathscr{L}} (X, Y)^t$，そして $f(x,y) = x + y$ とおいたときの (a) より，$X_n + Y_n \xrightarrow{\mathscr{L}} X + c$ を得る．この (a) と (c) の組合せによる結果は系として述べておく価値がある．

系 6.1. $\mathbf{X}_n \in \mathbb{R}^d$, $\mathbf{Y}_n \in \mathbb{R}^k$, $\mathbf{X}_n \xrightarrow{\mathscr{L}} \mathbf{X}$, $\mathbf{Y}_n \xrightarrow{\mathscr{L}} \boldsymbol{c}$ であり，$\boldsymbol{f} : \mathbb{R}^{d+k} \to \mathbb{R}^r$ において $P((\mathbf{X}^t, \boldsymbol{c}^t)^t \in C(\boldsymbol{f})) = 1$ ならば，$\boldsymbol{f}(\mathbf{X}_n, \mathbf{Y}_n) \xrightarrow{\mathscr{L}} \boldsymbol{f}(\mathbf{X}, \boldsymbol{c})$．

例 6.5 と同様に，この結果は (a) と (c) から直接的に得られる．

例 6.6. $\mathbf{X}_n \xrightarrow{\mathscr{L}} \mathbf{X}$, $\mathbf{Y}_n \xrightarrow{\mathscr{L}} \boldsymbol{c}$ ならば，$\mathbf{Y}_n^t \mathbf{X}_n \xrightarrow{\mathscr{L}} \boldsymbol{c}^t \mathbf{X}$．

例 6.7. 1 次元においては，$X_n \xrightarrow{\mathscr{L}} X$ で $Y_n \xrightarrow{\mathrm{P}} c \neq 0$ ならば，$X_n/Y_n \xrightarrow{\mathscr{L}} X/c$ である．ここでは，次の関数を用いる．

$$f(x,y) = \begin{cases} \frac{x}{y}, & y \neq 0 \\ 0, & y = 0 \end{cases}$$

この関数は直線 $y = 0$ 上のすべての点で不連続である．しかし，$c \neq 0$ のとき，$(X, c)^t$ の分布は直線 $y = 0$ 上で正の確率をもたないので，系 6.1 から結果が得られる．

[定理 6 の証明] (a) $g : \mathbb{R}^k \to \mathbb{R}$ を有界で連続な任意の関数とする．定理 3(c) により，$Eg(\boldsymbol{f}(\mathbf{X}_n)) \to Eg(\boldsymbol{f}(\mathbf{X}))$ を示せばよい．$h(\boldsymbol{x}) = g(\boldsymbol{f}(\boldsymbol{x}))$ とおくと，$\boldsymbol{f}$ の連続点は h の連続点になる．つまり，$C(\boldsymbol{f}) \subset C(h)$ なので，定理 3(d) により，$Eg(\boldsymbol{f}(\mathbf{X}_n)) = Eh(\mathbf{X}_n) \to Eh(\mathbf{X}) = Eg(\boldsymbol{f}(\mathbf{X}))$ を得る．

(b) g をあるコンパクト集合外では消える連続関数とする．定理 3(b) により，$Eg(\mathbf{Y}_n) \to Eg(\mathbf{X})$ がいえればよい．g は一様連続なので，任意の $\varepsilon > 0$ に対して次を満足する $\delta > 0$ が存在する．

$$|\boldsymbol{x} - \boldsymbol{y}| < \delta \implies |g(\boldsymbol{x}) - g(\boldsymbol{y})| < \varepsilon$$

また，g は有界なので，任意の $\boldsymbol{x}$ に対して $|g(\boldsymbol{x})| < B$ である $B < \infty$ が存在する．このとき，

$$\begin{aligned}
|Eg(\mathbf{Y}_n) - Eg(\mathbf{X})| &\leq |Eg(\mathbf{Y}_n) - Eg(\mathbf{X}_n)| + |Eg(\mathbf{X}_n) - Eg(\mathbf{X})| \\
&\leq E|g(\mathbf{Y}_n) - g(\mathbf{X}_n)|I(|\mathbf{X}_n - \mathbf{Y}_n| \leq \delta) \\
&\quad + E|g(\mathbf{Y}_n) - g(\mathbf{X}_n)|I(|\mathbf{X}_n - \mathbf{Y}_n| > \delta) \\
&\quad + |Eg(\mathbf{X}_n) - Eg(\mathbf{X})| \\
&\leq \varepsilon + 2BP(|\mathbf{X}_n - \mathbf{Y}_n| > \delta) + |Eg(\mathbf{X}_n) - Eg(\mathbf{X})| \\
&\to \varepsilon
\end{aligned}$$

(c) $P(|(\mathbf{X}_n^t, \mathbf{Y}_n^t)^t - (\mathbf{X}_n^t, \boldsymbol{c}^t)^t| > \varepsilon) = P(|\mathbf{Y}_n - \boldsymbol{c}| > \varepsilon) \to 0$ である．ゆえに，(b) を使って $(\mathbf{X}_n^t, \boldsymbol{c}^t)^t \xrightarrow{\mathscr{L}} (\mathbf{X}^t, \boldsymbol{c}^t)^t$ であることを示せればよい．しかし，g が有界で連続であれば，$g(\cdot, \boldsymbol{c})$ も有界で連続なので，$\mathbf{X}_n \xrightarrow{\mathscr{L}} \mathbf{X}$ より，$Eg(\mathbf{X}_n, \boldsymbol{c}) \to Eg(\mathbf{X}, \boldsymbol{c})$ を得る．

【t 統計量の漸近正規性】確率変数列 $X_1, X_2, \ldots$ を，平均 μ と分散 $\sigma^2 > 0$ をもつ分布からの標本とする．このとき，大数の法則より，次を得る．

$$\bar{X}_n \xrightarrow{\mathscr{L}} \mu, \quad \frac{1}{n}\sum_{i=1}^{n} X_i^2 \xrightarrow{\mathscr{L}} EX^2$$

系 6.1 により，次も分かる．

$$s_n^2 = \frac{1}{n}\sum_{i=1}^{n} X_i^2 - \bar{X}_n^2 \xrightarrow{\mathscr{L}} EX^2 - \mu^2 = \sigma^2$$

さらに，中心極限定理から次も分かる．

$$\frac{\sqrt{n}(\bar{X}_n - \mu)}{\sigma} \xrightarrow{\mathscr{L}} \mathscr{N}(0,1)$$

ゆえに，再び系 6.1 により次を得る．

$$\frac{\sqrt{n}(\bar{X}_n - \mu)}{s_n} \xrightarrow{\mathscr{L}} \mathscr{N}(0,1)$$

例 6.7 の場合と同様に，$s_n = 0$ のときの左辺は 0 （あるいは適当な任意の値）に定義する．これにより，t 統計量が漸近的に正規分布に従うことが分かる．

$$t_{n-1} = \frac{\sqrt{n-1}(\bar{X}_n - \mu)}{s_n} \xrightarrow{\mathscr{L}} \mathscr{N}(0,1) \qquad \blacksquare$$

確率収束に関するスラツキーの定理は定理 6 とまったく同様であるが，結果 (c) は強めることができる．

定理 6′

(a) $\mathbf{X}_n \in \mathbb{R}^d$, $\mathbf{X}_n \xrightarrow{\mathrm{P}} \mathbf{X}$ である．$\boldsymbol{f} : \mathbb{R}^d \to \mathbb{R}^k$ において，$P(\mathbf{X} \in C(\boldsymbol{f})) = 1$ のとき，$\boldsymbol{f}(\mathbf{X}_n) \xrightarrow{\mathrm{P}} \boldsymbol{f}(\mathbf{X})$ である．

(b) $\mathbf{X}_n \xrightarrow{\mathrm{P}} \mathbf{X}$ かつ $\mathbf{X}_n - \mathbf{Y}_n \xrightarrow{\mathrm{P}} 0$ ならば，$\mathbf{Y}_n \xrightarrow{\mathrm{P}} \mathbf{X}$．

(c) $\mathbf{X}_n \xrightarrow{\mathrm{P}} \mathbf{X}$ かつ $\mathbf{Y}_n \xrightarrow{\mathrm{P}} \mathbf{Y}$ ならば，$(\mathbf{X}_n^t, \mathbf{Y}_n^t)^t \xrightarrow{\mathrm{P}} (\mathbf{X}^t, \mathbf{Y}^t)^t$．

概収束に関するスラツキーの定理は，定理 6′ において $\xrightarrow{\mathrm{P}}$ とあるところをすべて $\xrightarrow{\mathrm{a.s.}}$ で置き換えて得られる．証明は簡単である．

演習問題 6

6.1. 定理 6′ を証明せよ．ヒント：(a) については定理 2(d) を用いよ．

6.2. X_n と Y_n が互いに独立で，$X_n \xrightarrow{\mathscr{L}} X$ かつ $Y_n \xrightarrow{\mathscr{L}} Y$ ならば，$(X_n, Y_n)^t \xrightarrow{\mathscr{L}} (X, Y)^t$ である．ただし，X と Y は互いに独立とする．

6.3. 次の自己回帰モデルを考える．

$$X_n = \beta X_{n-1} + \varepsilon, \quad n = 1, 2, 3, \ldots$$

ただし，$\varepsilon_1, \varepsilon_2, \ldots$ は独立同分布で，$E\varepsilon_n = \mu$, $V(\varepsilon) = \sigma^2$, $-1 \leq \beta < 1$, $X_0 = 0$ である．$\bar{X}_n = (1/n)\sum_{i=1}^{n} X_i$ は漸近的正規性をもつことを示せ． $-1 < \beta < 1$ のとき，

$$\sqrt{n}\left(\bar{X}_n - \frac{\mu}{1-\beta}\right) \xrightarrow{\mathscr{L}} \mathscr{N}\left(0, \frac{\sigma^2}{(1-\beta)^2}\right)$$

$\beta = -1$ のとき，

$$\sqrt{n}\left(\bar{X}_n - \frac{\mu}{2}\right) \xrightarrow{\mathscr{L}} \mathscr{N}\left(0, \frac{\sigma^2}{2}\right)$$

$\beta = -1$ のときは非連続である．また，$\beta = 1$ のときはどのようなことが起こるか．

6.4. (a) 標準化された確率変数列が 2 つ与えられ，その相関係数が 1 に収束するとき，それらは漸近的に同値である事を示せ（確率変数の平均が 0，分散が 1 のとき，その確率変数は標準化されているといわれる）．これにより，$(X_n - EX_n)/\sqrt{V(X_n)} \xrightarrow{\mathscr{L}} X$ かつ $\rho(X_n, Y_n) \to 1$ のとき，$(Y_n - EY_n)/\sqrt{V(Y_n)} \xrightarrow{\mathscr{L}} X$ であることを示せ．

(b) X_n および Y_n の平均は 0 で，分散は等しいとする．$X_n \xrightarrow{\mathscr{L}} X$ かつ $\rho(X_n, Y_n) \to 1$ ならば，$Y_n \xrightarrow{\mathscr{L}} X$ といえるか．

6.5. $E(X_n - Y_n)^2/V(X_n) \to 0$ ならば，$\rho(X_n, Y_n) \to 1$ であることを示せ．このとき，演習問題 6.4 を用いると，

$$\frac{X_n - EX_n}{\sqrt{V(X_n)}} \xrightarrow{\mathscr{L}} X, \quad \frac{E(X_n - Y_n)^2}{V(X_n)} \xrightarrow{\mathscr{L}} 0$$

であるとき次が成り立つ.

$$\frac{Y_n - EY_n}{\sqrt{V(Y_n)}} \xrightarrow{\mathscr{L}} X$$

6.6. 定理 6(b) を次のように書き換えると，非負な確率変数に対して役立つこ とも多い.

(a) 「$X_n \xrightarrow{\mathscr{L}} X > 0$ かつ $X_n/Y_n \xrightarrow{\mathrm{P}} 1$ ならば，$Y_n \xrightarrow{\mathscr{L}} X$」であるこ とを示せ.

(b) この結果を確率ベクトルへと拡張せよ.

第7章 標本積率の関数

スラツキーの定理からどのようなものが得られるのか,さらに調べてみよう.1次の項までのテーラー展開を利用して,標本積率の関数の漸近正規性を導く**クラメールの定理**をここでは学ぶことにする.問題によっては,正規性への収束速度が異様に遅いということもある.そのため,級数展開の項を増やすことにより正規近似を改善できることも学んでこの章を終わることにする.

前章で与えられた t 統計量の漸近分布の解析は,以下のように d 次元に拡張できる.まず,中心極限定理により $\sqrt{n}(\bar{\mathbf{X}}_n - \boldsymbol{\mu}) \xrightarrow{\mathscr{L}} \mathscr{N}(\mathbf{0}, \boldsymbol{\Sigma})$ である.ただし,$\boldsymbol{\Sigma} = V(\mathbf{X})$ である.大数の法則およびスラツキーの定理を応用すると,$\mathbf{S}_n = (1/n)\sum_{i=1}^n (\mathbf{X}_i - \bar{\mathbf{X}}_n)(\mathbf{X}_i - \bar{\mathbf{X}}_n)^t \xrightarrow{\mathrm{P}} \boldsymbol{\Sigma}$ を得る.$\boldsymbol{\Sigma}$ が正則ならば,$P(\mathbf{S}_n が正則) \to 1$ であり,$\mathbf{S}_n^{-1/2}\sqrt{n}(\bar{\mathbf{X}}_n - \boldsymbol{\mu}) \xrightarrow{\mathscr{L}} \boldsymbol{\Sigma}^{-1/2}\mathbf{Y}$ を得る.ただし,$\mathbf{Y} \in \mathscr{N}(\mathbf{0}, \boldsymbol{\Sigma})$ である.$\boldsymbol{\Sigma}^{-1/2}\mathbf{Y} \in \mathscr{N}(\mathbf{0}, \boldsymbol{\Sigma}^{-1/2}\boldsymbol{\Sigma}\boldsymbol{\Sigma}^{-1/2}) = \mathscr{N}(\mathbf{0}, \mathbf{I})$ なので,$\mathbf{S}^{-1/2}\sqrt{n}(\bar{\mathbf{X}}_n - \boldsymbol{\mu}) \xrightarrow{\mathscr{L}} \mathscr{N}(\mathbf{0}, \mathbf{I})$ と結論できる.

これは,クラメールによるさらに一般的な定理から導かれる一例であり,滑らかな関数による標本積率の変換は漸近正規性をもつのである.まず,中心極限定理により,原点周りの標本積率 $(1/n)\sum_{i=1}^n X_i$ や $(1/n)\sum_{i=1}^n X_i^3$ や $(1/n)\sum_{i=1}^n X_i Y_i$ などは,すべての項の2乗の期待値が存在するとき,同時漸近正規性をもつ.そのとき,次の定理を繰り返し適用して,標本平均周りの積率も,またそれらの滑らかな関数による変換も漸近正規性をもつことを示すことができる.

定理7 クラメールの定理

関数 $g: \mathbb{R}^d \to \mathbb{R}^k$ の導関数 $\dot{g}(x)$ は $\boldsymbol{\mu} \in \mathbb{R}^d$ の近傍で連続であると仮定する.$\mathbf{X}_n$ は d 次元確率ベクトル列で,$\sqrt{n}(\mathbf{X}_n - \boldsymbol{\mu}) \xrightarrow{\mathscr{L}} \mathbf{X}$ ならば,$\sqrt{n}(g(\mathbf{X}_n) - g(\boldsymbol{\mu})) \xrightarrow{\mathscr{L}} \dot{g}(\boldsymbol{\mu})\mathbf{X}$ である.特に,$\sqrt{n}(\mathbf{X}_n - \boldsymbol{\mu}) \xrightarrow{\mathscr{L}} \mathscr{N}(\mathbf{0}, \boldsymbol{\Sigma})$ な

らば（Σ は $d \times d$ 共分散行列），

$$\sqrt{n}(g(\mathbf{X}_n) - g(\boldsymbol{\mu})) \xrightarrow{\mathscr{L}} \mathscr{N}(0, \dot{g}(\boldsymbol{\mu})\Sigma \dot{g}(\boldsymbol{\mu})^t)$$

[証明] まず，$\sqrt{n}(\mathbf{X}_n - \boldsymbol{\mu}) \xrightarrow{\mathscr{L}} \mathbf{X}$ なので，$\mathbf{X}_n \xrightarrow{P} \boldsymbol{\mu}$ である．いま，$\dot{g}(\boldsymbol{x})$ が $\{\boldsymbol{x} : |\boldsymbol{x} - \boldsymbol{\mu}| < \delta\}$ で連続であるとすると，$|\boldsymbol{x} - \boldsymbol{\mu}| < \delta$ に対して，

$$g(\boldsymbol{x}) = g(\boldsymbol{\mu}) + \int_0^1 \dot{g}(\boldsymbol{\mu} + v(\boldsymbol{x} - \boldsymbol{\mu}))(\boldsymbol{x} - \boldsymbol{\mu}) dv$$

が成り立ち，ゆえに $|\mathbf{X}_n - \boldsymbol{\mu}| < \delta$ に対して次を得る．

$$\sqrt{n}(g(\mathbf{X}_n) - g(\boldsymbol{\mu})) = \left(\int_0^1 \dot{g}(\boldsymbol{\mu} + v(\mathbf{X}_n - \boldsymbol{\mu})) dv\right)\sqrt{n}(\mathbf{X}_n - \boldsymbol{\mu})$$

$\mathbf{X}_n \xrightarrow{P} \boldsymbol{\mu}$ なので，$P(|\mathbf{X}_n - \boldsymbol{\mu}| < \delta) \to 1$ であり，$\int_0^1 \dot{g}(\boldsymbol{\mu} + v(\mathbf{X}_n - \boldsymbol{\mu})) dv \xrightarrow{P} \dot{g}(\boldsymbol{\mu})$ も成り立つ．したがって，$\sqrt{n}(g(\mathbf{X}_n) - g(\boldsymbol{\mu})) \xrightarrow{\mathscr{L}} \dot{g}(\boldsymbol{\mu})\mathbf{X}$ を得る．$\mathbf{X}_n \in \mathscr{N}(\mathbf{0}, \Sigma)$ の場合は，$E\dot{g}(\boldsymbol{\mu})\mathbf{X} = 0$，$V(\dot{g}(\boldsymbol{\mu})\mathbf{X}) = \dot{g}(\boldsymbol{\mu})\Sigma \dot{g}(\boldsymbol{\mu})^t$ なので，$\sqrt{n}(g(\mathbf{X}_n) - g(\boldsymbol{\mu})) \xrightarrow{\mathscr{L}} \mathscr{N}(\mathbf{0}, \dot{g}(\boldsymbol{\mu})\Sigma \dot{g}(\boldsymbol{\mu})^t)$ となる． ∎

例 7.1. 平均 μ と分散 σ^2 をもつ分布からの標本に関して，$\sqrt{n}(\bar{X}_n - \mu) \xrightarrow{\mathscr{L}} \mathscr{N}(0, \sigma^2)$ である．では，$\bar{X}_n^2$ の漸近分布は何だろうか．$g(x) = x^2$ とおくと，$\dot{g}(x) = 2x$ なので $\dot{g}(\mu) = 2\mu$．ゆえに，定理 7 より

$$\sqrt{n}(\bar{X}_n^2 - \mu^2) \xrightarrow{\mathscr{L}} \mathscr{N}(0, 4\mu^2 \sigma^2)$$

（補足） この例も後に紹介する例も，大標本理論において心得ているべきいくつかの注意を与えてくれる．

(1) まず，収束率は g や μ に依存し，かなり変動する点である．

(2) 次に，例 7.1 の $\mu = 0$ の場合のように，漸近分布が 0 になることもある．$\mu = 0$ のとき，この例からいえることは $\sqrt{n}\bar{X}_n^2 \xrightarrow{\mathscr{L}} 0$ ということだけである．漸近分布といわれたとき，だれもが想像するようなものとは大きく異なる．そのため，$a_n \bar{X}_n^2$ が非退化な分布になるように漸近的に増加する a_n を見つけたく

なるだろう．実際，$\mu = 0$ のとき，$n\bar{X}_n^2 \xrightarrow{\mathscr{L}} \sigma^2 \chi_1^2$ である．というのも，スラッキーの定理により $n\bar{X}_n^2 = (\sqrt{n}\bar{X}_n)^2 \xrightarrow{\mathscr{L}} Y^2 \in \mathscr{N}(0, \sigma^2)$ なので，$(Y/\sigma)^2 \in \chi_1^2$ だからである．

(3) 最後に，極限の積率が積率の極限になるとは限らない．それは次の例が示している．

例 7.2. $\sqrt{n}(X_n - \mu) \xrightarrow{\mathscr{L}} \mathscr{N}(0, \sigma^2)$ と仮定する．$1/X_n$ の漸近分布は何になるか．$g(x) = 1/x$ とおくと，$\dot{g}(x) = -1/x^2$ なので，$\dot{g}(\mu) = -1/\mu^2$ である．ゆえに，クラメールの定理により，$\mu \neq 0$ のとき次を得る．

$$\sqrt{n}\left(\frac{1}{X_n} - \frac{1}{\mu}\right) \xrightarrow{\mathscr{L}} \mathscr{N}\left(0, \frac{\sigma^2}{\mu^4}\right)$$

しかし，$X_n \sim \mathscr{N}(\mu, \sigma^2/n)$ のとき，$E(1/X_n)$ は存在しない．原点で正値をとる連続な密度関数をもつ確率変数 X については $E(1/|X|) = \infty$ だからである．

例 7.3. 4次の有限な積率を仮定する．このとき，標本分散 $s_x^2 = (1/n)\sum_{i=1}^n (X_i - \bar{X}_n)^2$ の漸近分布は何だろうか．$s_x^2 = (1/n)\sum_{i=1}^n X_i^2 - \bar{X}_n^2$ なので，この2つの標本積率の漸近結合分布を求めなければならない．s_x^2 は位置母数には依存しないので，$\mu = 0$ と仮定してよい（あるいは，$X_i - \mu$ について考える）．$m_{xx} = (1/n)\sum_1^n X_i^2$，$m_x = (1/n)\sum_1^n X_i$ と定義する．中心極限定理より，

$$\sqrt{n}\left(\begin{pmatrix} m_x \\ m_{xx} \end{pmatrix} - \begin{pmatrix} 0 \\ \sigma^2 \end{pmatrix}\right) \xrightarrow{\mathscr{L}} \mathscr{N}(\mathbf{0}, \boldsymbol{\Sigma})$$

ただし，

$$\boldsymbol{\Sigma} = \begin{pmatrix} V(X) & \mathrm{Cov}(X^2, X) \\ \mathrm{Cov}(X^2, X) & V(X^2) \end{pmatrix}$$

s_x^2 の漸近分布を求めるには，$g(m_x, m_{xx}) = m_{xx} - m_x^2 = s_x^2$ とおくと，$\dot{g}(m_x, m_{xx}) = (-2m_x, 1)$ なので，$\dot{g}(0, \sigma^2) = (0, 1)$ である．ゆえに，

$$\sqrt{n}(s_x^2 - \sigma^2) \xrightarrow{\mathscr{L}} \mathscr{N}\left(0, \dot{g}(0, \sigma^2)\boldsymbol{\Sigma}\dot{g}(0, \sigma^2)^t\right)$$

$$= \mathcal{N}(0, V(X^2))$$
$$= \mathcal{N}(0, EX^4 - (EX^2)^2)$$
$$= \mathcal{N}(0, \mu_4 - \sigma^4)$$

最初に仮定する分布が正規分布であったとすると，$\mu_4 = 3\sigma^4$ なので，次が得られる．

$$\sqrt{n}(s_x^2 - \sigma^2) \xrightarrow{\mathscr{L}} \mathcal{N}(0, 2\sigma^4)$$

【近似の改善】 例 7.1 に戻ると，$\sqrt{n}(\bar{X}_n - \mu) \xrightarrow{\mathscr{L}} \mathcal{N}(0, \sigma^2)$，$g(x) = x^2$ のとき，クラメールの定理により次が成り立つことを確かめている．

$$\sqrt{n}(\bar{X}_n^2 - \mu^2) \xrightarrow{\mathscr{L}} \mathcal{N}(0, 4\mu^2\sigma^2) \tag{1}$$

$\mu = 0$ のとき，これは $\sqrt{n}\bar{X}_n^2 \xrightarrow{\mathscr{L}} \mathcal{N}(0, 0)$ であるが，この代わりに

$$n\bar{X}_n^2 \xrightarrow{\mathscr{L}} \sigma^2 \chi_1^2 \tag{2}$$

を用いると，より詳しく正確度の評価ができる．これは，$\mu \neq 0$ ではあるが 0 に近いとき，(1) 式の利用が危険なことを明らかに意味している．n をどのように大きくしたとしても，μ を 0 に十分に近づけることによって，近似式 (1) を非常に不満足なものにできる．クラメールの定理の証明において，関数 g の展開で高次の項も考慮に入れることによって，近似を際立って改善できる場合も多い．

ここでも，$\sqrt{n}(\bar{X}_n - \mu) \xrightarrow{\mathscr{L}} \mathcal{N}(0, \sigma^2)$ を仮定し，さらに $g(\mu)$ は連続な 2 次の導関数をもち，$\ddot{g}(\mu) \neq 0$ であると仮定し，$g(\mu)$ を推定したいとしよう．定理 7 で与えられた近似を改善するために，$g(\mu)$ を μ の周りで 2 次の項まで展開する，つまり $(x - \mu)^2$ の項を追加する．

$$\begin{aligned} g(x) - g(\mu) &\sim \dot{g}(\mu)(x - \mu) + \frac{1}{2}\ddot{g}(\mu)(x - \mu)^2 \\ &= \frac{1}{2}\ddot{g}(\mu)\left(\left(x - \mu + \frac{\dot{g}(\mu)}{\ddot{g}(\mu)}\right)^2 - \frac{\dot{g}(\mu)^2}{\ddot{g}(\mu)^2}\right) \end{aligned} \tag{3}$$

x を X_n で置き換えると，次を得る．

$$n(g(X_n) - g(\mu)) \sim \frac{1}{2}\sigma^2\ddot{g}(\mu)\left(\left(\frac{\sqrt{n}(X_n - \mu)}{\sigma} + \gamma_n\right)^2 - \gamma_n^2\right) \quad (4)$$

ただし，

$$\gamma_n = \frac{\sqrt{n}\dot{g}(\mu)}{\sigma\ddot{g}(\mu)}$$

平均 γ と分散 1 をもつ正規確率変数の平方の分布は，非心度 γ^2 をもつ自由度 1 の非心 χ^2 分布である．これを $\chi_1^2(\gamma^2)$ と表記すると，(4) 式は次のように表現できる．

$$n(g(X_n) - g(\mu)) \sim \frac{1}{2}\sigma^2\ddot{g}(\mu)\left(\chi_1^2(\gamma_n^2) - \gamma_n^2\right) \quad (5)$$

$g(x) = x^2$ のとき，(1) 式と比較して次のような近似になる．

$$n(X_n^2 - \mu^2) \sim \sigma^2(\chi_1^2(\gamma_n^2) - \gamma_n^2) \quad (6)$$

ただし，$\gamma_n = \sqrt{n}\mu/\sigma$ である．特に $\mu = 0$ のとき，これは (2) 式に等しい．γ_n^2 が 0 に近いとき，これは (1) 式に比較してきわめて良い改善になっている．大きな γ_n^2 に対してでも，(6) 式は (1) 式と近似的には同等である．というのも，$\chi_1^2(\gamma_n^2) - \gamma_n^2$ は漸近的に $\mathcal{N}(0, 4\gamma_n^2)$ に従うからである（演習問題 10.2(b) を参照せよ）．

最後に，これらの近似の精度をみる数値例で締めくくろう．関数 $g(x) = x^2$ の展開 (3) は $g(x)$ そのものになるので，少し簡単すぎる．代わりに，$g(x) = \exp(x)$ を考えてみよう．$\sqrt{n}(X_n - \mu)$ は正確に $\mathcal{N}(0, \sigma^2)$ に従うと仮定しておく．話を簡単にするために，$\mu = 0, \sigma^2 = 1$ としよう．このとき，$Z = \sqrt{n}(\exp(X_n) - \exp(\mu))/(\sigma\exp(\mu)) = \sqrt{n}(\exp(X_n) - 1)$ である．正規近似 (1) の下では，Z の分布関数は $\Phi(x)$ である．非心 χ^2 近似 (5) を用いると，Z の分布関数は（$\gamma_n = \sqrt{n}$）

$$\begin{aligned}P(Z \leq z) &\sim P\left((Z_0 + \gamma_n)^2 \leq \gamma_n^2 + 2\sqrt{n}z\right) \\ &= \Phi\left(\sqrt{n + 2\sqrt{n}z} - \sqrt{n}\right) - \Phi\left(-\sqrt{n + 2\sqrt{n}z} - \sqrt{n}\right)\end{aligned} \quad (7)$$

表 7.1 標準正規分布からのサイズ $n=5$ の標本において，$g(x) = \exp(x)$ のときの $\sqrt{n}(g(\bar{X}_n) - g(0))/\dot{g}(0)$ の分布の正規近似と非心 χ^2 近似

z	$\Phi(x)$	(7)	(8)
−2.0	0.0228	0.0000	0.0000
−1.8	0.0359	0.0000	0.0001
−1.6	0.0548	0.0000	0.0025
−1.4	0.0808	0.0000	0.0139
−1.2	0.1151	0.0000	0.0427
−1.0	0.1587	0.0641	0.0925
−0.8	0.2119	0.1481	0.1610
−0.6	0.2743	0.2375	0.2424
−0.4	0.3446	0.3285	0.3297
−0.2	0.4207	0.4169	0.4170
0.0	0.5000	0.5000	0.5000
0.2	0.5793	0.5760	0.5760
0.4	0.6554	0.6441	0.6436
0.6	0.7257	0.7040	0.7025
0.8	0.7881	0.7558	0.7530
1.0	0.8413	0.8000	0.7958
1.2	0.8849	0.8374	0.8316
1.4	0.9192	0.8686	0.8615
1.6	0.9452	0.8944	0.8863
1.8	0.9641	0.9156	0.9067
2.0	0.9772	0.9330	0.9234

ただし，$Z_0 \in \mathcal{N}(0,1)$ である．一方，$\exp(X_n)$ の正確な分布は対数正規分布なので ($\sqrt{n}X_n \in \mathcal{N}(0,1)$)，

$$P(Z \leq z) = P\left(\exp(X_n) \leq 1 + \frac{z}{\sqrt{n}}\right) = \Phi\left(\sqrt{n}\log\left(1 + \frac{z}{\sqrt{n}}\right)\right) \quad (8)$$

数表 7.1 には，$n=5$ のときの 2 つの近似と正確な確率との比較が与えてある．

X_n が実際は正規分布に従わないとき，例えば，指数分布からの標本平均であったとすると，数表 7.1 の $\Phi(x)$ の代わりに数表 5.1 のエッジワース展開 $E_2(x)$ を利用した方が近似は改善できる．

演習問題 7

7.1. $\log s_x^2$ の漸近分布を求めよ．

7.2. $\bar{X}_n$ と s_x^2 の漸近同時分布が次で与えられることを示せ．

$$\sqrt{n}\left(\begin{pmatrix}\bar{X}_n\\s_x^2\end{pmatrix}-\begin{pmatrix}\mu\\\sigma^2\end{pmatrix}\right)\xrightarrow{\mathscr{L}}\mathscr{N}\left(\mathbf{0},\begin{pmatrix}\sigma^2&\mu_3\\\mu_3&\mu_4-\sigma^4\end{pmatrix}\right)$$

7.3. 次の漸近分布を求めよ．

(a) $s_x/\bar{X}_n$（変動係数），ただし $\mu\neq 0$ とする．$\mu=0$ の場合はどうなるか．

(b) $m_3=(1/n)\sum_{i=1}^n(X_i-\bar{X})^3$

7.4. $X_1,X_2,...,X_n$ はベータ分布 $\mathscr{B}e(\theta,1)$, $\theta>0$ からの大きさ n の標本とする．θ の積率法による推定量は $\hat{\theta}=\bar{X}_n/(1-\bar{X}_n)$ で与えられる．この漸近分布を求めよ．

7.5. 【ポアソン分散検定】ある分布がポアソン分布 $\mathscr{P}(\lambda)$, $\lambda>0$ であるという帰無仮説 H_0 の標準的な検定では，標本平均に対する標本分散の比 $s_x^2/\bar{X}_n$ が大きすぎるときに H_0 を棄却する．この検定は，負の2項分布やポアソン分布の混合分布などのように分散が平均よりも大きくなる対立仮説に対して良い結果を与える．

(a) 一般の分布を仮定して，$s_x^2/\bar{X}_n$ の漸近分布を求めよ．

(b) H_0 の下での $s_x^2/\bar{X}_n$ の漸近分布を求め，それが λ に依存しないことを示せ．

7.6. 成功の確率 p をもつベルヌーイ分布からの大きさ n の標本に基づき，分散 $g(p)=p(1-p)$ の推定に興味があるとしよう．X_n は成功の割合 $X_n=X/n$ を表すとする．ただし，X は2項分布 $\mathscr{B}(n,p)$ に従う確率変数である．推定量 $g(X_n)=X_n(1-X_n)$ について考える．

(a) $g(X_n)$ の漸近分布を求めよ．$p=1/2$ のときどういうことが起こるか．

(b) $g(X_n)$ の分布に対する漸近展開 (5) はどうなるか．

(c) $p=0.6$, $n=100$ とする．上の (a) と (b) で与えられる $P(g(X_n)\leq y)$ の近似を $y=0.23,0.24,0.25$ のときに比較せよ．

第8章 標本相関係数

6章の最後の例，つまり

$$t_{n-1} = \frac{\sqrt{n-1}(\bar{X}_n - \mu)}{s_n} \xrightarrow{\mathscr{L}} \mathscr{N}(0,1)$$

により，有限な2次の積率をもつ分布族において，t検定は漸近的に頑健，つまり漸近的に分布に依存しないことがわかる．特に，分布の平均μの信頼区間

$$\bar{X}_n - \frac{s_n}{\sqrt{n-1}} t_{n-1;\alpha} \leq \mu \leq \bar{X}_n + \frac{s_n}{\sqrt{n-1}} t_{n-1;\alpha}$$

は，X_iの真の分布が何であろうとも有限分散をもち，nが十分大きいときは，近似的に確率$1-2\alpha$をもつ．

正規分布からの標本において，分布の分散に関する通常の検定や信頼区間は，χ^2_{n-1}分布に従う統計量ns_x^2/σ^2に基づく．例7.3は，この検定が漸近的に分布に依存していることを示している．ns_x^2/σ^2の漸近分布は真の分布の4次の積率に依存している．正規分布では$\mu_4 = 3\sigma^4$なので，$\mu_4 = 3\sigma^4$であるような任意の真の分布に対して通常の検定は漸近的に妥当であり，利用可能である．しかし，標本分布が正規分布よりも少々重い裾をもつような場合もしばしば想定される．例えば，密度関数$f(x) = (1/2)e^{-|x|}$をもつ両側指数分布の場合は，$\sigma^2 = 2$であり$\mu_4 = 6\sigma^4$である．

頑健性に関していえば，相関係数$\rho = \sigma_{xy}/(\sigma_x \sigma_y)$の検定に用いられる標本相関係数$r = s_{xy}/(s_x s_y)$の場合，その不具合が顕著である．有限な4次の積率をもつ分布からの標本ならば，7章で与えた手法を用いてrの漸近分布を求めることができる．

定理8

$(X_1, Y_1), (X_2, Y_2), \ldots$を有限な4次の積率$EX^4, EY^4$をもつ2次元分布から

の標本とする．このとき，次が成り立つ．

(a)
$$\sqrt{n}\left(\begin{pmatrix} s_x^2 \\ s_{xy} \\ s_y^2 \end{pmatrix} - \begin{pmatrix} \sigma_x^2 \\ \sigma_{xy}^2 \\ \sigma_y^2 \end{pmatrix}\right) \xrightarrow{\mathscr{L}} \mathscr{N}\left(0, \begin{pmatrix} C_{XX,XX} & C_{XX,XY} & C_{XX,YY} \\ C_{XX,XY} & C_{XY,XY} & C_{XY,YY} \\ C_{XX,YY} & C_{XY,YY} & C_{YY,YY} \end{pmatrix}\right)$$

ただし，

$$C_{XX,XX} = V((X-\mu_x)^2) = E(X-\mu_x)^4 - \sigma_x^4$$
$$C_{XX,XY} = \mathrm{Cov}((X-\mu_x)^2, (X-\mu_x)(Y-\mu_y))$$
$$= E(X-\mu_x)^3(Y-\mu_y) - \sigma_x^2 \sigma_{xy}$$
$$C_{XX,YY} = \mathrm{Cov}((X-\mu_x)^2, (Y-\mu_y)^2) = E(X-\mu_x)^2(Y-\mu_y)^2 - \sigma_x^2 \sigma_y^2$$
$$C_{XY,XY} = V((X-\mu_x)(Y-\mu_y)) = E(X-\mu_x)^2(Y-\mu_y)^2 - \sigma_{xy}^2$$
$$C_{XY,YY} = \mathrm{Cov}((X-\mu_x)(Y-\mu_y), (Y-\mu_y)^2)$$
$$= E(X-\mu_x)(Y-\mu_y)^3 - \sigma_{xy}\sigma_y^2$$
$$C_{YY,YY} = V((Y-\mu_y)^2) = E(Y-\mu_y)^4 - \sigma_y^4$$

(b) $\sqrt{n}(r-\rho) \xrightarrow{\mathscr{L}} \mathscr{N}(0, \gamma^2)$
ただし，

$$\gamma^2 = \frac{1}{4}\rho^2 \left(\frac{C_{XX,XX}}{\sigma_x^4} + 2\frac{C_{XX,YY}}{\sigma_x^2 \sigma_y^2} + \frac{C_{YY,YY}}{\sigma_y^4}\right)$$
$$- \rho\left(\frac{C_{XX,XY}}{\sigma_x^3 \sigma_y} + \frac{C_{XY,YY}}{\sigma_x \sigma_y^3}\right) + \frac{C_{XY,XY}}{\sigma_x^2 \sigma_y^2}$$

[証明の概要] 証明は 7 章の最後の例での導出と同じである．一般性を失わずに $\mu_x = \mu_y = 0$ と仮定してよい．まず，中心極限定理を用いて $\mathbf{M}_n = (m_x, m_y, m_{xx}, m_{xy}, m_{yy})^t$ の漸近分布を求める．ただし，

$$m_x = \frac{1}{n}\sum_{i=1}^n X_i, \quad m_y = \frac{1}{n}\sum_{i=1}^n Y_i$$

$$m_{xx} = \frac{1}{n}\sum_{i=1}^n X_i^2, \ m_{xy} = \frac{1}{n}\sum_{i=1}^n X_i Y_i, \ m_{yy} = \frac{1}{n}\sum_{i=1}^n Y_i^2$$

である．次に関数 $\boldsymbol{g}(\mathbf{M}_n) = (m_{xx} - m_x^2, m_{xy} - m_x m_y, m_{yy} - m_y^2)^t$ にクラメールの定理を適用すればよい． ∎

【2 次元正規分布の積率】 2 次元正規分布において γ^2 の値を求めるとき，X と Y の位置や尺度を変更しても γ^2 に変化はないので，平均は 0，分散は 1 と仮定しても問題は無い．EX^3Y などの積率は積分して求めてもよいし，特性関数

$$\varphi(t_1, t_2) = \exp\left(-\frac{t_1^2 + 2\rho t_1 t_2 + t_2^2}{2}\right)$$

を適当に偏微分して，$(t_1, t_2) = (0, 0)$ とおいて求めてもよい．結局，

$$E(X - \mu_x)^4 = 3\sigma_x^4$$
$$E(X - \mu_x)^3(Y - \mu_y) = 3\rho\sigma_x^3\sigma_y$$
$$E(X - \mu_x)^2(Y - \mu_y)^2 = (1 + 2\rho^2)\sigma_x^2\sigma_y^2$$
$$\vdots$$

などを得る．ゆえに，

$$\gamma^2 = \frac{1}{4}\rho^2(2 + 2(2\rho^2) + 2) - 2\rho(3\rho - \rho) + (1 + 2\rho^2 - \rho^2)$$
$$= \rho^2(1 + \rho^2) - 4\rho^2 + 1 + \rho^2 = (1 - \rho^2)^2$$

である．よって，正規母集団では次を得る．

$$\sqrt{n}(r - \rho) \xrightarrow{\mathscr{L}} \mathscr{N}(0, (1 - \rho^2)^2)$$

【頑健化】分散に対する通常の χ^2 検定は，正規分布においては，ns_x^2/σ^2 が χ_{n-1}^2 に従うという事実に基づいている．n が大きいとき，χ_{n-1}^2 分布は漸近的に $\mathcal{N}(n-1, 2(n-1))$ に従う．よって，この検定による σ^2 に対する信頼区間は，漸近的には次から得られる．

$$\frac{ns_x^2/\sigma^2 - (n-1)}{\sqrt{2(n-1)}} \sim \frac{\sqrt{n}}{\sqrt{2}}\left(\frac{s_x^2}{\sigma^2} - 1\right) \xrightarrow{\mathscr{L}} \mathcal{N}(0,1)$$

正規母集団でないときは，例 7.3 ですでに与えた

$$\frac{\sqrt{n}(s_x^2/\sigma^2 - 1)}{\sqrt{\mu_4/\sigma^4 - 1}} \xrightarrow{\mathscr{L}} \mathcal{N}(0,1)$$

を使う方がよいが，μ_4 は未知なので，この統計量を直接的に扱うことはできない．しかし，尖度 $\beta = \mu_4/\sigma^4$ を標本尖度 $b_2 = m_4/s_x^4$ で置き換えて，頑健化すれば用いることができる．その結果得られる信頼区間は

$$\left|\frac{s_x^2}{\sigma^2} - 1\right| < \frac{\sqrt{b_2 - 1}}{\sqrt{n}}\mathcal{N}_{\alpha/2}$$

を利用して，次のように書ける（$\mathcal{N}_{\alpha/2}$ は $\mathcal{N}(0,1)$ の上側 $\alpha/2$ 分位点）．

$$\frac{s_x^2}{1 + \frac{\sqrt{b_2-1}}{\sqrt{n}}\mathcal{N}_{\alpha/2}} < \sigma^2 < \frac{s_x^2}{1 - \frac{\sqrt{b_2-1}}{\sqrt{n}}\mathcal{N}_{\alpha/2}}$$

n が大きいときは近似的ではあるが，上の式の b_2 を正規分布の尖度 $\beta_2 = 3$ で置き換えることにより，χ_n^2 分布に基づく通常の信頼区間を得ることができる．

同様に，ρ に対する検定や信頼区間を頑健化するために，γ^2 の中に現れる積率を標本積率で置き換えて $\hat{\gamma}^2$ を定義し，$\sqrt{n}(r-\rho)/\hat{\gamma} \xrightarrow{\mathscr{L}} \mathcal{N}(0,1)$ を利用することもできる．しかし，この方法には注意が必要である．というのも，4 次の積率や 2 次項の交叉積率の推定量は大きな標準誤差をもつからである．

【分散安定化変換】正規母集団では，$\sqrt{n}(r-\rho) \xrightarrow{\mathscr{L}} \mathcal{N}(0, (1-\rho^2)^2)$ である．これから，$\sqrt{n}(g(r) - g(\rho)) \xrightarrow{\mathscr{L}} \mathcal{N}(0,1)$ であるような変換 $g(r)$ を見つけたい．このような変換を分散安定化変換と呼ぶ．クラメールの定理によると，$\sqrt{n}(g(r) - g(\rho)) \xrightarrow{\mathscr{L}} \mathcal{N}(0, \dot{g}(\rho)^2(1-\rho^2)^2)$ なので，次の微分方程式を解けば

よい．
$$\dot{g}(\rho)^2(1-\rho^2)^2 = 1 \quad \text{または} \quad \dot{g}(\rho) = \frac{1}{1-\rho^2}$$

この解はフィッシャーの z 変換として知られている．

$$g(\rho) = \int \frac{1}{1-\rho^2} d\rho = \int \left(\frac{1}{2(1-\rho)} + \frac{1}{2(1+\rho)} \right) d\rho = \frac{1}{2} \log \frac{1+\rho}{1-\rho}$$

これは $\tanh^{-1} \rho$ としても知られている．ゆえに，次を得る．

$$\sqrt{n} \left(\frac{1}{2} \log \frac{1+r}{1-r} - \frac{1}{2} \log \frac{1+\rho}{1-\rho} \right) \xrightarrow{\mathscr{L}} \mathscr{N}(0,1)$$

演習問題 8

8.1. 2次元分布からの標本に関して，回帰係数の推定量 $\hat{\beta} = s_{xy}/s_x^2$ の漸近分布を求めよ．2次元正規分布を仮定するときの漸近分散を求めよ．

8.2. σ_{xy} に対する信頼区間で，漸近的に頑健なものを求めよ．

8.3. 次の分布からの標本平均 $\bar{X}_n$ の分散安定化変換を求めよ．(a) ポアソン分布 $\mathscr{P}(\lambda)$，(b) ベルヌーイ分布 $\mathscr{B}(1,p)$．

8.4. 2つの正規母集団からの標本により分散が等しいことを検定する通常の F 検定は，2つの標本分散の比 s_x^2/s_y^2 の比に基づく．この検定は，有限な4次の積率をもつ分布族において漸近的に頑健ではない（仮定した分布に依存する）．このことを $\sqrt{n}(s_x^2/s_y^2 - \sigma_x^2/\sigma_y^2)$ の漸近分布を求めることにより示せ．ただし，2つの標本の大きさは共に n とする．

第9章　ピアソンの χ^2

　この章では，スラツキーの定理の応用として，**ピアソンの χ^2** 統計量の漸近分布を導く．まず，正規変量あるいは漸近的正規変量の2次形式と χ^2 分布とを関連付ける3つの一般的な補題を与える．多項実験とその単純な帰無仮説の検定に用いるピアソンの χ^2 統計量について説明したあとで，その帰無仮説の下でのピアソンの χ^2 統計量の漸近分布を2通りの方法で導出する．最初のものは，階数と射影という行列理論の概念に関係していて，定理9の証明に使われる．2番目のものは，ピアソンの χ^2 がホテリングの T^2 のまさに一変形であるという事実を用いるが，演習問題9.3で扱うことにする．また，ピアソンの χ^2 の2つ重要な変形についても述べる．1つは変換に基づくもので（**ヘリンガーの χ^2**），もう1つは修正の原理に基づくものである（**ネイマンの χ^2**）．

　d 次元確率ベクトル $\mathbf{X}$ が $\mathcal{N}(\mathbf{0},\mathbf{I})$ に従うとき，$\mathbf{X}^t\mathbf{X}$（d 個の独立な標準正規変数の2乗和）の分布として自由度 d の χ^2 分布は定義されることを確認しておく．

補題 9.1.　$\mathbf{X} \in \mathcal{N}(\boldsymbol{\mu},\boldsymbol{\Sigma})$（$\boldsymbol{\Sigma}$ は正則）のとき，
$$Z = (\mathbf{X}-\boldsymbol{\mu})^t \boldsymbol{\Sigma}^{-1}(\mathbf{X}-\boldsymbol{\mu}) \in \chi_d^2$$

[証明]　$\mathbf{Y} = \boldsymbol{\Sigma}^{-1/2}(\mathbf{X}-\boldsymbol{\mu})$ とおくと，$\mathbf{Y} \in \mathcal{N}(\mathbf{0},\mathbf{I})$ であり，$Z = \mathbf{Y}^t\mathbf{Y}$ より明らか．∎

補題 9.2.　$\mathbf{X}_1, \mathbf{X}_2, \ldots$ は独立同分布で，平均は $\boldsymbol{\mu}$，分散は正則な共分散行列 $\boldsymbol{\Sigma}$ をもつとする．このとき，
$$T^2 = (n-1)(\bar{\mathbf{X}}_n - \boldsymbol{\mu})^t \mathbf{S}_n^{-1}(\bar{\mathbf{X}}_n - \boldsymbol{\mu}) \xrightarrow{\mathscr{L}} \chi_d^2$$
ただし，$\mathbf{S}_n$ は標本共分散行列である．

$$\mathbf{S}_n = \frac{1}{n} \sum_{i=1}^n (\mathbf{X}_i - \bar{\mathbf{X}}_n)(\mathbf{X}_i - \bar{\mathbf{X}}_n)^t$$

[証明] 中心極限定理により,

$$\sqrt{n}(\bar{\mathbf{X}}_n - \boldsymbol{\mu}) \xrightarrow{\mathscr{L}} \mathbf{Y} \in \mathscr{N}(\mathbf{0}, \boldsymbol{\Sigma})$$

大数の弱法則とスラツキーの定理により $\mathbf{S}_n \xrightarrow{\mathscr{L}} \boldsymbol{\Sigma}$. ゆえに,再びスラツキーの定理により $T^2 \xrightarrow{\mathscr{L}} \mathbf{Y}^t \boldsymbol{\Sigma}^{-1} \mathbf{Y} \in \chi_d^2$ を得る. ∎

(補足) T^2 は**ホテリングの T^2** として知られている. $\mathbf{X}_1, \mathbf{X}_2, ..., \mathbf{X}_n$ が $\mathscr{N}(\boldsymbol{\mu}, \boldsymbol{\Sigma})$ ($\boldsymbol{\Sigma}$ は正則) からの標本ならば,$(n-d)T^2/(d(n-1))$ は正確に $F_{d,n-d}$ 分布に従う.

次の補題においては,χ_d^2 分布の特性関数が $\varphi(t) = (1-2it)^{-d/2}$ であることを利用する. また,正方行列 $\boldsymbol{\Sigma}$ は,$\boldsymbol{\Sigma}^2 = \boldsymbol{\Sigma}$ のとき**射影行列**であるといわれる. $\boldsymbol{y} = \boldsymbol{\Sigma}\boldsymbol{x}$ ならば,$\boldsymbol{y}$ は $\boldsymbol{\Sigma}$ の値域への $\boldsymbol{x}$ の射影と呼ばれる. $\boldsymbol{y}$ を $\boldsymbol{\Sigma}$ でさらに射影しても値は変わらない. すなわち,$\boldsymbol{\Sigma}\boldsymbol{y} = \boldsymbol{\Sigma}^2\boldsymbol{x} = \boldsymbol{\Sigma}\boldsymbol{x} = \boldsymbol{y}$. さらに $\boldsymbol{\Sigma}$ が対称行列のときは,その射影は値域に対して垂直である. つまり,$\boldsymbol{y} = \boldsymbol{\Sigma}\boldsymbol{x}$ は $\boldsymbol{x} - \boldsymbol{y} = (\mathbf{I} - \boldsymbol{\Sigma})\boldsymbol{x}$ に直交する.

$$(\boldsymbol{\Sigma}\boldsymbol{x})^t(\mathbf{I} - \boldsymbol{\Sigma})\boldsymbol{x} = \boldsymbol{x}^t\boldsymbol{\Sigma}^t(\mathbf{I} - \boldsymbol{\Sigma})\boldsymbol{x} = \boldsymbol{x}^t(\boldsymbol{\Sigma}^2 - \boldsymbol{\Sigma})\boldsymbol{x} = 0$$

補題 9.3. $\mathbf{X} \in \mathscr{N}(\mathbf{0}, \boldsymbol{\Sigma})$ とする. このとき,$\mathbf{X}^t\mathbf{X} \in \chi_r^2$ であるための必要十分条件は $\boldsymbol{\Sigma}$ が階数 r の射影行列であることである.

[証明] $\boldsymbol{\Sigma}$ は対称なので,直交行列 $\mathbf{Q}$ ($\mathbf{Q}^t\mathbf{Q} = \mathbf{I}$) が存在して,$\mathbf{D} = \mathbf{Q}\boldsymbol{\Sigma}\mathbf{Q}^t$ を対角行列にすることができる. このとき,

$$\boldsymbol{\Sigma}^2 = \boldsymbol{\Sigma} \text{ かつ } \boldsymbol{\Sigma} \text{ の階数は } r$$
$$\iff \mathbf{D}^2 = \mathbf{D} \text{ かつ } \mathbf{D} \text{ の階数は } r$$
$$\iff \mathbf{D} \text{ の対角要素は } 0 \text{ または } 1 \text{ で, } 1 \text{ の個数は } r \text{ 個}$$

$\mathbf{Y} = \mathbf{QX}$ とおくと, $\mathbf{Y} \in \mathcal{N}(\mathbf{0}, \mathbf{D})$ であり, $\mathbf{Y}^t\mathbf{Y} = \mathbf{X}^t\mathbf{Q}^t\mathbf{QX} = \mathbf{X}^t\mathbf{X}$ である. $\mathbf{D}$ の j 番目の対角要素を d_j とおくと, $\mathbf{Y}^t\mathbf{Y} = \sum_{j=1}^d X_j^2$ の特性関数は $\prod_{j=1}^d (1 - 2id_j t)^{-1/2}$ と求められる. これが χ_r^2 の特性関数になることと, r 個の d_j が 1 で他は 0 になることと同値である.

(補足) d_j は $\boldsymbol{\Sigma}$ の固有値である. また, 対称な射影行列 $\boldsymbol{\Sigma}$ では,

$$\mathrm{rank}(\boldsymbol{\Sigma}) = \mathrm{trace}(\boldsymbol{\Sigma})$$

が成り立つ. どちらも固有値の和に等しいからである.

【多項実験】 n 個の独立な試行を考える. それらの値はそれぞれ, c 種類の可能な結果の中の 1 つを取る, あるいは c 種のセルに分類できる. $i = 1, 2, ..., c$ に対して, i 番目の結果になる確率を p_i で表し, i 番目の結果であった試行数を n_i で表す. ゆえに, $\sum_{i=1}^c n_i = n$ である. ピアソンの χ^2 は次で定義される.

$$\chi^2 = \sum \frac{(観測値 - 期待値)^2}{期待値} = \sum_{i=1}^c \frac{(n_i - np_i)^2}{np_i}$$

$n \to \infty$ のときのこの統計量の漸近分布を求めるために, 次のようなベクトルを用いる. i 番目の c 次元単位ベクトル (i 番目の要素が 1 で, 他は 0) を $\boldsymbol{e}_i$ で表し, k 番目の試行が i 番目の結果であるとき, $\mathbf{X}_k = \boldsymbol{e}_i$ と定義する. このとき, $\mathbf{X}_1, ..., \mathbf{X}_n$ は独立同分布で, 次の平均ベクトル $E\mathbf{X} = \boldsymbol{p}$ と共分散行列 $\boldsymbol{\Sigma}$ をもつ.

$$\boldsymbol{p} = \begin{pmatrix} p_1 \\ \vdots \\ p_c \end{pmatrix}, \quad \boldsymbol{\Sigma} = \begin{pmatrix} p_1(1-p_1) & -p_1 p_2 & \cdots & -p_1 p_c \\ -p_1 p_2 & p_2(1-p_2) & \cdots & -p_2 p_c \\ \vdots & \vdots & \ddots & \vdots \\ -p_1 p_c & -p_2 p_c & \cdots & p_c(1-p_c) \end{pmatrix}$$

ピアソンの χ^2 は次のように書ける.

$$\chi^2 = n \sum_{i=1}^c \frac{(n_i/n - p_i)^2}{p_i} = n(\bar{\mathbf{X}}_n - \boldsymbol{p})^t \mathbf{P}^{-1}(\bar{\mathbf{X}}_n - \boldsymbol{p})$$

ただし,

$$\mathbf{P} = \begin{pmatrix} p_1 & 0 & \cdots & 0 \\ 0 & p_2 & \cdots & 0 \\ \vdots & \vdots & \ddots & \vdots \\ 0 & 0 & \cdots & p_c \end{pmatrix}$$

$\Sigma = \mathbf{P} - \boldsymbol{p}\boldsymbol{p}^t$ であることに注意する.

定理 9

$$\chi^2 \xrightarrow{\mathscr{L}} \chi^2_{c-1}$$

[証明] 中心極限定理により,$\mathbf{Y}_n = \sqrt{n}(\bar{\mathbf{X}}_n - \boldsymbol{p}) \xrightarrow{\mathscr{L}} \mathbf{Y} \in \mathscr{N}(\mathbf{0}, \Sigma)$ である.スラツキーの定理により,

$$\chi^2 = \mathbf{Y}_n^t \mathbf{P}^{-1} \mathbf{Y}_n \xrightarrow{\mathscr{L}} \mathbf{Y}^t \mathbf{P}^{-1} \mathbf{Y}$$

$\mathbf{Y}^t \mathbf{P}^{-1} \mathbf{Y} \in \chi^2_{c-1}$ を示すには,$\mathbf{Z} = \mathbf{P}^{-1/2} \mathbf{Y}$ とおいて,$\mathbf{Z}^t \mathbf{Z} = \mathbf{Y}^t \mathbf{P}^{-1} \mathbf{Y}$ であり,$\mathbf{Z} \in \mathscr{N}(\mathbf{0}, \mathbf{P}^{-1/2} \Sigma \mathbf{P}^{-1/2})$ であることをまず確かめる.ここで,$\mathbf{Z}$ の共分散行列が射影行列であることを示すために,Σ を $\mathbf{P} - \boldsymbol{p}\boldsymbol{p}^t$ で置き換えると,$\mathbf{P}^{-1/2} \Sigma \mathbf{P}^{-1/2} = \mathbf{I} - \mathbf{P}^{-1/2} \boldsymbol{p}\boldsymbol{p}^t \mathbf{P}^{-1/2}$ を得る.これが射影行列であること,$\text{trace}(\mathbf{AB}) = \text{trace}(\mathbf{BA})$ を用いてトレース,つまり階数が $c-1$ であることを示すのは容易である. ∎

【変換 χ^2】 定理9とクラメールの定理を組み合わせると,定理9を拡張することができる.$\boldsymbol{g}(\boldsymbol{x}) = (g_1(x_1), ... g_c(x_c))^t$ という微分可能な変換を考える.この変換の i 番目の要素は x の i 番目の要素のみの関数である.この結果,勾配 $\dot{\boldsymbol{g}}(\boldsymbol{x})$ は偏微分 $\dot{g}_1(x_1), ..., \dot{g}_c(x_c)$ を対角線上にもつ対角行列になる.クラメールの定理の証明にあるように,$\sqrt{n}(\boldsymbol{g}(\bar{\mathbf{X}}_n) - \boldsymbol{g}(\boldsymbol{p}))$ は漸近的に $\sqrt{n}\dot{\boldsymbol{g}}(\boldsymbol{p})(\bar{\mathbf{X}}_n - \boldsymbol{p})$ に同等なので,ピアソンの χ^2 の定義式の中にある $\sqrt{n}(\bar{\mathbf{X}}_n - \boldsymbol{p})$ を $\sqrt{n}\dot{\boldsymbol{g}}(\boldsymbol{p})^{-1}(\boldsymbol{g}(\bar{\mathbf{X}}_n) - \boldsymbol{g}(\boldsymbol{p}))$ で置き換えてもよい.そうすると,変換 χ^2 と呼ばれる一変形が得られる.

$$\begin{aligned} \chi^2_{\boldsymbol{g}} &= n(\boldsymbol{g}(\bar{\mathbf{X}}_n) - \boldsymbol{g}(\boldsymbol{p}))^t \dot{\boldsymbol{g}}(\boldsymbol{x})^{-1} \mathbf{P}^{-1} \dot{\boldsymbol{g}}(\boldsymbol{x})^{-1} (\boldsymbol{g}(\bar{\mathbf{X}}_n) - \boldsymbol{g}(\boldsymbol{p})) \\ &= n \sum_{i=1}^c \frac{(g_i(n_i/n) - g_i(p_i))^2}{p_i \dot{g}_i(p_i)^2} \\ &\xrightarrow{\mathscr{L}} \chi^2_{c-1} \end{aligned}$$

例 9.1. 2項分布に対する分散安定化変換は arcsin 関数であるが（演習問題 8.3 を参照），ピアソンの χ^2 の分母を定数にする変換は平方根変換である．$g(x) = (\sqrt{x_1}, \sqrt{x_2}, ..., \sqrt{x_c})^t$ とおいた変換 χ^2 を調べればよい．$\dot{g}_i(p_i) = 1/(2\sqrt{p_i})$ により，変換 χ^2 は次のように得られる．

$$\chi_H^2 = 4n \sum_{i=1}^{c} \left(\sqrt{\frac{n_i}{n}} - \sqrt{p_i} \right)^2$$

これはヘリンガーの χ^2 として知られている．ヘリンガー距離に関係しているからである（2つの密度 $f(x)$ と $g(x)$ との間のヘリンガー距離 $d(f,g)$ は $d(f,g)^2 = \int (\sqrt{f(x)} - \sqrt{g(x)})^2 dx$ で定義される）．

演習問題 9

9.1. 【修正 χ^2】 ピアソンの χ^2 の分母にある期待値を観測値で置き換えることもできて，それはネイマンの χ^2 として知られている．

$$\chi_N^2 = \sum \frac{(観測値 - 期待値)^2}{観測値} = \sum_{i=1}^{c} \frac{(n_i - np_i)^2}{n_i}$$

$\chi_N^2 \xrightarrow{\mathscr{L}} \chi_{c-1}^2$ であることを示せ．

9.2. $\mathbf{X} \in \mathscr{N}(\mathbf{0}, \mathbf{I})$ とし，$\mathbf{P}$ を対称行列とする．$\mathbf{X}^t \mathbf{P} \mathbf{X} \in \chi_r^2$ であることと，$\mathbf{P}$ が射影行列で階数 r であることとが同値となることを示せ．

9.3. 【定理 9 の別証明】 $\mathbf{X}_i$ の最後の要素を除いて $\mathbf{Y}_i$ を定義し，p の最後の要素を除いて q を定義し，$\mathbf{\Sigma}$ の最後の行と列を除いて $\mathbf{\Phi}$ を定義する．このとき，次が成り立つ事を示せ．

$$ピアソンの \chi^2 = n(\bar{\mathbf{Y}}_n - q)^t \mathbf{\Phi}^{-1} (\bar{\mathbf{Y}}_n - q)$$

このように，ピアソンの χ^2 はホテリングの T^2 の一形式にすぎないので，定理 9 は補題 2 から直接的に示すことができる．（$\mathbf{P}$ の最後の行と列を除いて $\mathbf{Q}$ を定義するとき，$\mathbf{\Phi} = \mathbf{Q} - qq^t$, $\mathbf{\Phi}^{-1} = \mathbf{Q}^{-1} + \mathbf{1}\mathbf{1}^t/p_c$ であること

を示せ．ただし，$\mathbf{1}$ は，要素がすべて 1 である $c-1$ 次元ベクトルである）

9.4. 変換 $g(p) = (\log p_1, ..., \log p_c)^t$ に対する変換 χ^2 は何になるか．また，この変換 χ^2 を修正したものを求めよ．

第10章 ピアソンのχ^2検定の漸近検出力

　帰無仮説に近接した対立仮説を識別する際に，利用するχ^2検定の感度を見積もることは重要である．ある関連した対立仮説が正しいときに，帰無仮説を棄却する確率を評価したいだろう．つまりは，検定の**検出力**を知りたいのである．この章では，非心χ^2分布に基づく検出力関数の漸近的な近似を与える．この近似で検定の感度が測れるばかりでなく，与えられた有意水準の下で，固定された対立仮説で指定された検出力を得るために必要な標本数を見つける，という重要な問題が解けるようになる．有意水準0.05と0.01に対する問題を解くために，章末の数表10.1では非心χ^2に関する非心度の値を簡便な形で与えてある．

　9章と同様に，c個の可能な結果が確率$p_1,...,p_c$で与えられるn個の独立試行を構成要素とする多項実験を考えよう．確率の組$p_1^0,...,p_c^0$が与えられているとする．ただし，$p_i^0 > 0, i=1,...,c$，かつ$\sum_{i=1}^c p_i = 1$である．帰無仮説を$H_0 : p_i = p_i^0, i=1,...,c$とおく．ピアソンの$\chi^2$に基づく適合度検定は次の$\chi^2$値が大きすぎるとき$H_0$を棄却する．

$$\chi^2 = \sum \frac{(観測値 - 期待値)^2}{期待値} = \sum_{i=1}^c \frac{(n_i - np_i^0)^2}{np_i^0}$$

ただし，n_iはi番目の結果であった試行の数である．帰無仮説の下でのこの統計量は，nが大きくなると漸近的にχ^2_{c-1}に従うようになる．

　対立仮説からの母数$\boldsymbol{p} = (p_1,...,p_c)^t (\neq (p_1^0,...,p_c^0)^t = \boldsymbol{p}^0)$が真の値だったとする．固定された棄却率$\alpha$に対してこの検定を用いると，$H_0$を棄却する確率は，$n \to \infty$のとき1に収束する．検出力の近似を得るために，$\boldsymbol{p}$は固定しておいて帰無仮説の列$H_0(n) : \boldsymbol{p} = \boldsymbol{p}_n^0$を考える[1]．ただし，$\boldsymbol{p}_n^0 = (p_{n1}^0,...,p_{nc}^0)^t$

---

[1] （訳注）帰無仮説を固定して対立仮説を近づけると述べる方が自然な感じがするが，計算上の違いはないので，この設定のままで訳出する．

は速さ $1/\sqrt{n}$ で p に近づく固定された列で，$\boldsymbol{\delta} = (\delta_1, \delta_2, ..., \delta_c)^t$ に対して $p_n^0 = p - (1/\sqrt{n})\boldsymbol{\delta}$ と定義される．p と p_n^0 はともに確率ベクトルなので，$\sum_{i=1}^c \delta_i = 0$ に注意する．上の χ^2 統計量の極限分布は自由度 $c-1$ の非心 χ^2 分布であり，その非心度は次で与えられることを示そう．

$$\lambda = \boldsymbol{\delta}^t \mathbf{P}^{-1} \boldsymbol{\delta} = \sum_{i=1}^c \frac{\delta_i^2}{p_i} \sim \sum_{i=1}^c \frac{\delta_i^2}{p_{ni}^0}$$

非心度 $\lambda = \boldsymbol{\delta}^t \boldsymbol{\delta}$ と自由度 d をもつ非心 χ^2 分布 $\chi_d^2(\lambda)$ は，$\mathbf{X} \in \mathscr{N}(\boldsymbol{\delta}, \mathbf{I})$ に対する $Z = \mathbf{X}^t \mathbf{X}$ の分布として定義される（この分布は $\lambda = \boldsymbol{\delta}^t \boldsymbol{\delta}$ を通して $\boldsymbol{\delta}$ に依存することに注意する）．次は補題 9.3 の十分条件の重要な一般化である．

補題 10.1. $\mathbf{X} \in \mathscr{N}(\boldsymbol{\delta}, \boldsymbol{\Sigma})$ と仮定する．$\boldsymbol{\Sigma}$ が階数 r の射影行列で，$\boldsymbol{\Sigma}\boldsymbol{\delta} = \boldsymbol{\delta}$ ならば，$\mathbf{X}'\mathbf{X} \in \chi_r^2(\boldsymbol{\delta}^t \boldsymbol{\delta})$．

[証明] $\mathbf{D} = \mathbf{Q}\boldsymbol{\Sigma}\mathbf{Q}^t$ が対角行列になるような直行行列 $\mathbf{Q}$ が存在する．このとき，$\mathbf{D}$ は階数 r の射影行列である．ゆえに，$\mathbf{D}$ の対角要素の r 個が 1 で，残りは 0 である．$\mathbf{D}$ の対角要素の最初の r 個が 1 になるように $\mathbf{Q}$ は選ぶことにする．$\mathbf{Y} = \mathbf{Q}\mathbf{X}$ とおくと，$\mathbf{Y} \in \mathscr{N}(\mathbf{Q}\boldsymbol{\delta}, \mathbf{D})$，$\mathbf{Y}^t \mathbf{Y} = \mathbf{X}^t \mathbf{X}$，$\mathbf{D}\mathbf{Q}\boldsymbol{\delta} = \mathbf{Q}\boldsymbol{\Sigma}\mathbf{Q}^t \mathbf{Q}\boldsymbol{\delta} = \mathbf{Q}\boldsymbol{\Sigma}\boldsymbol{\delta} = \mathbf{Q}\boldsymbol{\delta}$ である．Y_i は互いに独立な正規確率変数になり，$i = 1, ..., r$ のとき分散は 1，残りの $c - r$ 個の分散は 0 である．つまり，$Y_{r+1}, ..., Y_c$ は定数 0 であり，$\mathbf{Y}^t \mathbf{Y} = \sum_{i=1}^r Y_i^2$．さらに，最初の r 個の Y_i の平均の平方和は $(\mathbf{Q}\boldsymbol{\delta})^t (\mathbf{Q}\boldsymbol{\delta}) = \boldsymbol{\delta}^t \mathbf{Q}^t \mathbf{Q}\boldsymbol{\delta} = \boldsymbol{\delta}^t \boldsymbol{\delta}$．以上により，$\mathbf{Y}^t \mathbf{Y} \in \chi_r^2(\boldsymbol{\delta}^t \boldsymbol{\delta})$ である． ∎

この補題の逆は，9 章の補題 3 に対してと同様に特性関数を用いて証明できる．

定理 10

p を真の生起確率ベクトルとし，$\boldsymbol{\delta} = \sqrt{n}(p - p_n^0)$ とおく．このとき，

$$\chi^2 = n \sum_{i=1}^c \frac{(n_i/n - p_{ni}^0)^2}{p_{ni}^0} \xrightarrow{\mathscr{L}} \chi_{c-1}^2(\lambda)$$

ただし，$\lambda = \sum_{i=1}^c \delta_i^2 / p_i$ である．

（補足） 単純で非常に憶えやすい原理をこの式で知ることができる．つまり，

第 10 章 ピアソンの χ^2 検定の漸近検出力

ピアソンの χ^2 における観測頻度 n_i/n をその期待値 p_i で置き換えると,非心度が得られる.

[証明] 定理 9 の証明と同様に,次のように定義する.

$$\boldsymbol{p} = \begin{pmatrix} p_1 \\ \vdots \\ p_c \end{pmatrix}, \quad \mathbf{P} = \begin{pmatrix} p_1 & 0 & \cdots & 0 \\ 0 & p_2 & \cdots & 0 \\ \vdots & \vdots & \ddots & \vdots \\ 0 & 0 & \cdots & p_c \end{pmatrix}, \quad \boldsymbol{\Sigma} = \mathbf{P} - \boldsymbol{p}\boldsymbol{p}^t,$$

$$\boldsymbol{p}_n^0 = \begin{pmatrix} p_{n1}^0 \\ \vdots \\ p_{nc}^0 \end{pmatrix}, \quad \mathbf{P}_n^0 = \begin{pmatrix} p_{n1}^0 & 0 & \cdots & 0 \\ 0 & p_{n2}^0 & \cdots & 0 \\ \vdots & \vdots & \ddots & \vdots \\ 0 & 0 & \cdots & p_{nc}^0 \end{pmatrix}, \quad \bar{\mathbf{X}}_n = \begin{pmatrix} n_1/n \\ \vdots \\ n_c/n \end{pmatrix}$$

このとき,$\sqrt{n}(\bar{\mathbf{X}}_n - \boldsymbol{p}_n^0) = \sqrt{n}(\bar{\mathbf{X}}_n - \boldsymbol{p}) + \boldsymbol{\delta} \xrightarrow{\mathscr{L}} \mathbf{Y} \in \mathscr{N}(\boldsymbol{\delta}, \boldsymbol{\Sigma})$ であり,$\mathbf{P}_n^0 \to \mathbf{P}$ である.ゆえにスラツキーの定理により

$$\chi^2 = \sqrt{n}(\bar{\mathbf{X}}_n - \boldsymbol{p}_n^0)^t (\mathbf{P}_n^0)^{-1} \sqrt{n}(\bar{\mathbf{X}}_n - \boldsymbol{p}_n^0) \xrightarrow{\mathscr{L}} \mathbf{Y}^t \mathbf{P}^{-1} \mathbf{Y}$$

ここで,$\mathbf{Z} = P^{-1/2}\mathbf{Y}$ とおくと,$\mathbf{Z}^t\mathbf{Z} = \mathbf{Y}^t\mathbf{P}^{-1}\mathbf{Y}$ であり

$$\mathbf{Z} \in \mathscr{N}(\mathbf{P}^{-1/2}\boldsymbol{\delta}, \mathbf{P}^{-1/2}\boldsymbol{\Sigma}\mathbf{P}^{-1/2}) = \mathscr{N}(\mathbf{P}^{-1/2}\boldsymbol{\delta}, \mathbf{I} - \mathbf{P}^{-1/2}\boldsymbol{p}\boldsymbol{p}^t\mathbf{P}^{-1/2})$$

定理 9 と同様に,$\mathbf{I} - \mathbf{P}^{-1/2}\boldsymbol{p}\boldsymbol{p}^t\mathbf{P}^{-1/2}$ は階数 $c-1$ の射影行列である.さらには,$\boldsymbol{p}^t\mathbf{P}^{-1}\boldsymbol{\delta} = \sum_{i=1}^c \delta_i = 0$ により

$$(\mathbf{I} - \mathbf{P}^{-1/2}\boldsymbol{p}\boldsymbol{p}^t\mathbf{P}^{-1/2})\mathbf{P}^{-1/2}\boldsymbol{\delta} = \mathbf{P}^{-1/2}\boldsymbol{\delta} - \mathbf{P}^{-1/2}\boldsymbol{p}\boldsymbol{p}^t\mathbf{P}^{-1}\boldsymbol{\delta} = \mathbf{P}^{-1/2}\boldsymbol{\delta}$$

が成り立つので,定理は補題 10.1 より得られる. ∎

例 10.1. サイコロが 300 回投げられた.H_0 は,すべての目が等しい確率で出現する,という帰無仮説である.つまり $H_0 : p_i = 1/6$, $i = 1,...,6$.H_0 を検定するための χ^2 検定では $\chi^2 = \sum_{i=1}^6 (n_i - 50)^2/50$ が大きくなるときに H_0 を棄却する.有意水準 5% では,$\chi^2 > 11.07$,有意水準 1% では,$\chi^2 > 15.09$ で

H_0 を棄却する．対立仮説 $p_1 = p_2 = 0.13$, $p_3 = p_4 = 0.17$, $p_5 = p_6 = 0.20$ での検出力の近似はどれほどだろうか．非心度は $\lambda = \sum_{i=1}^{6} \delta_i^2 / p_i$ または $\lambda^0 = \sum_{i=1}^{6} \delta_i^2 / p_i^0$ で計算する（これらは漸近的には同等である）．$\boldsymbol{\delta} = \sqrt{n}(\boldsymbol{p} - \boldsymbol{p}^0)$ なので，$\lambda^0 = \sum_{i=1}^{6} n(p_i - p_i^0)^2 / p_i^0$ となり，

$$\frac{n(p_1 - p_1^0)^2}{p_1^0} = \frac{n(p_2 - p_2^0)^2}{p_2^0} = \frac{300(0.13 - 1/6)^2}{1/6} = 2.42$$

$$\frac{n(p_3 - p_3^0)^2}{p_3^0} = \frac{n(p_4 - p_4^0)^2}{p_4^0} = \frac{300(0.17 - 1/6)^2}{1/6} = 0.02$$

$$\frac{n(p_5 - p_5^0)^2}{p_5^0} = \frac{n(p_6 - p_6^0)^2}{p_6^0} = \frac{300(0.20 - 1/6)^2}{1/6} = 2.00$$

ゆえに，$\lambda = 2.42 + 2.42 + 0.02 + 0.02 + 2.00 + 2.00 = 8.88$ を得る．非心 χ^2 の数表 10.1 により 5%水準では近似検出力 0.61，1%水準では近似検出力 0.38 が得られる．

この対立仮説においては，5%水準での検出力 0.90 を得るためには標本の大きさを（近似的には）どれぐらいに取ればよいだろうか．$\lambda = 16.470$ になるように n を大きくしなければならない．$(n/300)8.88 = 16.470$ を解いて，n はおおよそ 556 であることが分かる．

演習問題 10

10.1. 標本数 100 の 3 項実験において，帰無仮説 $H_0 : p_1 = 1/4$, $p_2 = 1/2$, $p_3 = 1/4$ のとき，対立仮説 $p_1 = 0.2$, $p_2 = 0.6$, $p_3 = 0.2$ での近似検出力はいくらか．ただし，有意水準は $\alpha = 0.05$ あるいは $\alpha = 0.01$ とする．また，このとき，この対立仮説において検出力 0.9 を得るためには標本数はいくらにすべきか．$\alpha = 0.05$ あるいは $\alpha = 0.01$ の場合に求めよ．

10.2. (a) $\chi_r^2(\lambda)$ は平均 $r + \lambda$，分散 $2r + 4\lambda$ をもつことを示せ．

(b) $\max(r, \lambda) \to \infty$ のとき，$(\chi_r^2(\lambda) - (r + \lambda))/\sqrt{2r + 4\lambda} \xrightarrow{\mathscr{L}} \mathscr{N}(0, 1)$ を示せ．

(c) $\alpha = 0.05$, $\beta = 0.5$, $r = 20$ とおくとき，(b) を利用して λ の漸近値を

求めよ．また，数表 10.1 で与えられる λ の値とその漸近値とを比較せよ．

10.3. 変換 χ^2 はピアソンの χ^2 と同じ（1 次の）検出力をもつことを示せ．つまり，$n \to \infty$ のとき，次を示せ．

$$\chi_g^2 = n \sum_{i=1}^{c} \frac{(g_i(n_i/n) - g_i(p_{ni}^0))^2}{p_{ni}^0 \dot{g}_i(p_{ni}^0)^2} \xrightarrow{\mathscr{L}} \chi_{c-1}^2(\lambda) \quad (n \longrightarrow \infty)$$

ただし，$\lambda = \sum_{i=1}^{c} \delta_i^2/p_i$ である．

表 10.1 (**非心 χ^2 分布の非心度表 (Fix(1949))**) 非心度 λ は，水準 $\alpha = 0.05, 0.01$ において，自由度 f と検出力 β の 2 変数の数表として与えられる．実際は，次の 2 つの等式を満足する λ として非心度は求められる．

$$\alpha = \frac{1}{2^{f/2-1}\Gamma(f/2)} \int_{\chi_f(\alpha)}^{\infty} x^{f-1} \exp\left(-\frac{x^2}{2}\right) dx$$

$$\beta = \exp\left(-\frac{\lambda}{2}\right) \sum_{k=0}^{\infty} \frac{\lambda^k}{k! 2^{f/2+2k-1}\Gamma(f/2+k)} \int_{\chi_f(\alpha)}^{\infty} x^{f+2k-1} \exp\left(-\frac{x^2}{2}\right) dx$$

$\alpha = 0.05$

$f \backslash \beta$	0.1	0.2	0.3	0.4	0.5	0.6	0.7	0.8	0.9
1	0.426	1.242	2.058	2.911	3.841	4.899	6.172	7.849	10.509
2	0.624	1.731	2.776	3.832	4.957	6.213	7.702	9.635	12.655
3	0.779	2.096	3.302	4.501	5.761	7.154	8.792	10.903	14.172
4	0.910	2.401	3.737	5.050	6.420	7.924	9.683	11.935	15.405
5	1.026	2.667	4.117	5.529	6.991	8.591	10.453	12.828	16.470
6	1.131	2.907	4.458	5.957	7.503	9.187	11.141	13.624	17.419
7	1.228	3.128	4.770	6.349	7.971	9.732	11.768	14.350	18.284
8	1.319	3.333	5.059	6.713	8.405	10.236	12.349	15.022	19.083
9	1.404	3.525	5.331	7.053	8.811	10.708	12.892	15.650	19.829
10	1.485	3.707	5.588	7.375	9.194	11.153	13.404	16.241	20.532
11	1.562	3.880	5.831	7.680	9.557	11.575	13.890	16.802	21.198
12	1.636	4.045	6.064	7.971	9.903	11.977	14.353	17.336	21.833
13	1.707	4.204	6.287	8.250	10.235	12.362	14.796	17.847	22.440
14	1.775	4.357	6.502	8.519	10.554	12.733	15.221	18.338	23.022
15	1.840	4.501	6.709	8.777	10.862	13.090	15.631	18.811	23.583
16	1.904	4.646	6.909	9.072	11.159	13.435	16.027	19.268	24.125
17	1.966	4.784	7.103	9.269	111.447	13.768	16.411	19.710	24.650
18	2.026	4.918	7.291	9.505	11.726	14.092	16.783	20.139	25.158
19	2.805	5.049	7.474	9.734	11.998	14.407	17.144	20.556	25.652
20	2.142	5.176	7.653	9.956	12.262	14.714	17.496	20.961	26.132

$\alpha = 0.01$

$f \backslash \beta$	0.1	0.2	0.3	0.4	0.5	0.6	0.7	0.8	0.9
1	1.674	3.007	4.208	5.394	6.635	8.004	9.611	11.680	14.879
2	2.299	3.941	5.372	6.758	8.190	9.752	11.567	13.881	17.427
3	2.763	4.624	6.218	7.745	9.311	11.008	12.970	15.458	19.248
4	3.149	5.188	6.914	8.557	10.231	12.039	14.121	16.749	20.737
5	3.488	5.682	7.523	9.265	11.033	12.936	15.120	17.871	22.033
6	3.794	6.126	8.069	9.899	11.751	13.738	16.014	18.873	23.187
7	4.075	6.534	8.569	10.480	12.408	14.473	16.831	19.788	24.238
8	4.337	6.912	9.033	11.019	13.017	15.153	17.589	20.636	25.211
9	4.583	7.267	9.469	11.524	13.588	15.790	18.297	21.429	26.122
10	4.816	7.603	9.880	12.000	14.126	16.391	18.965	22.177	26.981
11	5.038	7.922	10.271	12.453	14.638	16.961	19.599	22.887	27.797
12	5.250	8.227	10.644	12.885	15.126	17.505	20.204	23.563	28.575
13	5.453	8.520	11.002	13.299	15.594	18.027	20.784	24.211	29.319
14	5.649	8.801	11.346	13.698	16.043	18.528	21.341	24.833	30.034
15	5.838	9.072	11.678	14.082	16.476	19.011	21.878	25.433	30.722
16	6.021	9.335	11.999	14.454	16.895	19.478	22.396	26.013	31.387
17	6.198	9.590	12.310	14.814	17.301	19.930	22.898	26.574	32.031
18	6.371	9.837	12.612	15.163	17.695	20.369	23.385	27.118	32.655
19	6.539	10.078	12.906	15.502	18.078	20.796	23.859	27.647	33.262
20	6.702	10.312	13.192	15.833	18.451	21.211	24.320	28.162	33.852

第 III 部
特殊な話題

第11章 定常 m-従属列

この章では,確率変数間に限定的な従属性が見られる統計的問題を扱う.そのような確率変数の和に対して漸近正規性を導く定理を証明しよう.確率変数列 $Y_1, Y_2, ...$ は,すべての整数 $s \geq 1$ に対して確率ベクトル $(Y_1, ..., Y_s)$ と $(Y_{m+s+1}, Y_{m+s+2}, ...)$ が独立であるとき,**m-従属列**であるといわれる ($m = 0$ のとき,通常の独立な確率変数列である).

確率変数列 $Y_1, Y_2, ...$ は,任意の正整数 s, t に対して $(Y_t, ..., Y_{t+s})$ の同時分布が t に依存しないとき,(狭義の) 定常であるといわれる.言い換えると,長さ s の部分列の分布が,その観測を始める時間に依存しないときに定常である.

定常で m-従属な確率変数列 $Y_1, Y_2, ...$ に対する $S_n = \sum_{i=1}^n Y_i$ の漸近分布に興味がある.そのような列は時系列解析で現れる.例えば,確率変数列 $X_1, X_2, ...$ において定義される時間差 m の差積積率 $S_n/n = (1/n)\sum_{i=1}^n X_i X_{i+m}$ の漸近分布を求めたいときなどである.X_i が独立同分布の場合に $Y_i = X_i X_{i+m}$ は定常 m-従属列である.

Y_t の平均を $\mu = EY_t$,分散を $\sigma_{00} = V(Y_t)$,共分散を $\sigma_{0i} = \mathrm{Cov}(Y_t, Y_{t+i})$ で表すことにする.これらは,定常性により t と無関係である.また,m-従属性により,$i > m$ のとき $\sigma_{0i} = 0$ である.S_n の平均は $ES_n = n\mu$ であり,分散も $n \geq m$ のときは次のように求められることが容易に分かる.

$$V(S_n) = \sum_{i=1}^n \sum_{j=1}^n \mathrm{Cov}(Y_i, Y_j)$$
$$= n\sigma_{00} + 2(n-1)\sigma_{01} + 2(n-2)\sigma_{02} + \cdots + 2(n-m)\sigma_{0m}$$

よって,$V(S_n)/n \to \sigma^2$ である.ただし,

$$\sigma^2 = \sigma_{00} + 2\sigma_{01} + 2\sigma_{02} + \cdots + 2\sigma_{0m} \tag{1}$$

n が大きいとき，S_n/n の分布は，漸近的に平均 μ と分散 σ^2 をもつ正規分布に従うようになる．m-従属性を仮定しない特殊な定常列へのこの拡張については，演習問題 11.7 を参照せよ．

定理 11

有限な分散をもつ定常 m-従属列 $Y_1, Y_2, \ldots$ に対して，$S_n = \sum_{i=1}^n Y_i$ とおく．このとき，
$$\frac{S_n - ES_n}{\sqrt{V(S_n)}} \xrightarrow{\mathscr{L}} \mathscr{N}(0,1)$$
あるいは言い換えると
$$\sqrt{n}\left(\frac{S_n}{n} - \mu\right) \xrightarrow{\mathscr{L}} \mathscr{N}(0, \sigma^2)$$
が成り立つ．ただし，$\mu = EY_i$ であり，σ^2 は (1) 式で与えられたものである．

証明を始める前に，有用な補題を与えておく．まず，一般性を失わず，$\mu = 0$ と仮定してよい．$Y_i - \mu$ について考えても同じことがいえるからである．証明の方針は次のように行う．S_n を中心極限定理が使えるような独立項の和と，願わくば無視できるような従属項とに分ける．$k > m$ であるような k をとり，n は非常に大きいとし，$n = s(k+m) + r$ と表す．n を $k+m$ で割ったときの余りが r である $(0 \leq r < k+m)$．まず，S_n を $k+m$ の長さで区切った部分和からなる s 個の和と余りとに分割する．次に，
$$V_{kj} = \sum_{i=1}^{k} Y_{j(k+m)+i}, \quad W_{kj} = \sum_{i=k+1}^{k+m} Y_{j(k+m)+i}$$
と定義しておき，
$$S'_n = \sum_{j=0}^{s-1} V_{kj}, \quad S''_n = \sum_{j=0}^{s-1} W_{kj}, \quad R_n = \sum_{i=1}^{r} Y_{s(k+m)+i}$$
と定義すると，$S_n = S'_n + S''_n + R_n$ と書ける．このとき，$V_{kj}, j = 0, \ldots, s-1$ は，k には依存するが，独立同分布の確率変数である．k を固定し，s を大きくとると，S'_n は漸近的に平均 0，分散 $V(S'_n) = sV(S_k)$ の正規分布に従うよう

になる．これ以外の項が無視できるようなら，まず $n \to \infty$ とし，次に $k \to \infty$ とすることにより定理が得られる．このためには，$k \to \infty$ のとき S_n'' が n について一様に無視できなければならない．この方針に対しては，次の補題が有用である．

補題 11.1. $n = 1, 2, \ldots$ と $k = 1, 2, \ldots$ に対して，$T_n = Z_{nk} + X_{nk}$ とおき，次の3条件を仮定する．
(1) $k \to \infty$ のとき，n について一様に $X_{nk} \xrightarrow{\mathrm{P}} 0$
(2) 任意の k において，$n \to \infty$ のとき $Z_{nk} \xrightarrow{\mathscr{L}} Z_k$
(3) $k \to \infty$ のとき $Z_k \xrightarrow{\mathscr{L}} Z$
このとき，次が得られる．
$$T_n \xrightarrow{\mathscr{L}} Z \quad (n \to \infty)$$

[証明] $\varepsilon > 0$ とする．また，$z \in C(F_Z)$ とする．ただし，$C(F_Z)$ は Z の分布関数 F_Z の連続点集合である．また，$z + \delta$ と $z - \delta$ はともに $C(F_Z)$ に含まれるだけでなく，さらにすべての k においても $C(F_{Z_k})$ に含まれていて，$P(|Z - z| < \delta) < \varepsilon$ であるような $\delta > 0$ を選ぶ．条件 (1) により，すべての n とすべての $k > K$ に対して $P(|X_{nk}| \geq \delta) < \varepsilon$ となるような K を見つけることができる．また，条件 (3) により，すべての $k \geq K'$ に対して

$$|P(Z_k \leq z + \delta) - P(Z \leq z + \delta)| < \varepsilon, \quad |P(Z_k \leq z - \delta) - P(Z \leq z - \delta)| < \varepsilon$$

が成り立つような $K' (\geq K)$ も見つけることができる．ここで，$k > K'$ である k を固定すると

$$\begin{aligned} P(T_n \leq z) &= P(Z_{nk} + X_{nk} \leq z) \\ &\leq P(Z_{nk} \leq z + \delta) + P(|X_{nk}| \geq \delta) \\ &\leq P(Z_{nk} \leq z + \delta) + \varepsilon \end{aligned}$$

これに条件 (2) を使えば，次を得る．

$$\begin{aligned}\limsup_{n\to\infty} P(T_n \leq z) &\leq P(Z_k \leq z+\delta) + \varepsilon \\ &\leq P(Z \leq z+\delta) + 2\varepsilon \\ &\leq P(Z \leq z) + 3\varepsilon\end{aligned}$$

同様に,

$$\begin{aligned}P(T_n \leq z) &= P(Z_{nk} + X_{nk} \leq z) \\ &\geq P(Z_{nk} \leq z-\delta) - P(|X_{nk}| \geq \delta) \\ &\geq P(Z_{nk} \leq z-\delta) - \varepsilon\end{aligned}$$

が成り立つので,次も得られる.

$$\begin{aligned}\liminf_{n\to\infty} P(T_n \leq z) &\geq P(Z_k \leq z-\delta) - \varepsilon \\ &\geq P(Z \leq z-\delta) - 2\varepsilon \\ &\geq P(Z \leq z) - 3\varepsilon\end{aligned}$$

これらはすべての $\varepsilon > 0$ に対して成り立つので,$\lim_{n\to\infty} P(T_n \leq z) = P(Z \leq z)$ を得る. ∎

[**定理 11 の証明**] $T_n = S_n/\sqrt{n}$, $Z_{nk} = (S'_n + R_n)/\sqrt{n}$, $X_{nk} = S''_n/\sqrt{n}$ とおくと,

$$T_n = \frac{S_n}{\sqrt{n}} = \frac{S'_n + R_n}{\sqrt{n}} + \frac{S''_n}{\sqrt{n}} = Z_{nk} + X_{nk}$$

と書けるので,これに関して補題の条件を確かめる.まず,中心極限定理により,k を固定しておくと,$S'_n/\sqrt{s} \xrightarrow{\mathscr{L}} \mathscr{N}(0, V(S_k))$ である.次に,$s/n \to 1/(k+m)$ なので,$S'_n/\sqrt{n} = \sqrt{s/n} S'_n/\sqrt{s} \xrightarrow{\mathscr{L}} \mathscr{N}(0, V(S_k)/(k+m))$ を得る.$R_n/\sqrt{n}$ の平均は 0,分散は $V(S_r)/n$ である.また,すべての共分散は分散で抑えられているので (すべての t において $V(Y_t) = \sigma_{00}$ であり,相関係数の絶対値は 1 以下なので),k を固定するとき $V(R_n/\sqrt{n}) \leq r^2 \sigma_{00}/n \leq (k+m)^2 \sigma_{00}/n \to 0$ である.よって,$R_n/\sqrt{n} \xrightarrow{L_2} 0$ となり,Z_{nk} は $S'_n/\sqrt{n}$ と同じ漸近分布をもつ.つまり,$Z_{nk} \xrightarrow{\mathscr{L}} Z_k \in \mathscr{N}(0, V(S_k)/(k+m))$ を得る.これで条件 (2) は確かめられた.さらに,$k \to \infty$ のとき $V(S_k)/(k+m) \to \sigma^2$ なので,$Z_k \xrightarrow{\mathscr{L}} Z \in \mathscr{N}(0, \sigma^2)$ を得る.つまり,条件 (3) が確かめられる.

条件 (1) は,n に無関係に $V(X_{nk}) = sV(S_m)/n \leq V(S_m)/k$ であることと,チェビシ

ェフの不等式により $k \to \infty$ のとき $P(|X_{nk}| > \delta) \leq V(X_{nk})/\delta^2 \leq V(S_m)/(k\delta^2) \to 0$ であることにより確かめられる. ∎

【m 差積積率への応用】 応用例として，平均 μ と分散 τ^2 をもつ独立同分布な確率変数列 $X_0, X_1, X_2, \ldots$ について，$S_n = \sum_{i=1}^{n} X_i X_{i+m}$ の漸近分布を求めてみよう. $Y_i = X_i X_{i+m}$ は m-従属定常列になるので，定理が適用できる. Y_i の平均は $EX_i X_{i+m} = \mu^2$ であり，共分散は

$$\sigma_{0j} = Cov(X_0 X_m, X_j X_{j+m}) = EX_0 X_m X_j X_{j+m} - \mu^4$$

なので，

$$\sigma_{00} = (\tau^2 + \mu^2)^2 - \mu^4 = \tau^2 + 2\tau^2\mu^2$$
$$\sigma_{0m} = \mu^2(\tau^2 + \mu^2) - \mu^4 = \tau^2\mu^2$$
$$\sigma_{0j} = 0, \ (j \neq 0, j \neq m \text{ のとき})$$

ゆえに，定理 11 より，$\sqrt{n}(S_n/n - \mu^2) \xrightarrow{\mathscr{L}} \mathscr{N}(0, \sigma^2)$ を得る. ただし，

$$\sigma^2 = \sigma_{00} + 2\sigma_{0m} = \tau^2 + 4\tau^2\mu^2$$

──────── 演習問題 11 ────────

11.1. 【成功連】独立同分布のベルヌーイ確率変数列 $X_0, X_1, \ldots$ を考える. ただし，成功の確率は $(X = 1) = 1 - P(X = 0) = p$ である. $i \geq 1$ に対して，$X_{i-1} = 0, X_i = 1$ のとき，ある成功連が i から始まるという. $Y_i = (1 - X_{i-1})X_i$ と定義すると，ある成功連が i から始まるという事象の指標となる. このとき，$S_n = Y_1 + \cdots + Y_n$ は最初の n 試行における成功連の個数を表すことになる. 成功連の個数の漸近分布に興味がある. 計算を簡単にするために，0 時点から始まる成功連があったとしても無視することにする. というのも，その有無は漸近分布になんら影響しないからである. S_n の平均と分散を求め，漸近分布を求めよ.

11.2.【長さ r の成功連】 独立同分布で成功の確率 p をもつベルヌーイ試行列 $X_0, X_1, ...$ において，長さ r の連とは，連続した r 個の 1 の前後に 0 をもつ数字列のことである．$Z_i = (1 - X_{i-1})X_i \cdots X_{i+r-1}(1 - X_{i+r})$ と定義する．このとき，$S_n = Z_1 + Z_2 + \cdots + Z_n$ は試行列 $X_0, ..., X_{n+r}$ の中に存在する長さ r の成功連の数を表す．Z_i は m-従属定常列になるが，このときの m はいくつか．S_n の漸近分布を求めよ．

11.3.【バドミントンの得点】 $X_0, X_1, ...$ を独立同分布で成功の確率 p をもつベルヌーイ試行列とする．成功の後に成功すると 1 得点が得られるので，$S_n = \sum_{i=1}^{n} X_{i-1} X_i$ が時刻 n での得点になる．S_n の漸近分布を求めよ．

11.4.【自己共分散】 $X_1, X_2, ...$ を独立同分布で平均 μ と分散 σ^2 をもつ確率変数列とする．(a) $\bar{X} = (1/n)\sum_{i=1}^{n} X_i$ と $\bar{Z}_n = (1/n)\sum_{i=1}^{n} X_i X_{i+1}$ の同時漸近分布を求めよ（ヒント：a, b に対して，$a\bar{X}_n + b\bar{Z}_n$ の漸近分布を求め，演習問題 3.2 を適用せよ）．(b) 自己共分散 $\bar{Z}_n - \bar{X}_n^2$ の漸近分布を求めよ．

11.5.【増加連】 確率変数列 $X_0, X_1, ...$ は独立同分布で連続な分布関数 $F(x)$ に従うとする．それらの局所的な最小値が X_i で得られるとき $Z_i = 1$，そうでないとき $Z_i = 0$ と定義する．つまり，$Z_i = I(X_{i-1} > X_i < X_{i+1})$ と表せる．このとき，$S_n = \sum_{i=1}^{n} Z_i$ は，$X_0, X_1, ..., X_{n+1}$ において局所最小値の現れる回数である．これはまた，増加連の数と高々 1 つ異なる数である．なぜなら，X_0 から始まる増加連を除くと，i から増加連が始まることと $Z_i = 1$ であることは同値だからである．列の無作為性を検定するための統計量として S_n を用いることもできる．S_n の漸近分布を求めよ．

11.6.【自己相関係数】 $X_1, X_2, ...$ を 4 次の積率までもつ独立同分布な確率変数列とする．初めから $n+1$ 番目までの観測値に基づく時間差 1 の自己相関係数は次で定義される．

$$r_n = \frac{(1/n)\sum_{i=1}^{n} X_i X_{i+1} - \bar{X}_n^2}{(1/n)\sum_{i=1}^{n} X_i^2 - \bar{X}_n^2}$$

X_i の従う分布の平均は 0 であると仮定する（r_n の極限分布はこの平均の値に依存しないからである）．

(a) $\mathbf{Z}_i = (X_i, X_i^2, X_i X_{i+1})^t$ とおき，$\sqrt{n}(\bar{\mathbf{Z}}_n - \boldsymbol{\mu}) \xrightarrow{\mathscr{L}} \mathscr{N}(\mathbf{0}, \boldsymbol{\Sigma})$ であることを示せ．ただし，

$$\boldsymbol{\mu} = \begin{pmatrix} 0 \\ \sigma^2 \\ 0 \end{pmatrix}, \quad \boldsymbol{\Sigma} = \begin{pmatrix} \sigma^2 & \mu_3 & 0 \\ \mu_3 & \mu_4 - \sigma^4 & 0 \\ 0 & 0 & \sigma^4 \end{pmatrix}$$

(b) $\sqrt{n}r_n \xrightarrow{\mathscr{L}} \mathscr{N}(0,1)$ であることを示せ．この自己相関係数の頑健性と 8 章で与えられた相関係数の非頑健性とを比較すると面白いだろう．

11.7. $..., X_{-1}, X_0, X_1, ...$ は潜在的で観測できないが，平均 ξ と分散 σ^2 の同分布に従う独立な確率変数列であると仮定する．一方，$..., z_{-1}, z_0, z_1, ...$ を $\sum_{i=-\infty}^{\infty} |z_i| < \infty$ である実数列とするとき，時刻 $t = 0, 1, 2, ...$ において $Y_t = \sum_{i=-\infty}^{\infty} z_i X_{t-i}$ は観測されるとする．Y_t は，任意の有限な m に対して，m-従属とはならないが，平均 $\mu = EY_t = \xi \sum_{i=-\infty}^{\infty} z_i$ と分散 σ_{0t} をもっている．

$$\sigma_{0t} = \mathrm{Cov}(Y_0, Y_t) = \tau^2 \sum_{i=-\infty}^{\infty} z_i z_{t+i}$$

$S_n = \sum_{t=1}^{n} Y_t$ と定義する．$\sqrt{n}(S_n/n - \mu) \xrightarrow{\mathscr{L}} \mathscr{N}(0, \sigma^2)$ であることを示せ．ただし，

$$\sigma^2 = \sigma_{00} + 2 \sum_{t=1}^{\infty} \sigma_{0t}$$

(ヒント：Y_t の打ち切りである $Y_t^{(k)} = \sum_{|i| \leq k} z_i X_{t-i}$ は $2k$-従属な定常列なので，定理 11 が適用できる．$S_n^{(k)} = \sum_{t=1}^{n} Y_t^{(k)}$ とおくと，$k \to \infty$ のとき $S_n - S_n^{(k)}$ は n について一様に 0 に確率収束する．これにより，補題 11.1 が適用できる）．

第12章　順位統計量

1からNの整数の無作為な順列を$R_{N1}, R_{N2}, ..., R_{NN}$で表し，$N!$個の順列のどれもが同じ確率で出現すると仮定する．この章では，次の形式の和の漸近分布を調べる．

$$S_N = \sum_{i=1}^{N} z_{Ni} a_N(R_{Ni}) \tag{1}$$

ただし，数値$z_{N1}, ..., z_{NN}$と$a_N(1), ..., a_N(N)$はあらかじめ与えられている．記述を簡単にするために，z, a, Rから添え字Nを省くことにする．つまり

$$S_N = \sum_{i=1}^{N} z_i a(R_i) \tag{1'}$$

以下にあるほとんどの議論においてNは固定されるので混乱することはないだろう．Nを無限に大きくするときは，Rの分布がNに依存すること，同様にzとaもNに依存することの注意喚起を促すことにする．z_iの添え字iを入れ替えても，また$a(i)$の変数iを入れ替えて定義し直してもS_Nの分布は変化しないので，一般性を失うことなく$a(i)$（あるいはz_i，あるいは両方）が単調増加であることを仮定してよい．同様に，S_Nの分布は$a(i)$とz_iの役割を入れ替えても変化しない．というのも，$R_i = j \iff R'_j = i$であるような，Rの逆順列R'を考えると，$S_N = \sum_{j=1}^{N} a(j) z_{R'_j}$と書けるからである．これにより，$S_N$の漸近正規性を得るための条件として$z$と$a$との間で対称的なものを考えてよいことになる．

例12.1.【標本抽出】固定された大きさ$n(\geq 1)$の標本を母集団$\{z_1, ..., z_N\}$から非復元で抽出し，その標本値の和をS_Nとする．このとき，

$$a(i) = \begin{cases} 1, & 1 \leq i \leq n \\ 0, & n+1 \leq i \leq N \end{cases} \tag{2}$$

とおけば，S_N は (1) 式の形式で表現できる．$1, 2, ..., N$ の無作為順列 $R_1, R_2, ..., R_N$ において，$R_i \leq n$ のとき z_i を S_N に含めることになる．母集団平均の推定量として，S_N/n が利用できるし，母集団の総量の推定量としては NS_n/n が利用できる．

例 12.2.　**【2 標本無作為化 t 検定】** 処理群と対照群を比較する 2 標本問題において，N 個の実験単位が与えられ，その中から無作為に $n (< N)$ 個選ばれる．つまり，$\binom{N}{n}$ 通りの選択はすべて同じ確率をもつ．選ばれた n 個の実験単位は処理され，残りの $m = N - n$ 個のものは対照とされる．$X_1, X_2, ..., X_n$ を処理群からの観測値とし，$Y_1, Y_2, ..., Y_m$ を対照群からの観測値とする．処理には効果はないとする帰無仮説に対する通常の検定では，統計量 $\bar{X}_n - \bar{Y}_m$ をその標準偏差の推定量で割ったものを用いる．一方，無作為化検定においては，観測値はすでに与えられているという条件の下で，統計解析者によるそれらの無作為化のみに基づいて行う．$X_1, X_2, ..., X_n$ と $Y_1, Y_2, ..., Y_m$ の値が $z_1, z_2, ..., z_N$ であるとき，無作為化のおかげで，n 個からなる部分集合のどれもが同じ確率で $X_1, X_2, ..., X_n$ の実現値と成り得る，と想定する．次のようにおくと，

$$a(i) = \begin{cases} \frac{1}{n}, & 1 \leq i \leq n \\ -\frac{1}{m}, & n+1 \leq i \leq N \end{cases}$$

統計量 $\bar{X}_n - \bar{Y}_m$ は (1) 式の形式で定義できる．

例 12.3.　**【順位和検定】** ウィルコクソン順位和検定は無作為 t 検定に似ているが，$N = n + m$ 個の観測値の順位で観測値そのものを置き換えるところが異なる．各群の順位の平均の差を用いる代わりに，通常は処理群の順位和を用いる．処理には効果ないとする帰無仮説の下で，次のように定義すると，順位和統計量は (1) 式の形式で定義される．

$$z_i = i, \quad a(i) = \begin{cases} 1, & 1 \leq i \leq n \\ 0, & n+1 \leq i \leq N \end{cases}$$

例 12.4. 【傾向に対する無作為検定】観測量 $X_1, X_2, ..., X_n$ が経時的に採取され，時間と共に大きくなる傾向があるかどうかの検定に興味があるとする．この問題で利用される単純な検定統計量は，時間と観測量との積和 $S_N = \sum_{i=1}^{N} iX_i$ に基づくものである．これを無作為検定として捉えるとき，帰無仮説としては，観測値が無作為に並べられている，つまり $N!$ 個の並べ替えがすべて同じ確率で得られる，と仮定される．このとき，z_i を X_i の観測値とおき，$a(i) = i$ とすると，(1) 式の形式の統計量が得られる．

例 12.5. 【スピアマンの ρ】傾向に対するもう 1 つのノンパラメトリックな取り扱い方は，傾向に対する無作為検定において，観測値をその順位で置き換えるというものである．その結果，i 番目の観測値の順位を R_i とおくと，統計量は $S_N = \sum_{i=1}^{N} iR_i$ で与えられる．この統計量はスピアマンの順位相関係数 ρ_N と関連している．ρ_N は観測された順番と順位との間の相関係数である．順番も順位も，平均 $(N+1)/2$, 分散 $(N^2-1)/12$ をもつので，それらの相関係数は次で求められる．

$$\rho_N = \frac{12}{N^2 - 1} \left(\frac{1}{N} \sum_{i=1}^{N} iR_i - \frac{(N+1)^2}{4} \right)$$

この統計量はケンドールの τ（演習問題 5.7 を参照）と競合していて，N 個のものの 2 種類の順位付けがあるときの一致性を測るためにどちらも用いられる．

例 12.6. 【超幾何分布】次のようにおくとき，

$$z_i = \begin{cases} 1, & 1 \leq i \leq m \\ 0, & m+1 \leq i \leq N \end{cases}, \quad a(i) = \begin{cases} 1, & 1 \leq i \leq n \\ 0, & n+1 \leq i \leq N \end{cases}$$

(1) 式の統計量は超幾何分布 $\mathscr{H}(n, m, N)$ に従う．

【漸近正規性】統計量 (1) が漸近的正規性をもつための条件を与える驚くほどに単純な定理は，Wald and Wolfowitz(1944), Noether(1949), Hoeffding(1952)

等の成果から派生している．ここでの取り扱いは Hájek(1961) の方法に従い，漸近正規性をリンドバーグ・フェラーの定理の応用として導く．より詳しい説明や拡張に関しては Hájek and Sidák(1967) を見るとよい．

(1) 式の統計量 S_N の平均と分散をまず計算しよう．$a(R_i)$ の平均と分散は次で与えられる．

$$Ea(R_i) = \frac{1}{N}\sum_{j=1}^{N} a(j) = \bar{a}$$

$$V(a(R_i)) = \frac{1}{N}\sum_{j=1}^{N} (a(j) - \bar{a})^2 = \sigma_a^2$$

これらはすべての i について成り立つ．ここで，z_i の平均を $\bar{z} = \bar{z}_N = (1/N)\sum_{i=1}^{N} z_i$，分散を $\sigma_z^2 = (1/N)\sum_{i=1}^{N} (z_i - \bar{z})^2$ とおく．

補題 12.1. S_N の平均と分散は次で与えられる．

$$ES_N = N\bar{z}\bar{a}$$

$$V(S_N) = \frac{N^2}{N-1}\sigma_z^2\sigma_a^2 \tag{3}$$

[証明]

$$ES_N = \sum_{i=1}^{N} z_i Ea(R_i) = \sum_{i=1}^{N} z_i \bar{a} = N\bar{z}\bar{a}$$

$i \neq j$ のとき，$\mathrm{Cov}(a(R_i), a(R_j))$ は i と j の値に依存しない．また，$P(R_1 = i, R_2 = j) = 1/(N(N-1))$ である．ゆえに，

$$\mathrm{Cov}(a(R_1), a(R_2)) = \frac{1}{N(N-1)}\sum_{i \neq j}(a(i) - \bar{a}_N)(a(j) - \bar{a}_N)$$

$$= -\frac{1}{N(N-1)}\sum_{i=1}^{N}(a(i) - \bar{a}_N)^2$$

$$= -\frac{1}{N-1}\sigma_a^2$$

これにより，S_N の分散は次で与えられる．

$$V(S_N) = \sum_{i=1}^{N} z_i^2 V(a(R_i)) + \sum_{i \neq j} z_i z_j \mathrm{Cov}(a(R_i), a(R_j))$$

$$= \sigma_a^2 \left(\sum_{i=1}^{N} z_i^2 - \frac{1}{N-1} \sum_{i \neq j} z_i z_j \right)$$

$$= \sigma_a^2 \left(\sum_{i=1}^{N} z_i^2 - \frac{1}{N-1} \left(\sum_{i=1}^{N} z_i \right)^2 + \frac{1}{N-1} \sum_{i=1}^{N} z_i^2 \right)$$

$$= \frac{N^2}{N-1} \sigma_z^2 \sigma_a^2 \qquad \blacksquare$$

S_N の漸近正規性を示すために，まず S_N に関連した独立な確率変数の和である S_N' を見つける．その漸近正規性を示し，S_N と S_N' のそれぞれの正規化は漸近的に同値であることを示す．

このために，独立で $\mathscr{U}(0,1)$ に従う確率変数 $U_1, U_2, ..., U_N$ を導入し，これらを小さい方から大きい方へ並べ直したときの U_i の順位が R_i であると解釈する．このとき，$(R_1, R_2, ..., R_N)$ は整数 1 から N の無作為順列となるので，(1) 式で用いることができる．さらに，R_i/N と U_i はかなり近いと判断できる ($n \to \infty$ のとき，$\rho(U_i, R_i/N) \to 1$ を示すことができる)．よって，(1) 式における R_i を $\lceil NU_i \rceil$ で置き換えると，独立同分布の確率変数の和として表され，その和は元の値とそれほど違わないことになる．つまり，

$$S_N - E S_N = \sum_{i=1}^{N} (z_i - \bar{z})(a(R_i) - \bar{a})$$

に対して，次を定義する．

$$S_N' = \sum_{i=1}^{N} (z_i - \bar{z})(a(\lceil NU_i \rceil) - \bar{a})$$

このとき，$\lceil NU_i \rceil$, $i = 1, ..., N$ は独立同分布で，R_1 と同じ分布に従う．つまり，整数 1 から N の上の一様分布に従う．よって，$E S_N' = 0$ であり，次を得る．

$$V(S_N') = N \sigma_z^2 \sigma_a^2 \qquad (4)$$

S_N と S'_N を正規化したものは,それらの相関係数が 1 に行くとき漸近的に同値である(演習問題 6.4 を参照せよ).その相関係数を簡単な形にまず書き換えよう.

補題 12.2. $\rho(S_N, S'_N) = \sqrt{N/(N-1)} \rho(a(R_1), a(\lceil NU_1 \rceil))$.

[証明]

$$\text{Cov}(S_N, S'_N) = \sum_{i=1}^{N} \sum_{j=1}^{N} (z_i - \bar{z}_N)(z_j - \bar{z}_N) \text{Cov}(a(R_i), a(\lceil NU_j \rceil))$$

の右辺の展開において,

$$c_1 = \text{Cov}(a(R_i), a(\lceil NU_i \rceil)), \quad c_2 = \text{Cov}(a(R_i), a(\lceil NU_j \rceil)) \ (i \neq j)$$

は i や j に無関係である.ゆえに,

$$\text{Cov}(S_N, S'_N) = c_1 \sum_{i=1}^{N} (z_i - \bar{z})^2 + c_2 \sum_{i \neq j} (z_i - \bar{z})(z_j - \bar{z})$$

$$= (c_1 - c_2) N \sigma_z^2 \tag{5}$$

このとき,$\sum_{i=1}^{N} a(R_i)$ は定数なので,

$$0 = \text{Cov}(\sum_{i=1}^{N} a(R_i), a(\lceil NU_j \rceil))$$

$$= \sum_{i=1}^{N} \text{Cov}(a(R_i), a(\lceil NU_j \rceil))$$

$$= c_1 + (N-1) c_2$$

これより,$c_2 = -c_1/(N-1)$ を得る.これを (5) 式に代入して,次を得る.

$$\text{Cov}(S_N, S'_N) = \frac{N^2 c_1}{N-1} \sigma_z^2 = \frac{N^2}{N-1} \sigma_z^2 \sigma_a^2 \rho(a(R_1), a(\lceil NU_1 \rceil))$$

ゆえに,(3) 式と (4) 式により,

$$\rho(S_N, S'_N) = \sqrt{\frac{N}{N-1}} \rho(a(R_1), a(\lceil NU_1 \rceil)) \qquad \blacksquare$$

$\rho(S_N, S'_N)$ が 1 に収束することを示そう．

$$\frac{E(a(R_1) - a(\lceil NU_1 \rceil))^2}{V(a(R_1))} = 2(1 - \rho(a(R_1), a(\lceil NU_1 \rceil)))$$

なので，$E(a(R_1) - a(\lceil NU_1 \rceil))^2/V(a(R_1)) \to 0$ を示せばよい．次に与えるハエックの補題 (Hajek(1961), Lemma 2.1) により，この値を上から抑えることができる．この結果は一般的に述べることができるが，ここでは (2) 式で定義された重要だけれども特殊な $a(i)$ に対してのみ証明を与える．前にみた例 12.1, 12.2, 12.3, 12.6 に対してはこれで十分である．例 12.4, 12.5 で用いたもう 1 つの重要な設定 $a(i) = i$ に対しては演習問題 12.3 で扱う．

補題 12.3. （ハエック）$a(i)$ は単調関数であると仮定する．このとき，次が成り立つ．

$$E(a(R_1) - a(\lceil NU_1 \rceil))^2 \leq \frac{2\sqrt{2}}{N} \max_{1 \leq i \leq N} |a(i) - \bar{a}_N| \sqrt{N \sigma_a^2}$$

[証明] (2) 式における $a(i)$ に対しては次が成り立つ．

$$\max_{1 \leq i \leq N} |a(i) - \bar{a}_N| = \max\left\{\frac{n}{N}, \frac{N-n}{N}\right\}$$

$$N\sigma_a^2 = \sum_{i=1}^{N}(a(i) - \bar{a}_N)^2 = \frac{n(N-n)}{N}$$

よって，次を示せばよい．

$$E(a(R_1) - a(\lceil NU_1 \rceil))^2 \leq \frac{2\sqrt{2}}{N} \max\left\{\frac{n}{N}, \frac{N-n}{N}\right\} \left(\frac{n(N-n)}{N}\right)^{1/2}$$

しかしここでは，これよりも少し強い結果を与える．

$$E(a(R_1) - a(\lceil NU_1 \rceil))^2 \leq \frac{1}{N}\left(\frac{n(N-n)}{N}\right)^{1/2}$$

左辺の期待値を，順序統計量 $U_{(1)} < U_{(2)} < \cdots < U_{(N)}$ が与えられた時の条件付き期待値の期待値として考える．ここでは，順位 $(R_1, R_2, ..., R_N)$ が順序統計量

$U_{(\cdot)} = (U_{(1)}, U_{(2)}, ..., U_{(N)})$ と独立になる，という性質がカギとなる（順序統計量が与えられたとき，$U_i, i = 1, 2, ..., n$ の順位は $N!$ 個ある順位付けにおいて一様に分布する）．R_1 は U_1 の順位なので，$U_1 = U_{(R_1)}$ であることに注意すると，次を得る．

$$E(a(R_1) - a(\lceil NU_1 \rceil))^2 = E\left(E\left((a(R_1) - a(\lceil NU_{(R_1)} \rceil))^2 \Big| U_{(\cdot)}\right)^2\right)$$
$$= E\left(\frac{1}{N}\sum_{i=1}^{N}(a(i) - a(\lceil NU_{(i)} \rceil))^2\right)$$

和 $S = \sum_{i=1}^{N}(a(i) - a(\lceil NU_{(i)} \rceil))^2$ の各項は 0 または 1 となるので，S は不一致の度数を表す．n/N よりも小さな U_i の個数が正確に n 個のとき $S = 0$ であり，その個数が 1 つ減少したり，1 つ増加したりすると，S は 1 つ増加する．つまり，$U_i \leq n/N$ となる U_i の個数を K とおくと，$S = |K - n|$ である．K は試行回数 N で成功の確率 n/N の 2 項分布に従う．よって，

$$E(a(R_1) - a(\lceil NU_1 \rceil))^2 = \frac{1}{N}E(|K - n|)$$
$$\leq \frac{1}{N}(E(K - n)^2)^{1/2}$$
$$= \frac{1}{N}\left(\frac{n(N-n)}{N}\right)^{1/2} \quad \blacksquare$$

以下では N を無限大にもっていきたいので，添え字に N を明記することにする．

定理 12

次を仮定する．

$$\delta_N = N\frac{\max_{1 \leq i \leq N}(z_{Ni} - \bar{z}_N)^2}{\sum_{i=1}^{N}(z_{Ni} - \bar{z}_N)^2} \frac{\max_{1 \leq i \leq N}(a_N(i) - \bar{a}_N)^2}{\sum_{i=1}^{N}(a_N(i) - \bar{a}_N)^2} \longrightarrow 0 \quad (6)$$

このとき，

$$\frac{S_N - ES_N}{\sqrt{V(S_N)}} \xrightarrow{\mathscr{L}} \mathscr{N}(0, 1)$$

[証明] まず，

$$N\frac{\max_{1\leq i\leq N}(z_{Ni}-\bar{z}_N)^2}{\sum_{i=1}^{N}(z_{Ni}-\bar{z}_N)^2} \geq 1$$

である．これと (6) 式により，次を得る．

$$\frac{\max_{1\leq i\leq N}(a_N(i)-\bar{a}_N)^2}{\sum_{i=1}^{N}(a_N(i)-\bar{a}_N)^2} = \frac{\max_{1\leq i\leq N}(a_N(i)-\bar{a}_N)^2}{N\sigma_a^2} \longrightarrow 0$$

一般性を失うことなく $a(\cdot)$ は狭義の単調増加関数であると仮定してよいので，補題 12.3 により，

$$\frac{E(a(R_1)-a(\lceil NU_1\rceil))^2}{V(a(R_1))} = 2\sqrt{2}\frac{\max_{1\leq i\leq N}|a_N(i)-\bar{a}_N|}{\sqrt{N}\sigma_a} \longrightarrow 0 \qquad (7)$$

ゆえに，補題 12.2 および演習問題 6.4 により，$S'_N/(V(S'_N))^{1/2}$ と $(S_N-ES_N)/(V(S_N))^{1/2}$ は同じ漸近分布をもつことが分かる．S'_N にリンドバーグ・フェラーの定理が適用できるなら，条件 (6) から $S'_N/(V(S'_N))^{1/2} \xrightarrow{\mathscr{L}} N(0,1)$ であることが導けることになり，証明は完成する．では，リンドバーグ条件を確かめよう．$X_{Ni} = (z_{Ni}-\bar{z}_N)(a_N(\lceil NU_i\rceil)-\bar{a}_N)$ とおくと，$EX_{Ni}=0$ であり，$S'_N = \sum_{i=1}^{N} X_{Ni}$ と書ける．$B_N^2 = V(S'_N)$ とおくと

$$B_N^2 = N\sigma_z^2\sigma_a^2 = \frac{1}{N}\sum_{i=1}^{N}(z_{Ni}-\bar{z}_N)^2\sum_{i=1}^{N}(a_N(i)-\bar{a}_N)^2$$

である．任意の $\varepsilon > 0$ に対して，

$$|X_{Ni}| \geq \varepsilon B_N \implies |X_{Ni}|^2 \geq \varepsilon^2 B_N^2 \implies \delta_N \geq \varepsilon^2$$

が成り立つ．ゆえに，

$$\frac{1}{B_N^2}\sum_{i=1}^{N} E\left(X_{Ni}^2 I(|X_{Ni}|\geq \varepsilon B_N)\right) \leq \frac{1}{B_N^2}\sum_{i=1}^{N} E\left(X_{Ni}^2 I(\delta_N \geq \varepsilon^2)\right)$$
$$= I(\delta_N \geq \varepsilon^2)$$

条件 (6) により，N が十分大きいときこれは 0 となり，リンドバーグ条件が成り立つので，証明は終わる．∎

【標本抽出への応用】 例 12.1 を使って，この定理の利用法を解説しよう．$a_N(i)$ は (2) 式で与えられ，n は N に関係していてよい．このとき，$\bar{a}_N = n/N$ であり，

$$\frac{1}{N}\sum_{i=1}^{N}(a_N(i)-\bar{a}_N)^2 = V(a_N(R_1))$$
$$= V(a_N(\lceil NU_1 \rceil))$$
$$= \frac{n}{N}\left(1-\frac{n}{N}\right)$$

$1/4 \le \max_i(a_N(i)-\bar{a}_N)^2 \le 1$ が成り立つので，条件 (6) は次に同値である．

$$N\frac{\max_i(z_{Ni}-\bar{z}_N)^2}{\sum_{i=1}^{N}(z_{Ni}-\bar{z}_N)^2}\frac{N}{n(N-n)} \longrightarrow 0 \tag{8}$$

特に，$\min(n, N-n) \to \infty$ であり，かつ

$$N\frac{\max_i(z_{Ni}-\bar{z}_N)^2}{\sum_{i=1}^{N}(z_{Ni}-\bar{z}_N)^2} : 有界$$

のとき，または，$\min(n, N-n)/N$ が 0 から離れて有界であり，かつ

$$\frac{\max_i(z_{Ni}-\bar{z}_N)^2}{\sum_{i=1}^{N}(z_{Ni}-\bar{z}_N)^2} \longrightarrow 0$$

であるとき，条件 (6) は成り立つ．これらの条件から次の結果が導かれる．

$$\frac{S_N - ES_N}{\sqrt{V(S_N)}} = \frac{\sqrt{n}(S_N/n - \bar{z}_N)}{\sqrt{\sigma_z^2(N-n)/(N-1)}} \sim \frac{\sqrt{n}(S_N/n - \bar{z}_N)}{\sqrt{\sigma_z^2(1-n/N)}} \xrightarrow{\mathscr{L}} \mathscr{N}(0,1)$$

これにより母集団平均に対する信頼区間を求めるという標本論における標準的な手法を導くことができる．ただし，σ_z^2 は観測値から求めた標本分散 s_z^2 で推定しなければならない．近似的に正規的であるためには，n と $N-n$ が大きく，$(N/(n(N-n)))\max_i(z_i-\bar{z}_N)^2/\sigma_z^2$ が小さければよいが，この条件には観測されていない z が含まれているので，そうであってほしいという願望が必要である．

例 12.2 の 2 標本無作為化法への定理 12 の応用では，この願望は必要ない．というのも，すべての観測値を知ることができるからである．2 標本無作為化検定においては，漸近理論は標本抽出に関する上に述べた結果から直接的に導かれる．つまり，条件 (8) の下で，$(S_N - ES_N)/\sqrt{V(S_N)} \xrightarrow{\mathscr{L}} N(0,1)$ が得られる．そのとき，σ_z^2 は計算できるので，推定する必要はない．

演習問題 12

12.1. (a) 例 12.3 での順位和検定統計量 S_N に対して，ES_N と $V(S_N)$ を計算し，$\min(n,m) \to \infty$ のとき $(S_N - ES_N)/\sqrt{V(S_N)} \xrightarrow{\mathscr{L}} \mathscr{N}(0,1)$ であることを示せ．ただし，$m = N - n$ である．

(b) $N \to \infty$ のとき $n/N \to r$, $0 < r < 1$ であれば，次が成り立つのか確かめよ．
$$\sqrt{N}\left(\frac{S_N}{N^2} - \frac{r}{2}\right) \xrightarrow{\mathscr{L}} \mathscr{N}\left(0, \frac{r(1-r)}{12}\right)$$

12.2. 例 12.6 の超幾何確率変数 S_N について考えよう．

(a) $nm(N-n)(N-m)/N^3 \to \infty$ のとき，$(S_N - ES_N)/\sqrt{V(S_N)} \xrightarrow{\mathscr{L}} \mathscr{N}(0,1)$ であることを示せ．特に，$\min(n, N-n) \to \infty$ であり，$\min(m, N-m)/N$ が 0 から離れて有界であるとき，同じ結果を導け．

(b) $n \to \infty$, $m \to \infty$, $nm/N \to \lambda$, $0 < \lambda < \infty$ という境界的な場合は，$S_N \xrightarrow{\mathscr{L}} \mathscr{P}(\lambda)$ であることを示せ．

12.3. $a(i) = i$ のときの例 12.4 について考える．

(a) $E(R_1 - NU_1)^2/V(R_1) \to 0$ を示せ．

(b) $E(\lceil NU_1 \rceil - NU_1)^2/V(R_1) \to 0$ を示せ．

(c) 任意の x, y に対して $(x+y)^2 \leq 2x^2 + 2y^2$ を示し，次を導け．
$$\frac{E(R_1 - \lceil NU_1 \rceil)^2}{V(R_1)} \to 0$$
つまり，条件 (7) が成り立つことを示せ．

(d) 傾向に対する無作為検定において，
$$\frac{\max_i (z_{Ni} - \bar{z}_N)^2}{\sum_{i=1}^{N}(z_{Ni} - \bar{z}_N)^2} \longrightarrow 0$$
のとき $(S_N - ES_N)/\sqrt{V(S_N)} \xrightarrow{\mathscr{L}} \mathscr{N}(0,1)$ であることを示せ．

12.4. 例 12.5 のスピアマンの ρ に関する統計量 $S_N = \sum_{i=1}^{N} iR_i$ の ES_N と

$V(S_N)$ を求め，$(S_N - ES_N)/\sqrt{V(S_N)} \xrightarrow{\mathscr{L}} \mathscr{N}(0,1)$ であることを示せ．

12.5. 次のそれぞれの仮定の下で，条件 (6) が成り立つためには z_i に関してどのような条件が必要か．

(a) $a(i) = \log(i)$
(b) $a(i) = 1/\sqrt{i}$
(c) $a(i) = 1/i$

12.6. ハエック（Hájek(1961)）による次の定理を証明せよ．$\varphi(u)$ は区間 $(0,1)$ 上で定義された単調増加関数で次を満足する．

$$0 < \sigma^2 = \int_0^1 (\varphi(u) - \bar{\varphi})^2 du < \infty$$

ただし，$\bar{\varphi} = \int_0^1 \varphi(u) du$ である．$a_N(i) = \varphi(i/(N+1))$ と定義する．このとき，(1) 式で与えられる S_N に関して，条件

$$\frac{\max_i (z_{Ni} - \bar{z}_N)^2}{\sum_{i=1}^N (z_{Ni} - \bar{z}_N)^2} \longrightarrow 0$$

が成り立つとき，$(S_N - ES_N)/\sqrt{V(S_N)} \xrightarrow{\mathscr{L}} N(0,1)$ であることを示せ．

ヒント： (a) $U_1, U_2, ..., U_N$ を $U(0,1)$ に従う独立同分布な確率変数とし，$S'_N = \sum_{i=1}^N (z_{Ni} - \bar{z}_N)(\varphi(U_i) - \bar{\varphi})$ と定義するとき，次を示せ（演習問題 5.5 を参照せよ）．

$$\frac{S'}{\sqrt{V(S'_N)}} \xrightarrow{\mathscr{L}} \mathscr{N}(0,1)$$

(b) $U_1, U_2, ..., U_N$ における U_i の順位を R_{Ni} とおくとき，次を示せ（補題 12.2 を参照せよ）．

$$\rho(S_N, S'_N) = \sqrt{\frac{N}{N-1}} \rho(a_N(R_{N1}), \varphi(U_1))$$

(c) 次を示せ（グリベンコ・カンテリ）．

$$\frac{R_{N1}}{N} \xrightarrow{\text{a.s.}} U_1, \quad a_N(R_{N1}) \xrightarrow{\text{a.s.}} \varphi(U_1)$$

(d) 次を示せ（積分のリーマン近似）．
$$Ea_N(R_{N1})^2 \longrightarrow E\varphi(U_1)^2$$

(e) 次を示せ（演習問題 2.7 を参照せよ）．
$$E(a_N(R_{N1}) - \varphi(U_1))^2 \longrightarrow 0$$

(f) S_N と S'_N の標準化は漸近的に同値であることを示せ（演習問題 6.5 を参照せよ）．

12.7. 【k 標本問題】大きさ n_j の標本を j 番目の母集団から抽出する（$j = 1, 2, ..., k$）．全標本数は $N = \sum_{j=1}^{k} n_j$ である．N 個のすべての観測値の順位を求め，観測値をその順位で置き換える．S_j で母集団 j の観測値のすべての順位和を表す．また，すべての j について，$N \to \infty$ のときの $n_j/N \to p_j > 0$ を仮定する．このとき $\sum_{j=1}^{k} p_j = 1$ である．$\mathbf{S} = (S_1, S_2, ..., S_k)^t$, $\boldsymbol{p} = (p_1, p_2, ..., p_k)^t$, $\boldsymbol{p}^* = (n_1, n_2, ..., n_k)^t/N$ を定義する．さらに，行列 $\boldsymbol{P}$ と $\boldsymbol{P}^*$ を次で定義する．

$$\mathbf{P} = \begin{pmatrix} p_1 & 0 & \cdots & 0 \\ 0 & p_2 & \cdots & 0 \\ \vdots & \vdots & \ddots & \vdots \\ 0 & 0 & \cdots & p_k \end{pmatrix}, \quad \mathbf{P}^* = \frac{1}{N}\begin{pmatrix} n_1 & 0 & \cdots & 0 \\ 0 & n_2 & \cdots & 0 \\ \vdots & \vdots & \ddots & \vdots \\ 0 & 0 & \cdots & n_k \end{pmatrix}$$

このとき，
(a) 次を示せ．
$$\sqrt{3N}\left(\frac{2}{N(N+1)}\mathbf{S} - \boldsymbol{p}^*\right) \xrightarrow{\mathscr{L}} \mathscr{N}(\mathbf{0}, \mathbf{P} - \boldsymbol{p}\boldsymbol{p}^t)$$

(b) また，次を導け．
$$3(N+1)\left(\frac{2}{N(N+1)}\mathbf{S} - \boldsymbol{p}^*\right)^t \mathbf{P}^{*-1}\left(\frac{2}{N(N+1)}\mathbf{S} - \boldsymbol{p}^*\right) \xrightarrow{\mathscr{L}} \chi^2_{k-1}$$

これはクラスカル・ウォリス統計量として知られ，3つ以上の母集団を比較するために用いられる一般化された順序和統計量である．

第13章 標本分位点の漸近分布

実直線上の分布 F からの標本を $X_1,...,X_n$ とする．F には連続性を仮定して，すべての観測値は確率1で互いに異なるとする．このとき，観測値を大きさの順に並べ替えて，同順位なしに $X_{(n:1)} < X_{(n:2)} < \cdots < X_{(n:n)}$ とできる．これらは**順序統計量**と呼ばれる．簡単のために通常，その表記から n を除いて，k 番目の順序統計量だったら単純に $X_{(k)} = X_{(n:k)}$ と書く．つまり，$X_{(1)} < X_{(2)} < \cdots < X_{(n)}$ で順序統計量を表記する．$0 < p < 1$ に対して，F の p-分位点は $x_p = F^{-1}(p)$ で定義されるが，p-標本分位点は $X_{(k)}$ で定義される．ただし，$k = \lceil np \rceil =$ (np 以上で最小の整数) である．しかし，本書では今後，p-標本分位点を $X_{(np)}$ と表記する．密度 $f(x)$ が存在して，連続であり，いくつかの分位点の近傍で正値をとるとき，それらに対応する標本分位点の同時分布は漸近的に正規である．この章では，2つの分位点からなるベクトルに関する漸近定理を与えるが，多くの分位点への拡張は容易である．

変換された $U_{(i)} = F(X_{(i)})$, $i = 1,...,n$ は，一様分布 $\mathscr{U}(0,1)$ からの標本の順序統計量と見なせる．そのため，一様分布に対する定理をまず証明し，逆変換 $g(u) = F^{-1}(u)$ に対するクラメールの定理を用いて一般的な結果を導く．

$\mathscr{U}(0,1)$ からの順序統計量 $U_{(1)} \leq \cdots \leq U_{(n)}$ の同時分布は待ち時間の比の分布としてよく知られた次の表現をもつ．証明は演習問題として読者に任せる．

補題 13.1. $Y_1, Y_2, ..., Y_{n+1}$ は独立同分布で，平均1をもつ指数分布 $\mathscr{E}(1) = \mathscr{G}(1,1)$ からの確率変数とする．また，$S_k = \sum_{i=1}^k Y_i$, $k = 1, ..., n+1$ と定義する．このとき，
$$\left(\frac{S_1}{S_{n+1}}, ..., \frac{S_n}{S_{n+1}} \right)$$
の分布は，$\mathscr{U}(0,1)$ からの大きさ n の標本から求められる順序統計量の分布と同じである．

この補題により $(U_{(k_1)}, U_{(k_2)})$ の同時分布は

$$\left(\frac{S_{k_1}}{S_{n+1}}, \frac{S_{k_2}}{S_{n+1}}\right)$$

と同じ分布になる．一方，これは独立同分布な確率変数の和の関数である．ゆえに，7 章の方法を使って計算できるので，漸近的に正規分布に従うことが分かる．

そのことを見るには，指数分布 $\mathscr{E}(1)$ は平均 1 と分散 1 をもち，$k \to \infty$ のとき中心極限定理により $\sqrt{k}(S_k/k - 1) \xrightarrow{\mathscr{L}} \mathscr{N}(0, 1)$ であることに注意する．ゆえに，$n \to \infty$ のとき $k_1/n \to p_1$ であれば次を得る．

$$\sqrt{n+1}\left(\frac{1}{n+1}S_{k_1} - \frac{k_1}{n+1}\right) = \sqrt{\frac{k_1}{n+1}}\sqrt{k_1}\left(\frac{1}{k_1}S_{k_1} - 1\right)$$
$$\xrightarrow{\mathscr{L}} \sqrt{p_1}\mathscr{N}(0, 1) = \mathscr{N}(0, p_1)$$

同様に，$n \to \infty$ のとき $k_1/n \to p_1$，$k_2/n \to p_2$ であれば次を得る．

$$\sqrt{n+1}\left(\frac{1}{n+1}(S_{k_2} - S_{k_1}) - \frac{k_2 - k_1}{n+1}\right)$$
$$= \sqrt{\frac{k_2 - k_1}{n+1}}\sqrt{k_2 - k_1}\left(\frac{1}{k_2 - k_1}\sum_{j=k_1+1}^{k_2} Y_j - 1\right) \xrightarrow{\mathscr{L}} \mathscr{N}(0, p_2 - p_1)$$

$$\sqrt{n+1}\left(\frac{1}{n+1}(S_{n+1} - S_{k_2}) - \frac{n+1-k_2}{n+1}\right) \xrightarrow{\mathscr{L}} \mathscr{N}(0, 1 - p_2)$$

補題 13.2. $Y_1, Y_2, \ldots, Y_{n+1}$ は独立同分布で指数分布 $\mathscr{E}(1)$ からの確率変数とする．また，$n \to \infty$ のとき，$\sqrt{n}(k_1/n - p_1) \to 0$ かつ $\sqrt{n}(k_2/n - p_2) \to 0$ とする．このとき，

$$\sqrt{n+1}\begin{pmatrix} \frac{1}{n+1}S_{k_1} - p_1 \\ \frac{1}{n+1}(S_{k_2} - S_{k_1}) - (p_2 - p_1) \\ \frac{1}{n+1}(S_{n+1} - S_{k_1}) - (1 - p_1) \end{pmatrix}$$

$$\xrightarrow{\mathscr{L}} \mathscr{N}\left(\mathbf{0}, \begin{pmatrix} p_1 & 0 & 0 \\ 0 & p_2 - p_1 & 0 \\ 0 & 0 & 1 - p_2 \end{pmatrix}\right)$$

[証明]
$$\sqrt{n+1}\left(\frac{1}{n+1}S_{k_1} - p_1\right)$$

と

$$\sqrt{n+1}\left(\frac{1}{n+1}S_{k_1} - \frac{k_1}{n+1}\right)$$

の差である

$$\sqrt{n+1}\left(\frac{k_1}{n+1} - p_1\right)$$

は 0 に収束するので，これらは漸近的に同じである．ゆえに，

$$\sqrt{n+1}\left(\frac{1}{n+1}S_{k_1} - p_1\right) \xrightarrow{\mathscr{L}} N(0, p_1)$$

他の 2 つについても同様である．また，S_{k_1}, $S_{k_2} - S_{k_1}$, $S_{n+1} - S_{k_2}$ は互いに独立で，いずれも漸近的に正規分布に収束するので，その同時分布も独立性と漸近的正規性をもつ． ∎

定理 13

$U_{(1)} < \cdots < U_{(n)}$ は一様分布 $\mathscr{U}(0,1)$ からの大きさ n の順序統計量とする．$n \to \infty$ のとき

$$\sqrt{n}\left(\frac{k_1}{n} - p_1\right) \to 0, \quad \sqrt{n}\left(\frac{k_2}{n} - p_2\right) \to 0$$

を満足する $n \to \infty$, $k_1 \to \infty$, $k_2 \to \infty$ をとる．ただし，$0 < p_1 < p_2 < 1$ である．このとき，次が成り立つ．

$$\sqrt{n}\begin{pmatrix} U_{(k_1)} - p_1 \\ U_{(k_2)} - p_2 \end{pmatrix} \xrightarrow{\mathscr{L}} \mathscr{N}\left(\mathbf{0}, \begin{pmatrix} p_1(1-p_1) & p_1(1-p_2) \\ p_1(1-p_2) & p_2(1-p_2) \end{pmatrix}\right)$$

[証明]

$$g(x_1,x_2,x_3) = \frac{1}{x_1+x_2+x_3}\begin{pmatrix} x_1 \\ x_1+x_2 \end{pmatrix}$$

とおくと,

$$g\left(\frac{S_{k_1}}{n+1}, \frac{S_{k_2}-S_{k_1}}{n+1}, \frac{S_{n+1}-S_{k_1}}{n+1}\right) = \frac{1}{S_{n+1}}\begin{pmatrix} S_{k_1} \\ S_{k_2} \end{pmatrix}$$

は,補題 13.1 により $\begin{pmatrix} U_{(k_1)} \\ U_{(k_2)} \end{pmatrix}$ と同じ分布をもつ.補題 13.2 に定理 7 を適用して,次を得る.

$$\sqrt{n}\begin{pmatrix} U_{(k_1)}-p_1 \\ U_{(k_2)}-p_2 \end{pmatrix} \xrightarrow{\mathscr{L}} \mathscr{N}\left(0, \dot{g}(\boldsymbol{\mu})\boldsymbol{\Sigma}\dot{g}(\boldsymbol{\mu})^t\right)$$

ただし,

$$\dot{g}(x_1,x_2,x_3) = \frac{1}{(x_1+x_2+x_3)^2}\begin{pmatrix} x_2+x_3 & -x_1 & -x_1 \\ x_3 & x_3 & -(x_1+x_2) \end{pmatrix}$$

なので,

$$\dot{g}(\boldsymbol{\mu}) = \dot{g}(p_1, p_2-p_1, 1-p_2) = \begin{pmatrix} 1-p_1 & -p_1 & -p_1 \\ 1-p_2 & 1-p_2 & -p_2 \end{pmatrix}$$

ゆえに,あとは次を確かめるだけでよい.

$$\dot{g}(\boldsymbol{\mu})\begin{pmatrix} p_1 & 0 & 0 \\ 0 & p_2-p_1 & 0 \\ 0 & 0 & 1-p_2 \end{pmatrix}\dot{g}(\boldsymbol{\mu})^t = \begin{pmatrix} p_1(1-p_1) & p_1(1-p_2) \\ p_1(1-p_2) & p_2(1-p_2) \end{pmatrix} \quad\blacksquare$$

系. $X_{(1)} < \cdots < X_{(n)}$ は,密度 f をもつ分布 F からの大きさ n の順序統計量とする.ただし,$0 < p_1 < p_2 < 1$ に対する分位点 x_{p_1} と x_{p_2} の近傍で $f(x)$ は連続で正であるとする.このとき,

$$\sqrt{n}\begin{pmatrix} X_{(np_1)}-x_{p_1} \\ X_{(np_2)}-x_{p_2} \end{pmatrix} \xrightarrow{\mathscr{L}} \mathscr{N}\left(\boldsymbol{0}, \begin{pmatrix} \frac{p_1(1-p_1)}{f^2(x_{p_1})} & \frac{p_1(1-p_2)}{f(x_{p_1})f(x_{p_2})} \\ \frac{p_1(1-p_2)}{f(x_{p_1})f(x_{p_2})} & \frac{p_2(1-p_2)}{f^2(x_{p_2})} \end{pmatrix}\right)$$

[証明] 変換
$$g(y_1, y_2) = \left(F^{-1}(y_1), F^{-1}(y_2)\right)^t$$
を定理 13 の変数 $(U_{(np_1)} - p_1, U_{(np_2)} - p_2)$ に適用し,
$$\dot{g}(y_1, y_2) = \begin{pmatrix} \frac{1}{f(F^{-1}(y_1))} & 0 \\ 0 & \frac{1}{f(F^{-1}(y_2))} \end{pmatrix}$$
であることに注意すると,定理 7 より系はすぐに得られる. ∎

(補足) 1 つの分位点に対しては,この定理は次のように書ける.
$$\sqrt{n}(X_{(np)} - x_p) \xrightarrow{\mathscr{L}} \mathscr{N}\left(0, \frac{p(1-p)}{f^2(x_p)}\right)$$

Δx を小さくとると,$f(x_p)\Delta x$ は x_p を中点とする長さ Δx の区間内に落ちる観測値の個数の割合を表す.n が大きいとき,これらの観測値の個数の多寡が,p-分位点の推定値の精度を決める.n を増加させると,その観測値の個数は $f(x_p)$ に比例した比に収束するので,x_p の推定値の標準偏差は $1/f(x_p)$ に比例することになる.

例 13.1. 正規分布 $\mathscr{N}(\mu, \sigma^2)$ からの大きさ n の標本の中央値を m_n とする.このとき,$f(\mu) = 1/(\sqrt{2\pi}\sigma)$ なので,次を得る.
$$\sqrt{n}(m_n - \mu) \xrightarrow{\mathscr{L}} \mathscr{N}\left(0, \frac{1}{4f^2(\mu)}\right) = \mathscr{N}\left(0, \frac{\pi\sigma^2}{2}\right)$$
μ の推定値としての $\bar{X}_n$ と比較するなら,$\sqrt{n}(\bar{X}_n - \mu) \xrightarrow{\mathscr{L}} \mathscr{N}(0, \sigma^2)$ である.

【漸近相対効率】 $\hat{\theta}_1$ と $\hat{\theta}_2$ を θ の推定値とする.$\sqrt{n}(\hat{\theta}_1 - \theta) \xrightarrow{\mathscr{L}} \mathscr{N}(0, \sigma_1^2)$ と $\sqrt{n}(\hat{\theta}_2 - \theta) \xrightarrow{\mathscr{L}} \mathscr{N}(0, \sigma_2^2)$ であるとき,$\hat{\theta}_2$ に対する $\hat{\theta}_1$ の相対効率は σ_2^2/σ_1^2 で定義される.よって,例 13.1 での μ の推定値としての中央値 m_n の平均 $\bar{X}_n$ に対する相対効率は $\sigma^2/(\pi\sigma^2/2) = 2/\pi = 0.6366...$ である.正規母集団の平均を推定するのに m_n を用いるなら,代わりに $\bar{X}_n$ を用いたとすると観測値のわずか 64% を利用するにすぎないという精度しか得られない,ということを表し

ている．言い換えると，μ を推定するとき $\bar{X}_n$ の代わりに m_n を用いると，大標本では観測値の 36% を捨てていることに等しい．漸近相対誤差は，標準偏差の比ではなく分散の比で定義されるので，標本数の比に簡単に言い換えられる．

例 13.2. コーシー分布 $\mathscr{C}(\mu, \sigma)$ の密度は次で与えられる．

$$f(x) = \frac{1}{\pi\sigma}\frac{1}{1+(x-\mu)^2/\sigma^2}$$

その中央値は μ，第 1 四分位点は $x_{1/4} = \mu - \sigma$，第 3 四分位点は $x_{3/4} = \mu + \sigma$ である．よって，$\sigma = (x_{3/4} - x_{1/4})/2$ は半四分位範囲である．つまり，標本中央値に関しては，

$$\sqrt{n}(m_n - \mu) \xrightarrow{\mathscr{L}} \mathscr{N}\left(0, \frac{\pi^2\sigma^2}{4}\right)$$

標本半四分位範囲の漸近分布を知りたいときは，まず $X_{(n/4)}$ と $X_{(3n/4)}$ の漸近同時分布を求める．系より，

$$\sqrt{n}\begin{pmatrix} X_{(n/4)} - (\mu - \sigma) \\ X_{(3n/4)} - (\mu + \sigma) \end{pmatrix} \xrightarrow{\mathscr{L}} \mathscr{N}\left(\mathbf{0}, \pi^2\sigma^2 \begin{pmatrix} \frac{3}{4} & \frac{1}{4} \\ \frac{1}{4} & \frac{3}{4} \end{pmatrix}\right)$$

ゆえに，

$$\sqrt{n}\left(\frac{X_{(3n/4)} - X_{(n/4)}}{2} - \sigma\right) \xrightarrow{\mathscr{L}} \mathscr{N}\left(0, \frac{\pi^2\sigma^2}{4}\right)$$

演習問題 13

13.1. 補題 13.1 を証明せよ．

13.2. 密度 $f(x) = 1/2 \exp(-|x-\mu|)$ をもつ両側指数分布の平均の最尤推定量は標本中央値である．漸近分布を求めよ．

13.3. コーシー分布 $\mathscr{C}(\mu, \sigma)$ からの標本の四分位範囲の中点 $(X_{(3n/4)} + X_{(n/4)})/2$ の漸近分布を求めよ．また，中央値に対する漸近相対効率を求めよ．

13.4. $X_1, X_2, \ldots$ を一様分布 $\mathscr{U}(0, 2\mu)$ からの標本とする.

(a) 中央値の漸近分布を求めよ.

(b) 四分位範囲の中点の漸近分布を求めよ.

(c) $2/3 X_{(3n/4)}$ の漸近分布を求めよ.

(d) これら3つの平均の推定値を比較せよ.

13.5. $X_1, X_2, \ldots$ を指数分布 $\mathscr{E}(\theta) = \mathscr{G}(1, \theta)$ からの標本とする. ただし, 密度は次で与えられる.

$$f(x) = \frac{1}{\theta} \exp\left(-\frac{x}{\theta}\right) I(x > 0)$$

(a) ある定数 c に対して, $\sqrt{n}(cm_n - \theta) \xrightarrow{\mathscr{L}} \mathscr{N}(0, \sigma^2)$ である. ただし, m_n は標本中央値である. c を見つけ, 漸近分散 σ^2 を求めよ.

(b) 中央値の代わりに $X_{(np)}$ を用いて, 同じ問題を解け. 漸近分散を最小にする p を求めよ (答えは $0.797\ldots$).

13.6. $X_1, X_2, \ldots$ をベータ分布 $\mathscr{B}e(\theta, 1), \theta > 0$ からの標本とする. ただし, 密度は次で与えられる.

$$f(x|\theta) = \theta x^{\theta-1} I(0 < x < 1)$$

(a) M_n を標本中央値とし, $m(\theta)$ を母集団中央値とする. これは θ の関数である. $\sqrt{n}(M_n - m(\theta))$ の漸近分散を求めよ.

(b) $\hat{\theta}_n = -\log 2 / \log M_n$ とおくとき, $\hat{\theta}_n \xrightarrow{P} \theta$ を示せ.

(c) $\sqrt{n}(\hat{\theta}_n - \theta)$ の漸近分布を求めよ.

第14章 極値順序統計量の漸近理論[1]

$X_1, X_2, \ldots$ を連続な分布関数 F からの独立同分布な標本とする．初めから n 番目までの観測値の最大値を $M_n = \max_{i \leq n} X_i$ とおく．M_n の分布関数は $P(M_n \leq x) = F^n(x)$ である．

調べたいことは，M_n の漸近分布が存在するのか，具体的には，$(M_n - a_n)/b_n$ が極限分布をもつような数列 a_n と $b_n > 0$ が存在するのか，についてである．つまり，ある分布関数 G に対して次が成り立つのか．

$$P\left(\frac{M_n - a_n}{b_n} \leq x\right) = P(M_n \leq a_n + b_n x) = F^n(a_n + b_n x) \xrightarrow{\mathscr{L}} G(x)$$

最小値に対する問題は，$-X_j$ の最大値を見ることにより扱うことができる．

定義 14.1. 関数 $c : [0, \infty) \to \mathbb{R}$ は，任意の $x > 0$ において

$$\frac{c(tx)}{c(t)} \to 1 \quad (t \to \infty)$$

であるとき，**低変動**であるといわれる．

$x \to \infty$ のとき正の有限値に収束する関数 $c(x)$ はすべて低変動である．0 や ∞ に収束する低変動関数も存在する．例えば，$c(x) = \log x$ や $c(x) = (\log x)^\gamma$ などである．しかし，$c(x) = x^\gamma, \gamma > 0$ は低変動関数ではない．なぜなら，$(tx)^\gamma/t^\gamma \to x^\gamma$ だからである．

定理 14 $F(x)$ を確率変数 X の分布関数とし，x_0 は X の分布の上限，つまり $x_0 = \sup\{x : F(x) < 1\}$ とする（x_0 は ∞ もあり得る）．このとき，

(a) $x_0 = \infty$ であり，ある値 $\gamma > 0$ と低変動関数 $c(x)$ を使って $1 - F(x) =$

---

[1] （原注）さらに詳しくは Galambos(Statistics of Extremes, 1978) を参照せよ．

$x^{-\gamma}c(x)$ と書けるとき，次が成り立つ.

$$F^n(b_n x) \longrightarrow G_{1,\gamma}(x) = \begin{cases} \exp(-x^{-\gamma}), & x > 0 \\ 0, & x \leq 0 \end{cases}$$

ただし，b_n は $1 - F(b_n) = 1/n$ を満足する分位点である．言い換えると，$nb_n^{-\gamma}c(b_n) = 1$ である．

(b) $x_0 < \infty$ であり，ある値 $\gamma > 0$ と低変動関数 $c(x)$ を使って $1 - F(x) = (x_0 - x)^\gamma c((x_0 - x)^{-1})$ と書けるとき，次が成り立つ.

$$F^n(x_0 + b_n x) \longrightarrow G_{2,\gamma}(x) = \begin{cases} \exp(-(-x)^\gamma), & x < 0 \\ 1, & x \geq 0 \end{cases}$$

ただし，b_n は $1 - F(x_0 - b_n) = 1/n$ を満足する点である．言い換えると，$nb_n^\gamma c(b_n^{-1}) = 1$ である．

(c) ある関数 $R(t)$ が存在して，$t \to x_0$ (有限でも ∞ でもよい) のとき，任意の $x \in \mathbb{R}$ において

$$\frac{1 - F(t + xR(t))}{1 - F(t)} \longrightarrow e^{-x}$$

ならば，次が成り立つ．

$$F^n(a_n + b_n x) \longrightarrow G_3(x) = \exp(-e^{-x})$$

ただし，$1 - F(a_n) = 1/n$, $b_n = R(a_n)$ である．

(補足) (c) が一般的な場合であり，G_3 は極値分布と呼ばれる．このときさらに，$EX^+ < \infty$ が成り立ち，$R(t)$ は $R(t) = E(X - t|X > t)$ で定義できる．これら3つの分布族は次のように指数分布と関連付けることができる．$Y \in \mathscr{E}(1) = \mathbf{G}(1,1)$ のとき，$G_{1,\gamma}$ は $Y^{-1/\gamma}$ の分布関数である．また，$G_{2,\gamma}$ は $-Y^{1/\gamma}$ の分布関数であり，G_3 は $-\log Y$ の分布関数である．

例 14.1. 【t 分布】自由度 ν の t 分布 t_ν は次の密度関数をもっている．

$$f(x) = \frac{c}{(\nu + x^2)^{(\nu+1)/2}} \sim cx^{-(\nu+1)}$$

ただし，ここでの記号 $\sim$ は漸近的に同値であることを示し，両辺の比が $x \to \infty$ のとき 1 に収束することを意味する．これにより，$c(x) \to c/\nu$ となるような関数 $c(x)$ により $1 - F(x) = x^{-\nu}c(x)$ と書ける．ゆえに，(a) の場合に相当し，$\gamma = \nu$ であり，次が成り立つ．

$$1 - F(b_n) \sim \frac{c}{\nu b_n^\nu} = \frac{1}{n} \implies b_n = \left(\frac{cn}{\nu}\right)^{1/\nu}$$

$\nu = 1$ かつ $c = 1/\pi$ であるコーシー分布においては，$b_n = n/\pi$ となるので

$$\frac{\pi}{n} M_n \xrightarrow{\mathscr{L}} G_{1,1}$$

例 14.2. 【ベータ分布】$\mathscr{B}e(\alpha, \beta)$ は次の密度関数をもつ．

$$f(x) = cx^{\alpha-1}(1-x)^{\beta-1} I(0 < x < 1)$$

ただし，$c = \Gamma(\alpha+\beta)/(\Gamma(\alpha)\Gamma(\beta))$ である．ゆえに，$x_0 = 1$ であり，$x \uparrow 1$ のとき $f(x) \sim c(1-x)^{\beta-1}$ である．また，

$$1 - F(x) \sim c \int_x^1 (1-u)^{\beta-1} du = \frac{c}{\beta}(1-x)^\beta$$

よって，(b) の場合に相当し，$\gamma = \beta$ であり $x_0 = 1$ である．方程式

$$1 - F(1 - b_n) = \frac{1}{n}$$

を解くと，$b_n^\beta \sim \beta/(nc)$ を得るので，

$$b_n = \left(\frac{\Gamma(\alpha)\Gamma(\beta+1)}{n\Gamma(\alpha+\beta)}\right)^{1/\beta}$$

特に，$\mathscr{U}(0,1) = \mathscr{B}e(1,1)$ の場合は，$n(M_n - 1) \xrightarrow{\mathscr{L}} G_{2,1} = -\mathscr{G}(1,1)$ である．

例 14.3. 【指数分布】 (c) の場合であり，

$$\frac{1-F(t+xR(t))}{1-F(t)} = P(X > t + xR(t) | X > t)$$

なので，これが e^{-x} へ収束するということは，$R(t)$ で尺度変換すると，右辺の条件付き分布が母数 1 をもつ指数分布 $\mathscr{E}(1)$ で近似できることを意味している．$F(x)$ が指数分布関数そのものなら，$P(X > t + x | X > t) = \exp(-x)$ が正確に成り立ち，すべての t に対して $R(t) = 1$ である．ゆえに，すべての n に対して $b_n = 1$ となる．$1 - F(x) = \exp(-x)$ より，a_n は次を満足し，

$$\exp(-a_n) = \frac{1}{n}$$

これより $a_n = \log n$ を得る．ゆえに，

$$M_n - \log n \xrightarrow{\mathscr{L}} G_3$$

例 14.4. (c) の場合，x_0 は有限でもあり得る．例えば，$t < 0$ における分布関数 $F(t) = 1 - \exp(1/t)$ に対しては $x_0 = 0$ である．このとき，

$$\frac{1 - F(t + xR(t))}{1 - F(t)} = \exp\left(\frac{1}{t + xR(t)} - \frac{1}{t}\right) = \exp\left(-\frac{xR(t)}{(t + xR(t))t}\right)$$

$t \uparrow 0$ のとき，$R(t)/((t + xR(t))t) \to 1$ になるように $R(t)$ を選ぶ必要があるが，明らかに $R(t) = t^2$ であればよい．$1/n = 1 - F(a_n) = \exp(1/a_n)$ より，$a_n = -1/\log n$ である．また，$b_n = 1/(\log n)^2$ である．これより，$(\log n)^2(M_n + 1/\log n) \xrightarrow{\mathscr{L}} G_3$ を得る．

[定理 14 の証明] (a) $b_n \to \infty$ なので，

$$\begin{aligned}
F^n(b_n x) &= \left(1 - (b_n x)^{-\gamma} c(b_n x)\right)^n \\
&\to \exp\left(-\lim_{n \to \infty} n(b_n x)^{-\gamma} c(b_n x)\right) \\
&= \exp\left(-x^{-\gamma} \lim_{n \to \infty} n b_n^{-\gamma} c(b_n x)\right)
\end{aligned}$$

$$\begin{aligned}
&= \exp\left(-x^{-\gamma} \lim_{n\to\infty} nb_n^{-\gamma} c(b_n)\right) \quad (\text{c は低変動なので}) \\
&= \exp\left(-x^{-\gamma}\right) \quad (\text{b_n の定義より})
\end{aligned}$$

(b) $x < 0$ に対して,

$$\begin{aligned}
F^n(x_0 + b_n x) &= \left(1 - (-b_n x)^\gamma c\left(-\frac{1}{b_n x}\right)\right)^n \\
&\to \exp\left(-\lim_{n\to\infty} n(-b_n x)^\gamma c\left(-\frac{1}{b_n x}\right)\right) \\
&= \exp\left(-(-x)^\gamma \lim_{n\to\infty} nb_n^\gamma c\left(\frac{1}{b_n}\right)\right) \\
&= \exp\left(-(-x)^\gamma\right)
\end{aligned}$$

(c)
$$\begin{aligned}
F^n(a_n + b_n x) &= (1 - (1 - F(a_n + b_n x)))^n \\
&\to \exp\left(-\lim_{n\to\infty} n\left(1 - F(a_n + b_n x)\right)\right) \\
&= \exp\left(-\lim_{n\to\infty} n\left(1 - F(a_n + R(a_n) x)\right)\right) \\
&= \exp\left(-\lim_{n\to\infty} n \exp(-x)\left(1 - F(a_n)\right)\right) \\
&= \exp\left(-\exp(-x)\right) \quad \blacksquare
\end{aligned}$$

(補足) 定理 14 の逆が成り立つことには注目すべきである. つまり, 正規化する定数列 a_n と b_n が存在して, ある非退化な分布 G に対して $(M_n - a_n)/b_n \xrightarrow{\mathscr{L}} G$ であるとき, G は平均と尺度を変更することにより, $G_{1,\gamma}$, $G_{2,\gamma}$, G_3 の何れかの分布になっている. さらには,

(a) G が $G_{1,\gamma}$ 型である $\iff x_0 = \infty$ であり, 低変動関数 $c(x)$ が存在して, $F(x) = 1 - x^{-\gamma} c(x)$
(b) G が $G_{2,\gamma}$ 型である $\iff x_0 < \infty$ であり, 低変動関数 $c(x)$ が存在して, $F(x) = 1 - (x_0 - x)^\gamma c(1/(x_0 - x))$
(c) G が G_3 型である $\iff t \to x_0$ のとき, 関数 $R(t)$ が存在して, 任意の $x \in \mathbb{R}$ において
$$\frac{1 - F(t + x R(x))}{1 - F(x)} \longrightarrow \exp(-x)$$

例 14.5. $F(x) = 1 - 1/\log x$, $x > e$ と定義する．もしも M_n の非退化な漸近分布があるとしたら，$x_0 = \infty$ なので，$G_{2,\gamma}$ 型ではありえない．また，$EX^+ = EX = \infty$ なので，G_3 型でもあり得ない．さらには，$1 - F(x) = 1/\log x$ は低変動なので，$1 - F(x) = x^{-\gamma} c(x)$, $\gamma > 0$ であるとすると矛盾する．よって，$G_{1,\gamma}$ 型でもない．つまり，どのように正規化 $(M_n - a_n)/b_n$ しても，非退化な分布へ収束することはない．

しかしながら，M_n の漸近分布について何も言えないわけではない．$Y = \log X$ とおくと，$y > 1$ において，

$$F_Y(y) = P(\log X \leq y) = P(X \leq e^y) = 1 - \frac{1}{y}$$

なので，$\gamma = 1, b_n = n$ とおいた (a) の場合に対応するので，$(1/n) \log M_n \xrightarrow{\mathscr{L}} G_{1,1}$ である．

例 14.6. 【正規分布】標準正規分布は，(c) の場合に対応することを示そう．$\mathscr{N}(0,1)$ の分布関数は次で与えられる．

$$F(x) = \Phi(x) = \frac{1}{\sqrt{2\pi}} \int_{-\infty}^{x} \exp\left(-\frac{u^2}{2}\right) du$$

補題 14.1. $x \to \infty$ のとき，

$$\sqrt{2\pi}(1 - \Phi(x)) = \int_{x}^{\infty} \exp\left(-\frac{u^2}{2}\right) du \sim \frac{1}{x} \exp\left(-\frac{x^2}{2}\right)$$

[証明] ロピタルの定理により，

$$\frac{\int_{x}^{\infty} \exp(-u^2/2) du}{\frac{1}{x} \exp(-x^2/2)}$$

と次の極限は同じである．

$$\frac{-\exp(-x^2/2)}{-\frac{1}{x^2}\exp(-x^2/2) - \exp(-x^2/2)} = \frac{x^2}{1+x^2} \longrightarrow 1$$

∎

この補題により，

$$\frac{1 - \Phi(t + xR(t))}{1 - \Phi(t)} \sim \frac{\exp(-(t+xR(t))^2/2)}{t + xR(t)} \cdot \frac{t}{\exp(-t^2/2)}$$
$$= \frac{t}{t + xR(t)} \exp\left(-txR(t) - \frac{x^2 R(t)^2}{2}\right)$$

$R(t) = 1/t$ とおくと，これは e^{-x} に収束する．これは，$1 - \Phi(a_n) = 1/n$ と $b_n = 1/a_n$ とおいた (c) の場合に対応するので，$a_n(M_n - a_n) \xrightarrow{\mathscr{L}} G_3$ を得る．

（補足） この例において，a_n の漸近展開を求めるには，$1 - \Phi(a_n) = 1/n$ なので，補題により次が成り立つ．

$$\frac{n}{\sqrt{2\pi}a_n} \exp\left(-\frac{a_n^2}{2}\right) \to 1$$

a_n について漸近的に解くために，まず

$$\exp\left(-\frac{a_n^2}{2}\right) = \frac{1}{n}$$

を解いて $a_n = \sqrt{2\log n}$ と求める．次に $a_n = \sqrt{2\log n} - a'_n$ とおいて a'_n について解く．

$$\frac{n}{\sqrt{2\pi}a_n} \exp\left(-\frac{a_n^2}{2}\right) = \frac{n}{\sqrt{2\pi}} \frac{\exp\left(-\log n + a'_n\sqrt{2\log n} - a'^2_n/2\right)}{\sqrt{2\log n} - a'_n}$$
$$= \frac{1}{\sqrt{2\pi}} \frac{\exp\left(a'_n\sqrt{2\log n} - a'^2_n/2\right)}{\sqrt{2\log n} - a'_n}$$

これが 1 に収束するなら，$a'_n \to 0$ でなければならず，分母の a'_n と分子の $a'^2_n/2$ は無視できる．つまり，

$$\exp\left(a'_n\sqrt{2\log n}\right) = \sqrt{4\pi\log n}$$

を解いて
$$a'_n = \frac{1}{\sqrt{2\log n}} \log \sqrt{4\pi \log n}$$
を得るので,
$$a_n = \sqrt{2\log n} - \frac{\log\log n + \log 4\pi}{2\sqrt{2\log n}}$$

$b_n = 1/a_n \sim 1/\sqrt{2\log n}$ なので, b_n を ($1/a_n$ ではなく) この簡単な式でおきかえると, $(M_n - a_n)/b_n$ は次のように書き換えられる.

$$\sqrt{2\log n}M_n - 2\log n + \frac{1}{2}\log\log n + \frac{1}{2}\log 4\pi \xrightarrow{\mathscr{L}} G_3$$

演習問題 14

14.1. 次の分布において, $(M_n - a_n)/b_n$ に非退化な極限が存在するときはその標準化を求めよ.

(a) $f(x) = e^x I(x < 0)$
(b) $f(x) = (2/x^3) I(x > 0)$
(c) $F(x) = 1 - \exp(-x/(1-x)),\ 0 < x < 1$
(d) $\mathscr{G}(\alpha, 1)$ 分布 $f(x) = (1/\Gamma(\alpha)) e^{-x} x^{\alpha-1} I(x > 0)$
  (ヒント:まず, $1 - F(x) \sim (1/\Gamma(\alpha)) e^{-x} x^{\alpha-1}$ を示せ)

14.2. 母数 $1/2$ の幾何分布 $P(X = i) = 1/2^{i+1}$, $i = 0, 1, 2, ...$ に従う独立な確率変数列を $X_1, X_2, ..., X_n$ とする. このとき, M_n は一般的な場合の分布 G_3 の離散版に次のように収束することを示せ. まず, $n \to \infty$ のとき, $n(m),\ m = 1, 2, ...$ を $n(m)/2^m \to \theta\ (m \to \infty)$ であるような部分列とする. ただし, $1 \leq \theta < 2$ である. このとき,

$$P(M_{n(m)} - m < i) \to \exp(-\theta 2^{-i}),\ \ i = 0, \pm 1, \pm 2, ...$$

14.3. M_n は, 分布 G_3 に従う大きさ n の標本の最大値とする. $(M_n - a_n)/b_n$ が非退化な極限分布をもつだろうか. 存在するなら, それを求めよ.

第 15 章 極値の漸近的結合分布

標本の範囲の漸近分布や，標本の最大値とその次の値との差の漸近分布を知りたいときには，次の定理が役に立つ．

定理 15

$U_{(1)}, ..., U_{(n)}$ を $\mathscr{U}(0,1)$ からの大きさ n の標本の順序統計量とする．

(a) 固定された k に対して，

$$n(U_{(1)}, ..., U_{(k)}) \xrightarrow{\mathscr{L}} (S_1, ..., S_k)$$

ただし，$S_j = \sum_{i=1}^{j} Y_i$ であり，Y_i は指数分布 $\mathscr{E}(1) = \mathscr{G}(1,1)$ からの独立な標本である．

(b) $0 < p_1 < \cdots < p_n < 1$ を固定すると，次の 3 つの確率ベクトルは漸近的に独立である．

$$n(U_{(1)}, ..., U_{(k)})$$
$$\sqrt{n}(U_{(np_1)} - p_1, ..., U_{(np_k)} - p_k)$$
$$n(1 - U_{(n)}, ..., 1 - U_{(n-k+1)})$$

また，1 番目と 3 番目の確率ベクトルは (a) の場合と同じ漸近分布をもち，2 番目の漸近分布は定理 13 にある分布と同じである．

[証明] (a) $\mathbf{U}_{n,k} = (U_{(1)}, ... U_{(k)})^t$ とおくと，この密度

$$f_{\mathbf{U}_{n,k}}(u_1, ..., u_k) = n(n-1) \cdots (n-k+1)(1-u_k)^{n-k} I(0 < u_1 < \cdots < u_k < 1)$$

が収束し，シェッフェの定理により結論が得られる．なぜならば，$\mathbf{S} = n\mathbf{U}_{n,k}$ とおくと，この密度は

$$f_{\mathbf{S}}(s_1,...,s_k) = \frac{n(n-1)\cdots(n-k+1)}{n^k}\left(1-\frac{s_k}{n}\right)^{n-k}I(0<s_1<\cdots<s_k<n)$$

であり，この極限は次のように与えられる．

$$\exp(-s_k)I(0<s_1<\cdots<s_k)$$

これは目的の分布の密度関数である．

(b) 省略 ∎

（補足） $nU_{(k)}$ の極限分布は，$\mathscr{G}(1,1)$ からの k 個の独立な確率変数の和なので，$\mathscr{G}(k,1)$ である．

（補足） 定理 15(b) は（一様分布以外の分布に対しても）一般に成り立つ結果である．下側の極値順序統計量，上側の極値順序統計量，また標本分位点ベクトルは漸近的に独立である．

例 15.1. 【範囲】一様分布 $\mathscr{U}(0,1)$ からの大きさ n の標本の範囲を $R_n = U_{(n)} - U_{(1)}$ とおく．このとき，$n(1-R_n) = n(1-U_{(n)}) + nU_{(1)} \xrightarrow{\mathscr{L}} Y_1 + Y_1$ である．ただし，Y_1 と Y_2 は $\mathscr{G}(1,1)$ からの独立な確率変数である．よって，$n(1-R_n) \xrightarrow{\mathscr{L}} \mathscr{G}(2,1)$.

例 15.2. 【範囲中央値】 $M_n = \frac{1}{2}(U_{(1)} + U_{(n)})$ が範囲中央値の定義である．このとき，

$$n\left(M_n - \frac{1}{2}\right) = \frac{1}{2}\left(nU_{(1)} - n(1-U_{(n)})\right) \xrightarrow{\mathscr{L}} \frac{1}{2}(Y_1 - Y_2)$$

ただし，Y_1 と Y_2 は例 15.1 と同じものである．これはラプラス（両側指数）分布 $f(z) = \exp(-2|z|)$ である．

（補足） 任意の連続分布 $F(x)$ からの大きさ n の標本の順序統計量を $X_{(1)},...,X_{(n)}$ とする．このとき，定理の (b) により，$n(F(X_{(1)}),...,F(X_{(k)})) \xrightarrow{\mathscr{L}} (S_1,...,S_k)$ である．下に挙げる例 15.3 のように，これを逆関数 $F^{-1}(s)$ で変換し，スラツキーの定理（定理 6）による手法を適用すると，$(X_{(1)},...,X_{(k)})$

の漸近分布を求められることも多い．そのように考えて，定理 14 の一般化も得られる．$(X_{(1)}, ..., X_{(k)})$ を適当に正規化したときの漸近分布は，(a) の場合は $(-S_1^{-1/\gamma}, ..., -S_k^{-1/\gamma})$，(b) の場合は $(S_1^{1/\gamma}, ..., S_k^{1/\gamma})$，(c) の場合は $(\log S_1, ..., \log S_k)$ と同じである．

例 15.3. コーシー分布 $\mathscr{C}(0,1)$ からの大きさ n の標本の最大順序統計量を $Z_{1,n}$，2 番目に大きな統計量を $Z_{2,n}$ とおく．$Z_{1,n}$ と $Z_{2,n}$ の漸近的な結合分布を求めるために，まずは $n(1 - F(Z_{1,n}), 1 - F(Z_{2,n})) \xrightarrow{\mathscr{L}} (S_1, S_2)$ であることから始める．ただし，S_1 と S_2 は定理 15 で与えられたものであり，F は $\mathscr{C}(0,1)$ の分布関数である．このとき，

$$1 - F(x) = \frac{1}{\pi}\int_x^\infty \frac{1}{1+t^2}dt \sim \frac{1}{\pi x} \quad (x \longrightarrow \infty)$$

なので，$((1-F(Z_{1,n})), (1-F(Z_{2,n})))$ と

$$\frac{n}{\pi}\left(\frac{1}{Z_{1,n}}, \frac{1}{Z_{2,n}}\right)$$

は漸近的に同値である．ゆえに，これは同じ漸近分布をもつので，(S_1, S_2) の漸近分布と同じである．よって，逆数変換を行うと，スラツキーの定理により次を得る．

$$\frac{\pi}{n}(Z_{1,n}, Z_{2,n}) \xrightarrow{\mathscr{L}} \left(\frac{1}{S_1}, \frac{1}{S_2}\right)$$

これにより，コーシー分布からの標本の上から 2 番目までの順序統計量に関して興味深い結果を導くことができる．つまり，それらの比 $R_n = Z_{2,n}/Z_{1,n}$ は S_1/S_2 の分布である一様分布 $\mathscr{U}(0,1)$ に分布収束する．さらには，R_n と $Z_{2,n}/n$ は漸近的に独立である（S_1/S_2 と S_2 は独立なので）．

──── 演習問題 15 ────

15.1. $\mathscr{N}(\mu, 1)$ からの大きさ n の標本の順序統計量を $X_{(1)}, ..., X_{(n)}$ とする．このとき，範囲中央値の極限分布が存在するように，適当な位置と尺度を使った標準化（例 14.6 の結果）を見つけ，その極限を見つけよ（答えは

ロジスティック分布）．また，$\bar{X}_n$ に対する漸近相対効率を求めよ．

15.2. 指数分布 $\mathscr{G}(1,1)$ からの大きさ n の標本の最大順序統計量を $Z_{1,n}$，2 番目に大きな統計量を $Z_{2,n}$ とおく．(a) $n \to \infty$ のとき，適当な標準化を行って，$Z_{1,n}$ と $Z_{2,n}$ の漸近的な結合分布を求めよ．(b) （漸近的に）$Z_{1,n} - Z_{2,n}$ と $Z_{2,n}$ とは独立であり，$Z_{1,n} - Z_{2,n}$ は指数分布に従うことを示せ．

15.3. 区間 $(\theta - 0.5, \theta + 0.5)$ の上の一様分布からの標本を $X_1, ..., X_n$ とする．θ の推定量はいろいろとあり，中央値 $\hat{\theta}_1 = X_{(n/2)}$ が用いられたり，範囲中央値 $\hat{\theta}_2 = (\max(X_i) + \min(X_i))/2$ が用いられたりする．この 2 つの推定量から得られる θ の 95%信頼区間を $n = 100$ のときに比較せよ．

15.4. 正規分布 $\mathscr{N}(0,1)$ からの大きさ n の標本の最大順序統計量を $Z_{1,n}$，2 番目に大きな統計量を $Z_{2,n}$ とおく．また，$1 - \Phi(a_n) = 1/n$ で a_n を定義する．このとき，次を示せ．

$$a_n(Z_{1,n} - a_n, Z_{2,n} - a_n) \xrightarrow{\mathscr{L}} (-\log S_1, -\log S_2)$$

ただし，S_1 と S_2 は定理 15 で定義されたものである．これにより，$U_n = \exp(a_n(Z_{2,n} - Z_{1,n}))$ は漸近的に $\mathscr{U}(0,1)$ に従い，U_n と $a_n(Z_{2,n} - a_n)$ は漸近的に独立であることを示せ．

第 **IV** 部
推定・検定の有効性

第16章　大数の一様強法則

　いくつかの重要な統計的問題は次のような形式に従っている．$X_1, X_2, \ldots$ は独立な確率変数列で，共通の分布関数 $F(x)$ をもつ．また，母数空間 Θ に属するすべての θ において $U(x, \theta)$ は x の可測関数である．このとき，推定あるいは仮説検定のための興味の対象である統計量は $(1/n)\sum_{i=1}^{n} U(X_i, \theta)$ の形をしている．いま，

$$\mu(\theta) = EU(X, \theta) = \int U(x, \theta) dF(x)$$

が存在して，すべての $\theta \in \Theta$ において有限であることを仮定すると，大数の強法則によってどの $\theta \in \Theta$ においても次が成り立つ．

$$\frac{1}{n} \sum_{i=1}^{n} U(X_i, \theta) \xrightarrow{\text{a.s.}} \mu(\theta) \quad (n \longrightarrow \infty) \tag{1}$$

この結論を，次のような θ についての一様な収束に強められるならきわめて有用である．

$$\sup_{\theta \in \Theta} \left| \frac{1}{n} \sum_{i=1}^{n} U(X_i, \theta) - \mu(\theta) \right| \xrightarrow{\text{a.s.}} 0 \quad (n \longrightarrow \infty) \tag{2}$$

これを利用する一例を挙げよう．θ の推定値列 $\hat{\theta}_n$（たぶん $X_1, \ldots, X_n$ に関係しているだろう）で，$\hat{\theta}_n \xrightarrow{\text{a.s.}} \theta_0 \ (n \to \infty)$ であるものが存在すると仮定する．ただし，θ_0 は真の値とする．また，$\mu(\theta)$ は θ について連続であると仮定する．このとき，次の結論を得たい．

$$\frac{1}{n} \sum_{i=1}^{n} U(X_i, \hat{\theta}_n) \xrightarrow{\text{a.s.}} \mu(\theta_0)$$

しかし，このためには条件 (1) だけでは難しい．ところが，条件 (2) が成り立つときには容易に導くことができる．

$$\left|\frac{1}{n}\sum_{i=1}^{n}U(X_i,\hat{\theta}_n)-\mu(\theta_0)\right|$$

$$\leq \left|\frac{1}{n}\sum_{i=1}^{n}U(X_i,\hat{\theta}_n)-\mu(\hat{\theta}_n)\right|+|\mu(\hat{\theta}_n)-\mu(\theta_0)|$$

$$\leq \sup_{\theta\in\Theta}\left|\frac{1}{n}\sum_{i=1}^{n}U(X_i,\theta)-\mu(\theta)\right|+|\mu(\hat{\theta}_n)-\mu(\theta_0)|$$

$$\xrightarrow{\text{a.s.}} 0 \quad (n\to\infty)$$

ここでは，$\hat{\theta}_n \xrightarrow{\text{a.s.}} \theta_0$ と $\mu(\theta)$ の連続性およびスラツキーの定理を用いている．

ルカムによる次の定理は，条件 (2) が成立するための U と F についての条件を与えている．Θ が有限集合ならば，条件 (2) は条件 (1) から直接的に得られる．確率 1 の集合の有限個の共通部分もまた確率 1 だからである．ゆえに，Θ がコンパクトで，すべての x において $U(x,\theta)$ が θ の関数として連続な場合にも条件 (2) が成り立つことを期待できるかもしれない．一様に有界な条件の下では，そのとおりなのである．

定理 16(a)

次を仮定する．

(1) Θ はコンパクトである．
(2) $U(x,\theta)$ は，すべての x において，θ の関数として連続である．
(3) すべての x と θ に対して $|U(x,\theta)|\leq K(x)$ であり，$EK(X)<\infty$ であるような関数 $K(x)$ が存在する．

このとき，次が成り立つ．

$$P\left(\lim_{n\to\infty}\sup_{\theta\in\Theta}\left|\frac{1}{n}\sum_{i=1}^{n}U(X_i,\theta)-\mu(\theta)\right|=0\right)=1$$

次の章で利用するためにも，この定理の片側版からまず証明しておこう．Θ の上で定義される（$\pm\infty$ の値をとってもよい）拡張された実数値関数 $f(\theta)$ が **上半連続** であるとは，すべて $\theta\in\Theta$ において，$\theta_n\to\theta$ であるようなすべての点列

$\theta_n \in \Theta$ に対して $\limsup_{n\to\infty} f(\theta_n) \leq f(\theta)$ が成り立つことである．あるいは，同じことであるが，すべての $\theta \in \Theta$ において $\sup_{|\theta'-\theta|<\rho} f(\theta') \to f(\theta)$ $(\rho \to 0)$ が成り立つことである．

定理 16(b)

次を仮定する．

(1) Θ はコンパクトである．
(2) $U(x,\theta)$ は，すべての x において，θ の関数として上半連続である．
(3) すべての x と θ に対して $U(x,\theta) \leq K(x)$ であり，$EK(X) < \infty$ であるような関数 $K(x)$ が存在する．
(4) すべての θ に対して，また十分小さなすべての $\rho > 0$ に対して，$\sup_{|\theta'-\theta|<\rho} U(x,\theta')$ は x の関数として可測である．

このとき，次が成り立つ．

$$P\left(\limsup_{n\to\infty} \sup_{\theta\in\Theta} \frac{1}{n}\sum_{i=1}^n U(X_i,\theta) \leq \sup_{\theta\in\Theta} \mu(\theta)\right) = 1$$

[定理 16(b) の証明] 次を定義する．

$$\varphi(x,\theta,\rho) = \sup_{|\theta'-\theta|<\rho} U(x,\theta')$$

このとき，仮定 (4) により，十分小さな $\rho > 0$ に対して φ は可測である．また仮定 (3) により，φ は可積分関数で上から抑えられる．さらにまた仮定 (2) により，$\rho \downarrow 0$ のとき，$\varphi(x,\theta,\rho) \downarrow U(x,\theta)$ である．ゆえに，単調収束定理により，$\rho \downarrow 0$ のとき次を得る．

$$\int \varphi(x,\theta,\rho)dF(x) \downarrow \int U(x,\theta)dF(x) = \mu(\theta)$$

これにより，任意の $\varepsilon > 0$ が与えられると，任意の θ に対して

$$E\varphi(X,\theta,\rho_\theta) = \int \varphi(x,\theta,\rho_\theta)dF(x) < \mu(\theta) + \varepsilon \tag{3}$$

となるような ρ_θ が存在する．開集合族 $S(\theta,\rho_\theta) = \{\theta' : |\theta-\theta'| < \rho_\theta\}$ には，仮定 (1)

により Θ の有限開被覆が存在する．つまり，$\Theta \subset \bigcup_{j=1}^{m} S(\theta_j, \rho_{\theta_j})$ とできるので，任意の $\theta \in \Theta$ に対して $\theta \in S(\theta_j, \rho_{\theta_j})$ となる添え字 j が存在する．このとき，φ の定義により，すべての x に対して $U(x, \theta) \leq \varphi(x, \theta_j, \rho_{\theta_j})$ である．ゆえに，$\theta \in S(\theta_j, \rho_{\theta_j})$ のとき

$$\frac{1}{n}\sum_{i=1}^{n} U(X_i, \theta) \leq \frac{1}{n}\sum_{i=1}^{n} \varphi(X_i, \theta_j, \rho_{\theta_j})$$

よって，

$$\sup_{\theta \in \Theta} \frac{1}{n}\sum_{i=1}^{n} U(X_i, \theta) \leq \max_{1 \leq j \leq m} \frac{1}{n}\sum_{i=1}^{n} \varphi(X_i, \theta_j, \rho_{\theta_j})$$

大数の強法則を $(1/n)\sum_{i=1}^{n} \phi(X_i, \theta_j, \rho_{\theta_j})$ に適用すると，(3) 式から次を得る．

$$P\left(\lim_{n \to \infty} \frac{1}{n}\sum_{i=1}^{n} \varphi(X_i, \theta_j, \rho_{\theta_j}) \leq \mu(\theta_j) + \varepsilon, \quad j = 1, 2, ..., m\right) = 1$$
$$\implies P\left(\lim_{n \to \infty} \max_{1 \leq j \leq m} \frac{1}{n}\sum_{i=1}^{n} \varphi(X_i, \theta_j, \rho_{\theta_j}) \leq \max_{1 \leq j \leq m} \mu(\theta_j) + \varepsilon\right) = 1$$
$$\implies P\left(\limsup_{n \to \infty} \sup_{\theta \in \Theta} \frac{1}{n}\sum_{i=1}^{n} U(X_i, \theta) \leq \sup_{\theta \in \Theta} \mu(\theta) + \varepsilon\right) = 1$$

最後の式はすべての $\varepsilon > 0$ に対して成り立つので，$\varepsilon = 0$ でも成り立つ．∎

[定理 16(a) の証明] まず，$U(x, \theta)$ は θ について連続なので，$\{\theta' : |\theta' - \theta| < \rho\}$ で稠密な任意の D に対して，次が成り立つ．

$$\sup_{|\theta' - \theta| < \rho} U(x, \theta') = \sup_{\theta' \in D} U(x, \theta')$$

これにより，仮定 (4) は自動的に成立する．次に，$\mu(\theta)$ は連続である．なぜならば，U が可積分関数 K で抑えられていることから，ルベーグの優収束定理により次が成り立つからである．

$$\lim_{\theta' \to \theta} \mu(\theta') = \lim_{\theta' \to \theta} \int U(x, \theta') dF(x) = \int U(x, \theta) dF(x) = \mu(\theta)$$

そこで，定理 16(b) が $\mu(\theta) = 0$ に対して成り立つことが証明できたなら証明は完了する．なぜならば，任意の $\mu(\theta)$ に対しても，$U(x, \theta) - \mu(\theta)$ について考えて，これが θ について連続で，$K(x) + EK(X)$ で抑えられることにより，一般的に証明できるからである．ゆえに，$\mu(\theta) = 0$ とおく．このとき，$U(x, \theta)$ と $-U(x, \theta)$ に定理 16(b)

を適用して,次を得る.

$$P\left(\limsup_{n\to\infty}\sup_{\theta\in\Theta}\frac{1}{n}\sum_{i=1}^{n}U(X_i,\theta)\leq 0\right)=1$$

$$P\left(\limsup_{n\to\infty}\sup_{\theta\in\Theta}-\frac{1}{n}\sum_{i=1}^{n}U(X_i,\theta)\leq 0\right)=1$$

任意の関数 g において

$$0\leq\sup_{\theta}|g(\theta)|=\max\{\sup_{\theta}g(\theta),\sup_{\theta}-g(\theta)\}$$

なので,定理の証明を得る. ∎

(補足) 次章で用いるために,定理 16(b) の条件の下で,関数 $\mu(\theta)$ は上半連続であることを示す(任意の $\theta\in\Theta$ において,$\limsup_{\theta'\to\theta}\mu(\theta')\leq\mu(\theta)$).証明は,定理 16(a) での $\mu(\theta)$ についての連続性の証明と同様である.つまり,

$$\begin{aligned}\limsup_{\theta'\to\theta}\mu(\theta')&=\limsup_{\theta'\to\theta}EU(X,\theta')\\&\leq E\limsup_{\theta'\to\theta}U(X,\theta')\\&\leq EU(X,\theta)\ =\ \mu(\theta)\end{aligned}$$

ここでは,$U(x,\theta)$ が可積分関数 $K(x)$ で上から抑えられていることにより,ファトウ・ルベーグの補題を用いている.

第17章　最尤推定量の強一致性

　母数 $\theta \in \Theta$ の推定値の列 $\{\tilde{\theta}_n\}$ は，すべての $\theta \in \Theta$ において次を満足するとき，
$$\tilde{\theta}_n \xrightarrow{\mathrm{P}} \theta$$
弱一致性をもつといわれる．また，収束が概収束であるとき**強一致性**をもつといわれる．この章では，標本数が無限大になるとき，かなり一般的な条件の下で最尤推定量が強一致性をもつことを示す．

　$X_1, ..., X_n$ は独立同分布で，ある σ 有限な測度 ν（通常はルベーグ測度か計数測度）に関する密度 $f(x|\theta)$，$\theta \in \Theta$ をもつと仮定する．

　尤度関数は次で定義される．
$$L_n(\theta) = L_n(\theta|x_1, ..., x_n) = \prod_{i=1}^{n} f(x_i|\theta)$$
ただし，$X_1, ..., X_n$ の観測値が $x_1, ..., x_n$ である．**対数尤度関数**は $l_n(\theta) = \log L_n(\theta)$ で表す．

　θ の**最尤推定量（MLE）**は，$L_n(\hat{\theta}_n) = \sup_{\theta \in \Theta} L_n(\theta)$ を満足する任意の関数 $\hat{\theta}_n = \hat{\theta}_n(x_1, ..., x_n)$ である．同じことだが，$l_n(\hat{\theta}_n) = \sup_{\theta \in \Theta} l_n(\theta)$ でもある．MLE が存在しないこともある．存在しても，可測でない場合もあるし，一致性をもたない場合もある．Θ がコンパクトで，すべての x において $f(x|\theta)$ が θ について上半連続であれば，確実に存在する．このとき，$L_n(\theta)$ がコンパクト集合上で上半連続になり，コンパクト集合上の上半連続関数は最大値をとるからである．

　MLE の一致性の証明は，次の補題に基づいている．$f_0(x)$ と $f_1(x)$ を σ 有限な測度 ν に関する密度であるとする．このとき，**カルバック・ライブラー情報量**は次で定義される．

$$K(f_0, f_1) = E_0 \log \frac{f_0(X)}{f_1(X)} = \int \log \frac{f_0(x)}{f_1(x)} f_0(x) d\nu(x)$$

この表記における $\log(f_0(x)/f_1(x))$ は, $f_1(x) = 0$ かつ $f_0(x) > 0$ のとき $+\infty$ と定義される. そのため, 上の期待値は $+\infty$ もありえる. また, $f_1(x) > 0$ かつ $f_0(x) = 0$ のとき $\log(f_0(x)/f_1(x))$ は $-\infty$ と定義されるが, 被積分は $\log(f_0(x)/f_1(x))f_0(x)$ なので, これは 0 と定義される. f_0 が真であるときに, f_0 と f_1 との違いを識別する尤度比の能力を $K(f_0, f_1)$ は評価している.

補題 17.1. (シャノン・コルモゴロフの情報不等式) $f_0(x)$ と $f_1(x)$ を ν に関する密度とする. このとき,

$$K(f_0, f_1) = E_0 \log \frac{f_0(X)}{f_1(X)} = \int \log \frac{f_0(x)}{f_1(x)} f_0(x) d\nu(x) \geq 0$$

等号が成り立つための必要十分条件は $f_1(x) = f_0(x)$ (a.e. ν) である.

[証明] $\log x$ は狭義の凹関数なので, エンセンの不等式より次を得る.

$$-K(f_0, f_1) = E_0 \log \frac{f_1(X)}{f_0(X)} \leq \log E_0 \frac{f_1(X)}{f_0(X)}$$

このとき, 等号が成り立つための必要十分条件は, X が密度 f_0 に従うとき $f_1(X)/f_0(X)$ が確率 1 で定数になることである. また, $S_0 = \{x : f_0(x) > 0\}$ と定義するとき,

$$E_0 \frac{f_1(X)}{f_0(X)} = \int_{S_0} \frac{f_1(x)}{f_0(x)} f_0(x) d\nu(x) = \int_{S_0} f_1(x) d\nu(x) \leq 1$$

ここでの等号が成り立つための必要十分条件は, S_0 が密度 $f_1(x)$ の下で確率 1 をとることである. これら 2 つの条件により, 補題の等号条件を得る. ∎

補題 17.1 は以下のように, MLE の一致性の証明に用いられる. θ_0 を θ の真の値とする. MLE は次の式を最大にするような θ の値である.

$$\begin{aligned} l_n(\theta) - l_n(\theta_0) &= \log L_n(\theta) - \log L_n(\theta_0) \\ &= \sum_{i=1}^{n} (\log f(X_i|\theta) - \log f(X_i|\theta_0)) \end{aligned}$$

大数の強法則と補題より, $f(\cdot|\theta) = f(\cdot|\theta_0)$ (a.e. ν) でないとき, 次を得る.

$$\frac{1}{n}\log\frac{L_n(\theta)}{L_n(\theta_0)} = \frac{1}{n}\sum_{i=1}^{n}\log\frac{f(X_i|\theta)}{f(X_i|\theta_0)} \xrightarrow{\text{a.s.}} E_{\theta_0}\log\frac{f(X|\theta)}{f(X|\theta_0)} = -K(\theta_0,\theta) < 0$$

最終的に，θ_0 での尤度は他の値 θ での尤度よりも大きくなる．ただし，異なる θ には異なる分布が対応していると仮定している（分布の識別可能性）．これはカルバック・ライブラー情報量の数量的な意味づけを与えてくれる．つまり，θ_0 が真の値であるとき，尤度比 $L_n(\theta)/L_n(\theta_0)$ は指数関数的速度 $\exp\{-nK(\theta_0,\theta)\}$ で 0 に収束する．

このことからすぐに，Θ が有限のとき MLE が強一致性をもつことが分かる．Θ がコンパクトなときに，これを拡張したものが次の定理である．ただし，$f(x|\theta)$ に θ の関数として上半連続性を仮定する．

定理 17

$X_1,...,X_n$ は独立同分布で，密度 $f(x|\theta), \theta \in \Theta$ に従うとする．また，θ_0 が θ の真の値とする．さらに次を仮定する．

(1) Θ はコンパクト．
(2) $f(x|\theta)$ はすべての x において，x を固定すると θ の関数として上半連続．
(3) 次を満足する $K(x)$ が存在する．$E_{\theta_0}|K(X)| < \infty$ であり，すべての x とすべての $\theta \in \Theta$ において

$$U(x,\theta) = \log f(x|\theta) - \log f(x|\theta_0) \leq K(x).$$

(4) すべての $\theta \in \Theta$ において，そして十分に小さな $\rho > 0$ に対して，$\sup_{|\theta'-\theta|<\rho} f(x|\theta')$ は x に関して可測である．
(5) **（分布の識別可能性）** $f(x|\theta) = f(x|\theta_0)(\text{a.e. } \nu) \iff \theta = \theta_0$．

このとき，θ の最尤推定量 $\hat{\theta}_n$ の列において，次が成り立つ．

$$\hat{\theta}_n \xrightarrow{\text{a.s.}} \theta_0$$

[証明] 関数 $U(x,\theta)$ は定理 16(b) の条件を満足している．$\rho > 0$ に対して $S = \{\theta : |\theta - \theta_0| \geq \rho\}$ とおく．このとき，S はコンパクトであり，定理 16(b) より次を得る．

$$P_{\theta_0}\left\{\limsup_{n\to\infty}\sup_{\theta\in S}\frac{1}{n}\sum_{i=1}^n U(X_i,\theta)\leq \sup_{\theta\in S}\mu(\theta)\right\}=1$$

ただし，$\theta\in S$ に対して $\mu(\theta)=-K(\theta_0,\theta)=\int U(x,\theta)f(x|\theta_0)d\nu(x)<0$ である（補題 17.1 により）．さらに，$\mu(\theta)$ は上半連続（16 章の補足により）なので，S 上で最大値をとる．$\delta=\sup_{\theta\in S}\mu(\theta)$ とおくと，$\delta<0$ であり，次が成り立つ．

$$P_{\theta_0}\left\{\limsup_{n\to\infty}\sup_{\theta\in S}\frac{1}{n}\sum_{i=1}^n U(X_i,\theta)\leq \delta\right\}=1$$

よって，確率 1 で，すべての $n>N$ に対して次が成り立つような N が存在する．

$$\sup_{\theta\in S}\frac{1}{n}\sum_{i=1}^n U(X_i,\theta)<\frac{\delta}{2}<0$$

しかし，次が成り立つ．

$$\frac{1}{n}\sum_{i=1}^n U(X_i,\hat{\theta}_n)=\sup_{\theta\in \Theta}\frac{1}{n}\sum_{i=1}^n U(X_i,\theta)\geq 0$$

なぜなら，$\theta=\theta_0$ のとき右辺にある和は 0 だからである．これより，$n>N$ に対しては $\hat{\theta}_n\notin S$ となり，$|\hat{\theta}_n-\theta|<\rho$ となる．ρ は任意に小さな値をとれるので，定理の証明を得る．これは Wald(1948) による証明である．∎

（補足） 定理 17 において，$\hat{\theta}_n$ の可測性については何ら仮定していない．つまり，この定理によると，MLE は確率変数でないときでも強一致的である（ただし，ここでの概収束性からは確率収束は出てこない）．一般に，$\hat{\theta}_n$ の可測性は，von Neumann(1949) の選択定理から出てくる次の結果を用いて示すことができる（例えば Parthasarathy(1972) の 8 節を参照せよ）：X は実空間のボレル集合であり，Θ は実空間のコンパクト集合とする．さらに，$\varphi(x,\theta)$ が $(x,\theta)\in X\times\Theta$ に関して可測であり，任意の x を固定したとき θ に関して上半連続であると仮定する．このとき，次を満足するようなルベーグ可測な $\hat{\theta}(x)$ を選ぶことができる．

$$\varphi(x,\hat{\theta}(x))=\sup_{\theta\in\Theta}\varphi(x,\theta)$$

【条件 (3) を仮定しないときの反例】 母数空間を $\Theta = [0,1]$ とし，$[-1,1]$ 上の次の密度について考える．

$$f(x|\theta) = \frac{1-\theta}{\delta(\theta)}\left(1 - \frac{|x-\theta|}{\delta(\theta)}\right) I(|x-\theta| \leq \delta(\theta)) + \frac{\theta}{2} I(|x| \leq 1)$$

ただし，$\delta(\theta)$ には連続性，狭義単調減少性，$\delta(0) = 1$, $0 < \delta(\theta) < 1-\theta$ を仮定する．この分布は，$\theta = 0$ のときの三角分布と $\theta = 1$ のときの一様分布との間を連続的に母数化したものである．

明らかに，定理 17 の条件 (1),(2),(4),(5) は満足される．$\theta \to 1$ のときに十分に速く $\delta(\theta) \to 0$ ならば，真の母数 $\theta \in \Theta$ が何であっても $\hat{\theta}_n \xrightarrow{\text{a.s.}} 1$ となることを示す．

標本 $X_1, ..., X_n$ を $f(x|\theta)$ からの標本とすると，$\hat{\theta}_n$ は次を最大化するような θ の値である．

$$\begin{aligned} l_n(\theta) &= \sum_{i=1}^n \log f(X_i|\theta) \\ &= n_\theta \log \frac{\theta}{2} + \sum_{|X_i-\theta|<\delta(\theta)} \log\left(\frac{1-\theta}{\delta(\theta)}\left(1 - \frac{|X_i-\theta|}{\delta(\theta)}\right) + \frac{\theta}{2}\right) \end{aligned}$$

ただし，n_θ は $\{x : |x-\theta| < \delta(\theta)\}$ の中にない X_i の数である．任意の固定された $0 < \alpha < 1$ に対して，次が成り立つ．

$$\max_{0 \leq \theta \leq \alpha} \frac{1}{n} l_n(\theta) \leq \max_{0 \leq \theta \leq \alpha} \log\left(\frac{1-\theta}{\delta(\theta)} + \frac{\theta}{2}\right) \leq \log\left(\frac{1}{\delta(\alpha)} + \frac{1}{2}\right)$$

では，$\theta \to 1$ のときに十分に速く $\delta(\theta) \to 0$ であるとき，$\theta \in \Theta$ の真の値が何であっても $\hat{\theta}_n \xrightarrow{\text{a.s.}} 1$ となることを見るために，次を示すことにする．

$$\max_{0 \leq \theta \leq 1} \frac{1}{n} l_n(\theta) \xrightarrow{\text{a.s.}} \infty$$

これにより，n を十分大きくとれば，$\hat{\theta}_n \geq \alpha$ であることが言えるからである．

$M_n = \max\{X_1, ..., X_n\}$ とおくと，θ の真の値が何であっても $M_n \xrightarrow{\text{a.s.}} 1$ である．また

$$\max_{0 \leq \theta \leq 1} \frac{1}{n} l_n(\theta) \geq \frac{1}{n} l_n(M_n) \geq \frac{n-1}{n} \log \frac{M_n}{2} + \frac{1}{n} \log\left[\frac{1-M_n}{\delta(M_n)} + \frac{M_n}{2}\right]$$

ゆえに，

$$\liminf_{n\to\infty} \max_{0\le\theta\le 1} \frac{1}{n} l_n(\theta) \ge \liminf_{n\to\infty} \frac{1}{n} \log \frac{1-M_n}{\delta(M_n)} - \log 2$$

θ の真の値が何であっても M_n はある収束速度でほとんど確実に 1 に収束する（最も遅い収束は三角分布 ($\theta = 0$) のときである）．ゆえに，$\theta \to 1$ のとき十分に速く $\delta(\theta) \to 0$ となるように $\delta(\theta)$ は選べて，$\frac{1}{n} \log \frac{1-M_n}{\delta(M_n)} \xrightarrow{\text{a.s.}} \infty$ とできる． ∎

では，$\delta(\theta)$ はどれぐらいの速さで 0 に収束すればよいのか．まず，$n^{1/4}(1 - M_n) \xrightarrow{\text{a.s.}} 0$ であることが分かる．なぜならば，（収束が最も遅い）$\theta = 0$ に対して

$$\begin{aligned}\sum_{n=1}^{\infty} P_0(n^{1/4}(1-M_n) > \varepsilon) &= \sum_{n=1}^{\infty} P_0\left(M_n < 1 - \frac{\varepsilon}{n^{1/4}}\right) \\ &= \sum_{n=1}^{\infty} \left(1 - \frac{\varepsilon^2}{2\sqrt{n}}\right)^n \\ &\le \sum_{n=1}^{\infty} \left(\exp\left(-\frac{\varepsilon^2}{2\sqrt{n}}\right)\right)^n \\ &= \sum_{n=1}^{\infty} \exp\left(-\frac{\varepsilon^2}{2}\sqrt{n}\right) \\ &< \int_0^{\infty} \exp\left(-\frac{\varepsilon^2}{2}\sqrt{x}\right) dx < \infty\end{aligned}$$

なので，ボレル・カンテリの補題より $P_0(n^{1/4}(1-M_n) > \varepsilon \text{ i.o.}) = 0$ が成り立つからである．これにより

$$\delta(\theta) = (1-\theta)\exp\{-(1-\theta)^{-4}\}$$

とおいて次を得る．

$$\frac{1}{n}\log\frac{1-M_n}{\delta(M_n)} = \frac{1}{n}\log\exp\{(1-M_n)^{-4}\} = \frac{1}{n(1-M_n)^4} \xrightarrow{\text{a.s.}} \infty$$

演習問題 17

17.1. 定理 17 の条件を一様分布 $\mathscr{U}(0,\theta)$ について確かめよ．ただし，$\Theta = [1,2]$ とする．

17.2. (Oliver(1972)) $X_1,...,X_n$ を $[0,1]$ 上の三角分布からの標本とする．ただし，最頻値を θ にとるものとする．

$$f(x|\theta) = 2\left(\frac{x}{\theta}I(0 \le x \le \theta) + \frac{1-x}{1-\theta}I(\theta < x \le 1)\right)$$

また，順序統計量を $X_{(0)} = 0, X_{(1)},...,X_{(n)}, X_{(n+1)} = 1$ とおく．

(a) $X_{(k)} \le \theta \le X_{(k+1)}$ に対して，尤度関数は $\theta < k/n$ ならば単調減少で，$\theta > k/n$ ならば単調増加であることを示せ．

(b) 最尤推定量は，$(k-1)/n \le X_{(k)} \le k/n$ となるような $X_{(k)}$ のどれかであることを示せ．実際，尤度関数はそのような $X_{(k)}$ で局所最大をとる．

17.3. (Neyman and Scott(1948)) n 個の正規母集団からそれぞれ大きさ d 個の標本をとる．ただし，それらは共通の分散をもつが，未知の平均は異なってもよいとする．

$$X_{ij} \in \mathscr{N}(\mu_i, \sigma^2), \quad i = 1,...,n, \; j = 1,...,d$$

ただし，これらは互いに独立である．

(a) σ^2 の最尤推定量を求めよ．

(b) d を固定して，$n \to \infty$ とするとき，σ^2 の MLE には一致性がないことを示せ．なぜ定理 17 は使えないのか，説明せよ．

(c) σ^2 の一致推定量を求めよ．

第 18 章　最尤推定量の漸近正規性

　MLE の漸近正規性を得るには，$f(x|\boldsymbol{\theta})$ に関するさらに制約的な条件が必要である．特に，$(\partial^2/\partial\boldsymbol{\theta}^2)f(x|\boldsymbol{\theta})$ が存在して連続であることが求められる．これで，区間 $(0,\theta)$，$\theta > 0$ 上の一様分布などが排除できる．一様分布の場合，最尤推定値は標本の最大値であり，$1/n$ というかなり速い速度で真の値に収束し，漸近正規性をもたない（例 14.2 を参照せよ）．

　$(\partial/\partial\boldsymbol{\theta})f(x|\boldsymbol{\theta})$ が存在するとき，MLE $\hat{\boldsymbol{\theta}}_n$ は次の**尤度方程式**の解として求めることができる．

$$\dot{l}_n(\boldsymbol{\theta}) = \frac{\partial}{\partial\boldsymbol{\theta}} \log L_n(\boldsymbol{\theta}) = \sum_{i=1}^{n} \frac{\partial}{\partial\boldsymbol{\theta}} \log f(x_i|\boldsymbol{\theta}) = 0$$

MLE が一意に存在する場合でも，$\dot{l}_n(\boldsymbol{\theta}) = 0$ には多くの解があるかもしれない．しかし，この方程式には強一致性をもつ解が一般に存在する．MLE が一致性をもたないとしてもである．その理由は，次の通りである．真の値 $\boldsymbol{\theta}_0$ が $\Theta \subset \mathbb{R}^k$ の内部にあり，$(\partial/\partial\boldsymbol{\theta}) \log f(x|\boldsymbol{\theta})$ が存在して，すべて x において $\boldsymbol{\theta}$ について連続であり，定理 17 の条件が $\boldsymbol{\theta}_0$ のコンパクト近傍 $\Theta' \subset \Theta$ で満足されると仮定する．そのとき，Θ' における MLE を $\hat{\boldsymbol{\theta}}_n$ とするとき，$\hat{\boldsymbol{\theta}}_n$ はほとんど確実に $\boldsymbol{\theta}_0$ に収束し，いったん $\hat{\boldsymbol{\theta}}_n$ が Θ' の内点になると，$\dot{l}(\hat{\boldsymbol{\theta}}_n) = 0$ を満足するようになるからである．

　次の k 次元列ベクトルを定義する．

$$\Psi(x,\boldsymbol{\theta}) = \left(\frac{\partial}{\partial\boldsymbol{\theta}} \log f(x|\boldsymbol{\theta})\right)^t$$

また，次の $k \times k$ 行列も定義する．

$$\dot{\Psi}(x,\boldsymbol{\theta}) = \frac{\partial^2}{\partial\boldsymbol{\theta}^2} \log f(x|\boldsymbol{\theta})$$

このとき，**フィッシャー情報行列**は次で定義される．

$$\mathscr{I}(\boldsymbol{\theta}) = E_{\boldsymbol{\theta}} \Psi(X, \boldsymbol{\theta}) \Psi(X, \boldsymbol{\theta})^t$$

$\boldsymbol{\theta}$ に関する偏微分演算が $\int f(x|\boldsymbol{\theta})d\nu(x) = 1$ の積分記号と交換可能であると仮定すると，次を得る．

$$E_{\boldsymbol{\theta}} \Psi(X, \boldsymbol{\theta}) = \int \frac{(\partial/\partial\boldsymbol{\theta})f(x|\boldsymbol{\theta})}{f(x|\boldsymbol{\theta})} f(x|\boldsymbol{\theta})d\nu(x) = \int \frac{\partial}{\partial\boldsymbol{\theta}} f(x|\boldsymbol{\theta})d\nu(x) = \boldsymbol{0}$$

ゆえに，$\mathscr{I}(\boldsymbol{\theta})$ は実際は $\Psi(X, \boldsymbol{\theta})$ の共分散行列である．

$$\mathscr{I}(\boldsymbol{\theta}) = V_{\boldsymbol{\theta}}(\Psi(X, \boldsymbol{\theta}))$$

$\boldsymbol{\theta}$ に関する 2 番目の偏微分演算も積分記号と交換可能であると仮定すると，$\int (\partial^2/\partial\boldsymbol{\theta}^2) f(x|\boldsymbol{\theta})d\nu(x) = 0$ であるので，

$$\begin{aligned}
E_{\boldsymbol{\theta}} \dot{\Psi}&(X, \boldsymbol{\theta}) \\
&= \int \left(\frac{\partial}{\partial\boldsymbol{\theta}} \frac{(\partial/\partial\boldsymbol{\theta})f(x|\boldsymbol{\theta})}{f(x|\boldsymbol{\theta})} \right) f(x|\boldsymbol{\theta})d\nu(x) \\
&= \int \left(\frac{\partial^2}{\partial\boldsymbol{\theta}^2} f(x|\boldsymbol{\theta}) - \frac{((\partial/\partial\boldsymbol{\theta})f(x|\boldsymbol{\theta}))^t}{f(x|\boldsymbol{\theta})} \frac{(\partial/\partial\boldsymbol{\theta})f(x|\boldsymbol{\theta})}{f(x|\boldsymbol{\theta})} f(x|\boldsymbol{\theta}) \right) d\nu(x) \\
&= -\int \Psi(x, \boldsymbol{\theta}) \Psi(x, \boldsymbol{\theta})^t f(x|\boldsymbol{\theta})d\nu(x)
\end{aligned}$$

となり，次を得る．

$$\mathscr{I}(\boldsymbol{\theta}) = -E_{\boldsymbol{\theta}} \dot{\Psi}(X, \boldsymbol{\theta})$$

例 18.1.　【**ポアソン分布** $\mathscr{P}(\theta)$】確率関数は $f(x|\theta) = e^{-\theta}\theta^x/x!$, $x = 0, 1, 2, \ldots$ なので，対数尤度は $\log f(x|\theta) = c - \theta + x\log\theta$ であり，θ に関する導関数は $\psi(x, \theta) = -1 + x/\theta$ である．ゆえに，$\mathscr{I}(\theta) = V_\theta(-1 + X/\theta) = \theta/\theta^2 = 1/\theta$．あるいは，$\dot{\psi}(x|\theta) = -x/\theta^2$ から $\mathscr{I}(\theta) = E_\theta X/\theta^2 = \theta/\theta^2 = 1/\theta$ で求めてもよい．ポアソン分布は指数型なので微分演算と積分記号は交換可能である．

例 18.2. 【正規分布 $\mathcal{N}(\mu, \sigma^2)$】

$$\log f(x|\mu,\sigma) = -\log\sqrt{2\pi}\sigma - (x-\mu)^2/(2\sigma^2)$$

$$\Psi(x,(\mu,\sigma)) = \begin{pmatrix} (x-\mu)/\sigma^2 \\ -1/\sigma + (x-\mu)^2/\sigma^3 \end{pmatrix}$$

$$\dot{\Psi}(x,(\mu,\sigma)) = \begin{pmatrix} -1/\sigma & -2(x-\mu)/\sigma^3 \\ -2(x-\mu)/\sigma^3 & 1/\sigma^2 - 3(x-\mu)^2/\sigma^4 \end{pmatrix}$$

なので,

$$\mathscr{I}(\mu,\sigma) = \begin{pmatrix} 1/\sigma^2 & 0 \\ 0 & 2/\sigma^2 \end{pmatrix}$$

定理 18 クラメール

$X_1, \ldots, X_n$ は独立同分布で,(ν に関する) 密度 $f(x|\boldsymbol{\theta})$ に従うとする.$\boldsymbol{\theta}_0$ を母数の真の値とする.さらに次を仮定する.

(1) Θ は $\mathbb{R}^k$ の開部分集合である
(2) $f(x|\boldsymbol{\theta})$ の $\boldsymbol{\theta}$ に関する 2 階偏微分が存在し,どの x においても $\boldsymbol{\theta}$ について連続である.また,その 2 階偏微分演算は $\int f(x|\boldsymbol{\theta})d\nu(x)$ の積分記号と交換可能である.
(3) 関数 $K(x)$ が存在して,$E_{\boldsymbol{\theta}_0} K(X) < 0$ であり,$\dot{\Psi}(x,\boldsymbol{\theta})$ のどの成分の絶対値も $\boldsymbol{\theta}_0$ のある近傍で一様に $K(x)$ で上から抑えられている.
(4) $\mathscr{I}(\boldsymbol{\theta}_0) = -E_{\boldsymbol{\theta}_0}\dot{\Psi}(X,\boldsymbol{\theta}_0)$ は正定値である.
(5) $f(x|\boldsymbol{\theta}) = f(x|\boldsymbol{\theta}_0)$ (a.e. ν) $\iff \boldsymbol{\theta} = \boldsymbol{\theta}_0$

このとき,尤度方程式の解の列 $\hat{\boldsymbol{\theta}}_n$ で強一致性をもつものが存在し,次を満たす.

$$\sqrt{n}(\hat{\boldsymbol{\theta}}_n - \boldsymbol{\theta}_0) \xrightarrow{\mathscr{L}} \mathcal{N}(0, \mathscr{I}(\boldsymbol{\theta}_0)^{-1})$$

[証明] **1. 強一致性をもつ解の存在**:ある $\rho > 0$ に対するコンパクト近傍 $S_\rho = \{\boldsymbol{\theta} : |\boldsymbol{\theta} - \boldsymbol{\theta}_0| \leq \rho\}$ において,$\dot{\Psi}(x,\boldsymbol{\theta})$ の成分はすべて一様に $K(x)$ で抑え

られている（条件 (3) による）．$\dot{i}_n(\boldsymbol{\theta}) = 0$ を満足して強一致性をもつ解の存在は $\Theta = S_\rho$ とおいたときの定理 17 より得られる．なぜなら，定理 17 の条件 (1),(2),(5) は自動的に確かめられる．条件 (4) は $f(x|\boldsymbol{\theta})$ の $\boldsymbol{\theta}$ に関する連続性から導かれる．条件 (3) を確かめるには，まず $U(x, \boldsymbol{\theta})$ を次のように展開する．

$$U(x, \boldsymbol{\theta}) = U(x, \boldsymbol{\theta}_0) + \Psi(x, \boldsymbol{\theta}_0)^t (\boldsymbol{\theta} - \boldsymbol{\theta}_0)$$
$$+ (\boldsymbol{\theta} - \boldsymbol{\theta}_0)^t \left(\int_0^1 \int_0^1 \lambda \dot{\Psi}(x, \boldsymbol{\theta}_0 + \lambda \mu (\boldsymbol{\theta} - \boldsymbol{\theta}_0)) d\lambda d\mu \right) (\boldsymbol{\theta} - \boldsymbol{\theta}_0)$$

$U(x, \boldsymbol{\theta}_0) = 0$ であること，$|\Psi(X, \boldsymbol{\theta}_0)|$ は可積分であること，$\dot{\Psi}$ の各成分は S_ρ において一様に $K(x)$ で上から抑えられていることなどにより，$U(x, \boldsymbol{\theta})$ もまた S_ρ において一様に可積分関数で上から抑えられていることが分かる．

2. 漸近正規性：$\dot{i}_n(\boldsymbol{\theta}) = \sum_{i=1}^n \Psi(X_i, \boldsymbol{\theta})$ を次のように展開する．

$$\dot{i}_n(\boldsymbol{\theta}) = \dot{i}_n(\boldsymbol{\theta}_0) + \left(\int_0^1 \sum_{i=1}^n \dot{\Psi}(X_i, \boldsymbol{\theta}_0 + \lambda (\boldsymbol{\theta} - \boldsymbol{\theta}_0)) d\lambda \right) (\boldsymbol{\theta} - \boldsymbol{\theta}_0)$$

ここで，$\dot{i}_n(\hat{\boldsymbol{\theta}}_n) = 0$ を満足する強一致的 $\hat{\boldsymbol{\theta}}_n$ を使って，$\boldsymbol{\theta} = \hat{\boldsymbol{\theta}}_n$ とおき，$\sqrt{n}$ で割ると次のように書ける．

$$\frac{1}{\sqrt{n}} \dot{i}(\boldsymbol{\theta}_0) = B_n \sqrt{n} (\hat{\boldsymbol{\theta}}_n - \boldsymbol{\theta}_0)$$

ただし，

$$B_n = -\int_0^1 \frac{1}{n} \sum_{i=1}^n \dot{\Psi}(X_i, \boldsymbol{\theta}_0 + \lambda (\hat{\boldsymbol{\theta}}_n - \boldsymbol{\theta}_0)) d\lambda$$

$E_{\boldsymbol{\theta}_0} \Psi(X, \boldsymbol{\theta}_0) = 0$ および $V_{\boldsymbol{\theta}_0}(\Psi(X, \boldsymbol{\theta}_0)) = \mathscr{I}(\boldsymbol{\theta}_0)$ を考慮すると，中心極限定理により次のことが分かる．

$$\frac{1}{\sqrt{n}} \dot{i}_n(\boldsymbol{\theta}_0) = \sqrt{n} \left(\frac{1}{n} \sum_{i=1}^n \Psi(X_i, \boldsymbol{\theta}_0) \right) \xrightarrow{\mathscr{L}} Z \in \mathscr{N}(0, \mathscr{I}(\boldsymbol{\theta}_0))$$

$B_n \xrightarrow{\text{a.s.}} \mathscr{I}(\boldsymbol{\theta}_0)$ を示せたら，最終的に B_n^{-1} が存在するようになり，スラツキーの定理により次のことが言える．

$$\sqrt{n}(\hat{\boldsymbol{\theta}}_n - \boldsymbol{\theta}_0) = B_n^{-1} \frac{1}{\sqrt{n}} \dot{i}(\boldsymbol{\theta}_0) \xrightarrow{\mathscr{L}} \mathscr{I}(\boldsymbol{\theta}_0)^{-1} Z \in \mathscr{N}(\boldsymbol{0}, \mathscr{I}(\boldsymbol{\theta})^{-1})$$

では，$B_n \xrightarrow{\text{a.s.}} \mathscr{I}(\boldsymbol{\theta}_0)$ を示そう．$\varepsilon > 0$ とする．$E_{\boldsymbol{\theta}_0} \dot{\Psi}(X, \boldsymbol{\theta})$ が条件 (2) と (3) によ

り $\boldsymbol{\theta}$ について連続であることから（ルベーグの優収束定理），次を満足する $\rho > 0$ を見つけられる．

$$|\boldsymbol{\theta} - \boldsymbol{\theta}_0| < \rho \implies |E_{\boldsymbol{\theta}_0} \dot{\Psi}(X, \boldsymbol{\theta}) + \mathscr{I}(\boldsymbol{\theta}_0)| < \varepsilon$$

次に，大数の一様強法則である定理 16(a) により，ある整数 N が存在して，任意の $n > N$ に対して確率 1 で次を満足するようにできる．

$$\sup_{\boldsymbol{\theta} \in S_\rho} \left| \frac{1}{n} \sum_{i=1}^n \dot{\Psi}(X_i, \boldsymbol{\theta}) - E_{\boldsymbol{\theta}_0}(\dot{\Psi}(X, \boldsymbol{\theta})) \right| < \varepsilon$$

さらに，任意の $n > N$ に対して $|\hat{\boldsymbol{\theta}}_n - \boldsymbol{\theta}_0| < \rho$ も成り立つように，N を十分大きくとると，$n > N$ のとき次が成り立つ．

$$\begin{aligned}
&|B_n - \mathscr{I}(\boldsymbol{\theta}_0)| \\
&\leq \int_0^1 \left| \frac{1}{n} \sum_{i=1}^n \dot{\Psi}(X_i, \boldsymbol{\theta}_0 + \lambda(\hat{\boldsymbol{\theta}}_n - \boldsymbol{\theta}_0)) + \mathscr{I}(\boldsymbol{\theta}_0) \right| d\lambda \\
&\leq \int_0^1 \sup_{\boldsymbol{\theta} \in S_\rho} \left(\left| \frac{1}{n} \sum_{i=1}^n \dot{\Psi}(X_i, \boldsymbol{\theta}) - E_{\boldsymbol{\theta}_0} \dot{\Psi}(X, \boldsymbol{\theta}) \right| + \left| E_{\boldsymbol{\theta}_0} \dot{\Psi}(X, \boldsymbol{\theta}) + \mathscr{I}(\boldsymbol{\theta}_0) \right| \right) d\lambda \\
&\leq 2\varepsilon \qquad\qquad\qquad\qquad\qquad\qquad\qquad\qquad\qquad\qquad\qquad\qquad\qquad\blacksquare
\end{aligned}$$

（補足） この定理により，最尤推定値 (MLE) は漸近正規性をもつ，と述べることがある．しかし，これは少々いい加減な解釈である．この定理が述べているのは，仮定した条件の下，尤度方程式の一致的な解の列で，フィッシャー情報量を分散の逆数とする漸近正規性をもつようなものが存在する，というだけのものである．この同じ条件の下で，MLE は尤度方程式を満足しないかもしれないし，満足したとしても一致的ではないかもしれない．17 章末の例と同様のものが定理 18 の条件を満足するように構成できる．ゆえに，MLE は尤度方程式の解であっても，一致的であるとは限らない．とはいえ，そのような例であっても一致的な解の列が存在し得るのである．推定量としてどのように解を選べばよいのか，この定理は何も教えてくれない．最尤方程式が多くの解をもち，あるいは尤度の極大点が多く存在することを示唆する単純な例を演習問題 18.5 で与える．

しかし，多くの応用では，定理 18 の条件の下，尤度方程式の解がすべての n において一意に求まるので，その解の列は一致的で，漸近正規性をもつ．

【微分演算と積分記号の交換】

補題 18.1. 任意に x を固定するときに，開区間 S に含まれるすべての θ において $(\partial/\partial\theta)g(x,\theta)$ が存在し，連続である．また，非負な可積分関数 $K(x)$ ($\int K(x)d\nu(x) < \infty$) が存在して，$S$ 上で $|(\partial/\partial\theta)g(x,\theta)| \leq K(x)$ である．さらに，S 上で $\int(\partial/\partial\theta)g(x,\theta)d\nu(x)$ が存在する．以上を仮定するとき次が成り立つ．
$$\frac{d}{d\theta}\int g(x,\theta)d\nu(x) = \int \frac{\partial}{\partial\theta}g(x,\theta)d\nu(x)$$

[証明] 平均値の定理により，次を得る．
$$\left|\frac{g(x,\theta+\delta)-g(x,\theta)}{\delta}\right| \leq \int_0^1 \left|\frac{\partial}{\partial\theta}g(x,\theta+\lambda\delta)\right|d\lambda \leq K(x)$$

次の等式の両辺で $\delta \to 0$ としたときの極限を考えるが，右辺ではルベーグの優収束定理を用いるとよい．
$$\frac{\int g(x,\theta+\delta)d\nu(x) - \int g(x,\theta)d\nu(x)}{\delta} = \int \frac{g(x,\theta+\delta)-g(x,\theta)}{\delta}d\nu(x) \quad \blacksquare$$

演習問題 18

18.1. 次の分布に対して MLE とその漸近分布を求めよ．

(a) $f(x|\theta) = \theta x^{\theta-1} I(0 < x < 1)$, $\Theta = (0, \infty)$

(b) $f(x|\theta) = (1-\theta)\theta^x$, $x = 0, 1, 2, ...$, $\Theta = (0, 1)$

18.2. 次のガンマ分布 $\mathscr{G}(\alpha, \beta)$ の母数の MLE に対する尤度方程式と漸近分布を求めよ．
$$f(x|\alpha, \beta) = \frac{1}{\Gamma(\alpha)\beta^\alpha} x^{\alpha-1} \exp\left(-\frac{x}{\beta}\right) I(x > 0)$$

$$\Theta = \{(\alpha, \beta)^t : \alpha > 0,\ \beta > 0\}$$

（注意）解を表現するには，**ディガンマ関数** $\digamma(\alpha) = (\partial/\partial\alpha)\log\Gamma(\alpha)$ と **トリガンマ関数** $\digamma'(\alpha) = (\partial^2/\partial\alpha^2)\log\Gamma(\alpha)$ を用いる．

18.3. 次の分布の母数の MLE に対する尤度方程式と漸近分布を求めよ．

$$f(x|\theta_1,\theta_2) = \exp(-\theta_2\cosh(x-\theta_1) - \varphi(\theta_2))$$
$$\Theta = \{(\theta_1,\theta_2)^t : \theta_2 > 0\}$$

ただし，φ は正規化のための定数である．

$$\varphi(\theta_2) = \log\int_{-\infty}^{\infty}\exp(-\theta_2\cosh(x))dx$$

18.4. 【**独立な確率変数に対するフィッシャー情報量の加法性**】 X と Y は互いに独立で，ともに θ に依存する密度をもつとする．また，フィッシャー情報行列 $\mathscr{I}_X(\theta)$ と $\mathscr{I}_Y(\theta)$ がそれぞれ存在すると仮定する．このとき，$(X,Y)^t$ に対するフィッシャー情報行列 $\mathscr{I}_{X,Y}(\theta)$ は $\mathscr{I}_X(\theta) + \mathscr{I}_Y(\theta)$ で与えられることを示せ．

18.5. $X_1,...,X_n$ をコーシー分布 $\mathscr{C}(\theta,1)$ からの標本とする．その順序統計量を $X_{(1)},...,X_{(n)}$ と表す．

  (a) $X_{(n)} > X_{(n-1)} + 2n$ のとき，$\dot{l}_n(\theta)$ は区間 $(X_{(n)} - 1, X_{(n)})$ の中に解をもつことを示せ．
  (b) $P(X_{(n)} > X_{(n-1)} + 2n)$ は，$n \to \infty$ のとき，ある正値に収束することを示せ（例 15.3 を参照せよ）．

18.6. 蛾の一種と考えられる昆虫が，一日当たりの捕獲率 λ で捕獲装置に誘引される．ある初日に捕獲された蛾の数を X として記録した．X は平均 λ のポアソン分布に従うと仮定する．その後，実際は 2 種類の類似した異なる種であると指摘されたので，2 日目の捕獲はそれを考慮してなされ，2 種類の蛾の数はそれぞれ Y_1 と Y_2 と記録された．これらは平均 λ_1 と λ_2 をもつポアソン分布と仮定される．ただし，$\lambda_1 + \lambda_2 = \lambda$ である．また，

X, Y_1, Y_2 は互いに独立であると仮定される.

(a) X, Y_1, Y_2 を用いて，λ_1 と λ_2 の最尤推定量を求めよ．

(b) λ_1 と λ_2 の値が大きいとき，λ_1 の最尤推定量の漸近分散は λ_1 と λ_2 を使ってどのように表現されるか．

18.7. $X_1, ..., X_n$ は次の密度をもつ分布からの標本である.

$$f(x|\theta_1, \theta_2) = \frac{1}{\theta_1 + \theta_2} \begin{cases} \exp(-x/\theta_1), & x > 0 \\ \exp(x/\theta_2), & x < 0 \end{cases}$$

ただし，$\theta_1 > 0$ と $\theta_2 > 0$ は未知母数である．

(a) 十分統計量 $S_1 = \sum_{i=1}^{n} X_i I(X_i > 0)$ と $S_2 = -\sum_{i=1}^{n} X_i I(X_i < 0)$ を用いて尤度関数を求めよ．$S_1 \geq 0$ かつ $S_2 \geq 0$ ではあるが，正の確率で $S_1 = 0$ または $S_2 = 0$ となり得ることに注意せよ．

(b) 尤度方程式を解いて，最尤推定量 $\hat{\theta}_1$ と $\hat{\theta}_2$ を求めよ．

(c) フィッシャー情報行列を求めよ．

(d) $\hat{\theta}_1$ と $\hat{\theta}_2$ の同時漸近分布を求めよ．

18.8.【カルバック・ライブラー情報量とフッシャー情報量との関係】 1 母数指数型分布族に従う密度関数 f_θ について考える．ただし，θ は自然パラメータとする．つまり，

$$f_\theta(x) = \exp(\theta T(x) - c(\theta))h(x)$$

θ_0 を自然母数空間の内点とする．任意の母数 θ に対してカルバック・ライブラー情報量 $K(f_{\theta_0}, f_\theta)$ とフィッシャー情報量 $\mathscr{I}(\theta)$ を求め，$\theta \to \theta_0$ のとき $K(f_{\theta_0}, f_\theta) \sim (\theta - \theta_0)^2 \mathscr{I}(\theta_0)/2$ であることを示せ．

第19章 クラメール・ラオの下界

　この章では**クラメール・ラオの情報不等式**を与える．この不等式は，任意の統計量の分散とフィッシャー情報量とを関係付けてくれる．ある分布からの標本に基づき母数推定を行うとき，この不等式はクラメール・ラオの下界を与えるものとして知られている．ある不偏推定量がこの下界を与えたとすると，自動的にその不偏推定量は最良であることを意味する．不偏推定量ではその下界を達成することができない例や，達成可能であってもその推定量が許容的でない例も与える．また，多次元母数についての不等式を導くときに，局外母数の値が未知であるときの影響についても考えることにする．

　まずは最も簡単な場合，つまり1次元母数空間 Θ（$\mathbb{R}$ の開区間）について考えてみよう．$\theta \in \Theta$ のとき，X（観測値はベクトルであってもよい）が測度 ν に関する密度関数 $f(x|\theta)$ をもつとする．$(\partial/\partial\theta)f(x|\theta)$ が存在して確率変数とみなせるとき，フィッシャー情報量は次で定義される．

$$\mathscr{I}(\theta) = V_\theta \left(\frac{\partial}{\partial \theta} \log f(X|\theta) \right) \tag{1}$$

定理 19 クラメール・ラオの情報不等式

　θ の推定量 $\hat{\theta}(X)$ を考え，有限な期待値 $g(\theta) = E_\theta \hat{\theta}(X)$ をもつとする．$(\partial/\partial\theta)f(x|\theta)$ が存在し，偏微分演算 $\partial/\partial\theta$ は，積分 $\int f(x|\theta)d\nu(x) = 1$ と $\int \hat{\theta}(x)f(x|\theta)d\nu(x) = g(\theta)$ において積分記号と交換可能であると仮定する．また，フィッシャー情報量が存在し，$\mathscr{I}(\theta) > 0$ であると仮定する．このとき，任意の $\theta \in \Theta$ において次の不等式が成り立つ．

$$V_\theta \left(\hat{\theta}(X) \right) \geq \frac{\dot{g}(\theta)^2}{\mathscr{I}(\theta)} \tag{2}$$

さらに，ある θ において等号が成り立つための必要十分条件は，$(\partial/\partial\theta)\log f(x|\theta)$

と $\hat{\theta}(x)$ との間に線形関係が存在することである.

[**証明**]　$\Psi(x,\theta) = (\partial/\partial\theta)\log f(x,\theta)$ とおく. このとき, 適当な条件のもとで, すべての θ において次が成り立つ.

$$E_\theta \Psi(X,\theta) = \int \frac{\partial}{\partial\theta} f(x|\theta) d\nu(x) = 0$$

また,

$$\begin{aligned}
\frac{\partial}{\partial\theta} g(\theta) &= \frac{\partial}{\partial\theta} \int \hat{\theta}(x) f(x|\theta) d\nu(x) \\
&= \int \hat{\theta}(x) \frac{\partial}{\partial\theta} f(x|\theta) d\nu(x) \\
&= E_\theta \left(\hat{\theta}(X) \Psi(X,\theta) \right) \\
&= \mathrm{Cov}_\theta \left(\hat{\theta}(X), \Psi(X,\theta) \right)
\end{aligned}$$

も成り立つので, 不等式 $\mathrm{Cov}(U,W)^2 \leq V(U) \cdot V(W)$ (相関係数は -1 から 1 の間にあることを意味し, 等号条件は U と W の間に線形関係が成り立つときである) を用いて

$$\dot{g}(\theta)^2 \leq V_\theta(\hat{\theta}(X)) \cdot V_\theta(\Psi(X,\theta))$$

が成り立つので, $\mathscr{I}(\theta) = V_\theta(\Psi(X,\theta))$ であることにより証明を得る. ∎

(**補足**)　この定理の「さらに」の部分における「ある θ において等号が成り立つための必要十分条件は $(\partial/\partial\theta)\log f(x|\theta)$ と $\hat{\theta}(x)$ との間に線形関係が存在する」とは, 「ある θ において (2) 式の等号が成り立つとき, その θ に依存する定数 a' と b' が存在して $\Psi(x,\theta) = b'\hat{\theta}(x) + a'$ である」という意味である. すべての θ において (2) 式の等号が成り立つときは, すべての θ で $\Psi(x,\theta) = b'\hat{\theta}(x) + a'$ が成り立つということなので, (θ について積分することにより) $f(x|\theta) = \hat{\theta}(x)b(\theta) + a(\theta) + c(x)$ を得る. 言い換えると, $\hat{\theta}(x)$ を用いてすべての θ において上の情報不等式の等号が達成できるための必要十分条件は, $\hat{\theta}(x)$ がある測度 ν に関する指数型分布族

$$f(x|\theta) = \exp\left(\hat{\theta}(x)b(\theta) + a(\theta)\right) h(x) \tag{3}$$

の自然な十分統計量になっているということである.

一例を挙げよう.ベータ分布 $\mathscr{B}e(\alpha,1)$, $\alpha>1$ の密度関数は指数型の形式では $f(x|\alpha)=\exp((\alpha-1)\log x+\log\alpha)I(0<x<1)$ と表される.よって,$\hat{\theta}=-\log x$ は,この期待値 $g(\alpha)=E_\alpha(-\log X)=1/\alpha$ の不偏推定量であり,(2) 式の等号をすべての α において達成する(演習問題 19.1 を参照せよ).さらには,すべての α において (2) 式の等号を達成する関数は,スカラーを加えたり,掛けたりする変形を除けば,$-\log X$ のみである.

(補足) 推定に偏りがある観点から情報不等式を見てみるのも面白い.θ を推定するとき,その推定値 $\hat{\theta}(X)$ の偏りは $b(\theta)=E_\theta\hat{\theta}(X)-\theta$ で定義される.このとき,$\dot{g}(\theta)=1+\dot{b}(\theta)$ なので,$\hat{\theta}$ の分散の下界として次が与えられる.

$$V_\theta(\hat{\theta}(X))\geq\frac{(1+\dot{b}(\theta))^2}{\mathscr{I}(\theta)}$$

$\hat{\theta}(X)$ が θ の不偏推定量ときは,$b(\theta)\equiv 0$ であり,ゆえに θ の不偏推定量の分散に対する下界が得られる.

$$V_\theta(\hat{\theta}(X))\geq\mathscr{I}(\theta)^{-1}$$

$X_1,...,X_n$ を $f(x|\theta)$ からの大きさ n の標本とするとき,$\prod_{i=1}^n f(x_i|\theta)$ から計算されるフィッシャー情報量は,大きさ 1 の標本から計算されるフィッシャー情報量の n 倍である.

$$\mathscr{I}_n(\theta)=V_\theta\left(\frac{\partial}{\partial\theta}\log\prod_{i=1}^n f(x_i|\theta)\right)=\sum_{i=1}^n V_\theta\left(\frac{\partial}{\partial\theta}\log f(x_i|\theta)\right)=n\mathscr{I}_1(\theta)$$

以上を踏まえると,$f(x|\theta)$ からの大きさ 1 の標本に関するフィッシャー情報量を用いて,θ の推定量 $\hat{\theta}(X_1,...,X_n)$ の分散の下界が次のように得られる.

$$V_\theta(\hat{\theta}(X_1,...,X_n))\geq\frac{(1+\dot{b}(\theta))^2}{n\mathscr{I}(\theta)}$$

ただし,$b(\theta)$ は $\hat{\theta}$ の偏りであり,$\mathscr{I}(\theta)$ は大きさ 1 の標本のもつフィッシャー情報量である.この右辺は**クラメール・ラオの下界**と呼ばれる.

例 19.1. α を既知とし，ガンマ分布 $\mathscr{G}(\alpha,\beta)$ からの標本を $X_1, X_2, ..., X_n$ とすると，β の不偏推定量 $\hat{\beta}$ の分散の下界は次のように与えられる．

$$V_\beta(\hat{\beta}(X_1, X_2, ..., X_n)) \geq \frac{1}{n(\alpha/\beta^2)} = \frac{\beta^2}{n\alpha}$$

ここでは，演習問題 18.2 で求めた $\mathscr{I}(\beta) = \alpha/\beta^2$ を用いている．この問題において，$S_n = \sum_{i=1}^n X_i$ は β の十分統計量であり，S_n の分布はガンマ分布 $\mathscr{G}(n\alpha, \beta)$ である．よって，$ES_n = n\alpha\beta$, $V(S_n) = n\alpha\beta^2$ である．これらにより，$\hat{\beta} = S_n/(n\alpha) = \bar{X}_n/\alpha$ は β の不偏推定量であり，

$$V_\beta(\hat{\beta}) = \frac{V(S_n)}{n^2\alpha^2} = \frac{n\alpha\beta^2}{n^2\alpha^2} = \frac{\beta^2}{n\alpha}$$

となるので，$\hat{\beta}$ は β の最良不偏推定量である．この結果はまた，$\bar{X}_n$ が β の完備十分統計量であるということからも確かめられる．なぜなら，完備十分統計量の関数はその期待値の最良不偏推定量だからである．

例 19.2. 例 19.1 で $\theta = 1/\beta$ の不偏推定量の分散の下界を見つけたいとしよう．$g(\beta) = 1/\beta$ とおき，直接的に情報不等式を用いてもよいが，$\theta = 1/\beta$ と母数変換を行い，あらためてクラメール・ラオ不等式を適用してもよい．前者で行えば，$g(\beta) = 1/\beta$ の不偏推定量の分散に関する下界は $(-1/\beta^2)^2\beta^2/(n\alpha) = 1/(n\alpha\beta^2)$ である．実際に計算すると，$E(1/S_n) = 1/((n\alpha-1)\beta)$, $V(1/S_n) = 1/((n\alpha-1)^2(n\alpha-2)\beta^2)$ なので，$\hat{\theta} = (n\alpha-1)S_n$ は $\theta = 1/\beta$ の不偏推定量である．また，これは完備十分統計量でもあるので，$\hat{\theta}$ は $\theta = 1/\beta$ の最良不偏推定量であり，その分散は次で与えられる．

$$V(\hat{\theta}) = (n\alpha-1)^2 V\left(\frac{1}{S_n}\right) = \frac{1}{(n\alpha-2)\beta^2}$$

これはクラメール・ラオの下界よりも真に大きい．この例により，クラメール・ラオの下界は到達できない場合もあることが分かる．

例 19.3. $X_1,...,X_n$ を正規分布 $\mathcal{N}(\mu,\sigma^2)$ からの標本とする．ただし，μ は既知とする．$g(\sigma) = \sigma^2$ を推定したいとしよう．例 18.2 の結果と $\dot{g}(\sigma) = 2\sigma$ による情報不等式により，σ^2 の不偏推定量の分散の下界として $(2\sigma)^2/(n(2/\sigma^2)) = 2\sigma^4/n$ を得る．$\hat{\sigma}^2 = (1/n)\sum_{i=1}^n (X_i - \mu)^2$ は完備十分統計量で，σ^2 の不偏推定量なので，それは σ^2 の最良不偏推定量である．実際，

$$V(\hat{\sigma}^2) = \frac{1}{n^2}\sum_{i=1}^n V((X_i-\mu)^2) = n \cdot \frac{2\sigma^4}{n^2} = \frac{2\sigma^4}{n}$$

なので，下界は到達できている．しかし，不偏でない推定量で $\hat{\sigma}^2$ よりも良いものが存在する．つまり，平均 2 乗誤差が一様に小さな推定量が存在する．それは $\tilde{\sigma}^2 = (1/(n+2))\sum_{i=1}^n (X_i - \mu)^2$ である．平均 2 乗誤差は分散と偏りの 2 乗との和なので，次のように求められる．

$$MSE_\sigma(\tilde{\sigma}^2) = \frac{2n\sigma^4}{(n+2)^2} + \left(\frac{n\sigma^2}{n+2} - \sigma^2\right)^2 = \frac{2\sigma^4}{n+2}$$

これは $MSE_\sigma(\hat{\sigma}^2) = 2\sigma^4/n$ よりも小さい．ある不偏推定量がクラメール・ラオの下界を達成するからといって，少しは役立つだろうとは必ずしもならないのである．

【母数がベクトルの場合への拡張】 k 次元母数空間 Θ へ情報不等式を拡張するには，共分散行列の比較が必要になる．2 つの $k \times k$ 共分散行列行列 Σ_1 と Σ_2 において，$\Sigma_1 - \Sigma_2$ が非負定値のとき，つまり，任意の $a \in \mathbb{R}^k$ に対して $a^t(\Sigma_1 - \Sigma_2)a \geq 0$ が成り立つとき，$\Sigma_1 \geq \Sigma_2$ と定義する．

定理 19′

Θ を $\mathbb{R}^k$ の開集合とし，$\theta \in \Theta$ のとき，X は測度 ν に関する密度 $f(x|\theta)$ をもつとする．また，すべての $\theta \in \Theta$ において，フィッシャー情報行列 $\mathscr{I}(\theta)$ が存在し，正則であると仮定する．さらに，$\hat{\theta}(x)$ を r 次元ベクトル値関数とし，$g(\theta) = E_\theta \hat{\theta}(X)$ が存在し，Θ の中にあるとする．最後に，$(\partial/\partial\theta)f(x|\theta)$ が存在し，偏微分演算 $\partial/\partial\theta$ は積分 $\int f(x|\theta)d\nu(x)$ と $\int \hat{\theta}(x)f(x|\theta)d\nu(x)$ において

積分記号と交換可能と仮定する．このとき，次が成り立つ．

$$V_{\boldsymbol{\theta}}(\hat{\boldsymbol{g}}(X)) \geq \dot{\boldsymbol{g}}(\boldsymbol{\theta})\mathscr{I}(\boldsymbol{\theta})^{-1}\dot{\boldsymbol{g}}(\boldsymbol{\theta})^t$$

ただし，$\dot{\boldsymbol{g}}(\boldsymbol{\theta})$ は $\boldsymbol{g}(\boldsymbol{\theta})$ の $r \times k$ 偏微分行列である．

[証明] k 次元ベクトル値関数 $\boldsymbol{\Psi}(x,\boldsymbol{\theta}) = ((\partial/\partial\boldsymbol{\theta})\log f(x|\boldsymbol{\theta}))^t$ を定義する．前の証明と同様に，次を得る．

$$E_{\boldsymbol{\theta}}\boldsymbol{\Psi}(X,\boldsymbol{\theta}) = 0, \quad \dot{\boldsymbol{g}}(\boldsymbol{\theta}) = \mathrm{Cov}_{\boldsymbol{\theta}}(\hat{\boldsymbol{g}}(X), \boldsymbol{\Psi}(X,\boldsymbol{\theta})) = E_{\boldsymbol{\theta}}\hat{\boldsymbol{\theta}}\boldsymbol{\Phi}^t$$

このとき次のように計算できる．ただし，表記を簡単にするために，$\hat{\boldsymbol{\theta}} = \hat{\boldsymbol{\theta}}(X)$, $\dot{\boldsymbol{g}} = \dot{\boldsymbol{g}}(\boldsymbol{\theta})$, $\boldsymbol{\Psi} = \boldsymbol{\Psi}(\boldsymbol{\theta})$, $\mathscr{I} = \mathscr{I}(\boldsymbol{\theta})$ で略記してある．

$$\begin{aligned}
V_{\boldsymbol{\theta}}&(\hat{\boldsymbol{\theta}} - \dot{\boldsymbol{g}}\mathscr{I}^{-1}\boldsymbol{\Psi}) \\
&= V_{\boldsymbol{\theta}}(\hat{\boldsymbol{\theta}}) - E_{\boldsymbol{\theta}}\hat{\boldsymbol{\theta}}(\dot{\boldsymbol{g}}\mathscr{I}^{-1}\boldsymbol{\Psi})^t - E_{\boldsymbol{\theta}}\dot{\boldsymbol{g}}\mathscr{I}^{-1}\boldsymbol{\Psi}\hat{\boldsymbol{\theta}}^t + V_{\boldsymbol{\theta}}(\dot{\boldsymbol{g}}\mathscr{I}^{-1}\boldsymbol{\Psi}) \\
&= V_{\boldsymbol{\theta}}(\hat{\boldsymbol{\theta}}) - E_{\boldsymbol{\theta}}(\hat{\boldsymbol{\theta}}\boldsymbol{\Psi}^t)\mathscr{I}^{-1}\dot{\boldsymbol{g}}^t - \dot{\boldsymbol{g}}\mathscr{I}^{-1}E_{\boldsymbol{\theta}}(\boldsymbol{\Psi}\hat{\boldsymbol{\theta}}^t) + \dot{\boldsymbol{g}}\mathscr{I}^{-1}V_{\boldsymbol{\theta}}(\boldsymbol{\Psi})\mathscr{I}^{-1}\dot{\boldsymbol{g}}^t \\
&= V_{\boldsymbol{\theta}}(\hat{\boldsymbol{\theta}}) - 2\dot{\boldsymbol{g}}\mathscr{I}^{-1}\dot{\boldsymbol{g}}^t + \dot{\boldsymbol{g}}\mathscr{I}^{-1}\mathscr{I}\mathscr{I}^{-1}\dot{\boldsymbol{g}}^t \\
&= V_{\boldsymbol{\theta}}(\hat{\boldsymbol{\theta}}) - \dot{\boldsymbol{g}}\mathscr{I}^{-1}\dot{\boldsymbol{g}}^t \geq 0
\end{aligned}$$

■

(補足) 大きさ n の標本に基づく $\boldsymbol{\theta}$ の不偏推定量の分散に対するクラメール・ラオの下界は，$\dot{\boldsymbol{g}}(\boldsymbol{\theta}) = \mathbf{I}$ なので，次で与えられる．

$$V_{\boldsymbol{\theta}}(\hat{\boldsymbol{\theta}}(X_1,...,X_n)) \geq \frac{1}{n}\mathscr{I}(\boldsymbol{\theta})^{-1}$$

【局外母数の影響】 θ_1 の推定において，他の母数が既知ならば，その下界は $1/(n\mathscr{I}_{11}(\boldsymbol{\theta}))$ で与えられる．ただし，$\mathscr{I}_{11}(\boldsymbol{\theta})$ は $\mathscr{I}(\boldsymbol{\theta})$ の左上隅の要素である．他の母数が未知な場合は，その下界は $\mathscr{I}^{11}(\boldsymbol{\theta})/n$ で与えられる．ただし，$\mathscr{I}^{11}(\boldsymbol{\theta})$ は $\mathscr{I}(\boldsymbol{\theta})^{-1}$ の左上隅の要素である．関係式 $\mathscr{I}^{11}(\boldsymbol{\theta}) = 1/\mathscr{I}_{11}(\boldsymbol{\theta})$ は成り立つこともあるし，成り立たないこともある．

例 19.4. 例 18.2 の正規分布 $\mathcal{N}(\mu, \sigma^2)$ の場合,次のように求められた.

$$\mathcal{I}(\mu, \sigma) = \begin{pmatrix} 1/\sigma^2 & 0 \\ 0 & 2/\sigma^2 \end{pmatrix}$$

ゆえに,

$$\mathcal{I}(\mu, \sigma)^{-1} = \begin{pmatrix} \sigma^2 & 0 \\ 0 & \sigma^2/2 \end{pmatrix}$$

である.この例では,μ の不偏推定量 $\bar{X}_n$ が存在し,その分散は下界である σ^2/n を達成している.また,この下界は σ^2 が既知であっても未知であっても同じ値をとる.

例 19.5. ガンマ分布 $\mathscr{G}(\alpha, \beta)$ に関する例 19.1 では,α が既知な場合は,$\hat{\beta} = \bar{X}_n/\alpha$ が β の最良不偏推定量であり,クラメール・ラオの下界を達成することを見た.α が未知な場合は,この推定量は利用できない.実際,フィッシャー情報行列(演習問題 18.2)は次で与えられ,

$$\mathcal{I}(\boldsymbol{\theta})^{-1} = \begin{pmatrix} \mathbb{F}(\alpha) & 1/\beta \\ 1/\beta & \alpha/\beta^2 \end{pmatrix}^{-1} = \frac{\beta^2}{\alpha \mathbb{F}(\alpha) - 1} \begin{pmatrix} \alpha/\beta^2 & -1/\beta \\ -1/\beta & \mathbb{F}(\alpha) \end{pmatrix}$$

β のいかなる不偏推定量も $\beta^2 \mathbb{F}(\alpha)/(n(\alpha \mathbb{F}(\alpha) - 1))$ よりも小さな分散をもつことはできない.また,その下界は,α が既知のときの β の推定量 $\bar{X}_n/\alpha$ がもつ分散 $\beta^2/(n\alpha)$ よりも大きい.

演習問題 19

19.1. $X_1, ..., X_n$ をベータ分布 $\mathscr{B}e(\theta, 1)$,$f(x|\theta) = \theta x^{\theta-1} I(0 < x < 1)$ からの標本とする.

(a) $1/\theta$ の MLE を求め,不偏であること,クラメール・ラオの下界を達成することを示せ.

(b) $\bar{X}_n$ が $\theta/(\theta+1)$ の不偏推定量であることを示せ.また,その分散とクラメール・ラオの下界とを比較せよ.

19.2. 2次元正規分布の密度関数は次で与えられる.

$$f(x,y|\boldsymbol{\theta}) = \frac{1}{2\pi\sqrt{1-\rho^2}\sigma_1\sigma_2} \exp\left(-\frac{1}{2(1-\rho^2)}\left(\left(\frac{x-\mu_1}{\sigma_1}\right)^2\right.\right.$$
$$\left.\left. -2\rho\left(\frac{x-\mu_1}{\sigma_1}\right)\left(\frac{y-\mu_2}{\sigma_2}\right) + \left(\frac{y-\mu_2}{\sigma_2}\right)^2\right)\right)$$

ただし, $\boldsymbol{\theta} = (\mu_1, \mu_2, \sigma_1, \sigma_2, \rho)^t$ である. 以下の結果を確かめよ.

$$\mathscr{I}(\boldsymbol{\theta}) = \frac{1}{1-\rho^2}\begin{pmatrix} \frac{1}{\sigma_1^2} & -\frac{\rho}{\sigma_1\sigma_2} & 0 & 0 & 0 \\ -\frac{\rho}{\sigma_1\sigma_2} & \frac{1}{\sigma_2^2} & 0 & 0 & 0 \\ 0 & 0 & \frac{2-\rho^2}{\sigma_1^2} & -\frac{\rho^2}{\sigma_1\sigma_2} & -\frac{\rho}{\sigma_1} \\ 0 & 0 & -\frac{\rho^2}{\sigma_1\sigma_2} & \frac{2-\rho^2}{\sigma_2^2} & -\frac{\rho}{\sigma_2} \\ 0 & 0 & -\frac{\rho}{\sigma_1} & -\frac{\rho}{\sigma_2} & \frac{1+\rho^2}{1-\rho^2} \end{pmatrix}$$

$$\mathscr{I}(\boldsymbol{\theta})^{-1} = \begin{pmatrix} \sigma_1^2 & \rho\sigma_1\sigma_2 & 0 & 0 & 0 \\ \rho\sigma_1\sigma_2 & \sigma_2^2 & 0 & 0 & 0 \\ 0 & 0 & \frac{\sigma_1^2}{2} & \frac{\rho^2\sigma_1\sigma_2}{2} & \frac{\rho\sigma_1(1-\rho^2)}{2} \\ 0 & 0 & \frac{\rho^2\sigma_1\sigma_2}{2} & \frac{\sigma_2^2}{2} & \frac{\rho\sigma_2(1-\rho^2)}{2} \\ 0 & 0 & \frac{\rho\sigma_1(1-\rho^2)}{2} & \frac{\rho\sigma_2(1-\rho^2)}{2} & (1-\rho^2)^2 \end{pmatrix}$$

19.3. 上の計算結果を用いて, 大きさ n の標本に基づいた, 以下の不偏推定量の分散の下界を求めよ.

(a) $\mu_1 - \mu_2$

(b) μ_1/σ_1

(c) $\sigma_{12} = \rho\sigma_1\sigma_2$

19.4. $X_1, ..., X_n$ はそれぞれ独立に平均 $\exp(\theta z_1), ..., \exp(\theta z_n)$ をもつポアソン分布に従うとする. ただし, $z_1, ..., z_n$ は既知である. $X_1, ..., X_n$ に基づく θ の不偏推定量の分散に対するクラメール・ラオの下界を求めよ.

19.5. X が区間 $(0, \theta)$ 上の一様分布に従うとする．ただし，$\theta \in \Theta = (0, \infty)$ である．

(a) 微分演算 $\partial/\partial\theta$ は $\int f(x|\theta)d\nu(x) = 1$ の積分記号と交換可能でないことを確かめよ．

(b) $V_\theta((\partial/\partial\theta)\log f(X|\theta)) = 0$ であることを示せ．つまり，クラメール・ラオの下界は無限大である．

(c) $2X$ は θ の不偏推定量であり，有限の分散をもつことを確かめよ．

第20章 漸近有効性

　この章では，推定量列の分散の極限がクラメール・ラオの下界となるとき，その列は漸近的に有効であるという定義を導入する．また，超有効性という現象についても少し紹介する．しかし，ここでの主な目的は，準有効的な推定量列がスコア法でいかに改良できるか，あるいはスコア法を1回適用するだけでも漸近的有効性を獲得するのに通常は十分であると示すことにある．

　定理18の条件の下で，MLE $\hat{\theta}$ はかなり強い意味で漸近的に不偏であることが示せている．というのも，真の θ が何であっても，$\sqrt{n}(\hat{\theta}_n - \theta)$ は平均 $\mathbf{0}$ での漸近正規性をもっていることも示せたからである．加えて，MLEの漸近分散は $(1/n)\mathscr{I}^{-1}(\theta)$ なので，大きさ n の標本に基づく θ の不偏推定量の分散のクラメール・ラオの下限を達成しているのである．

定義 20.1. $X_1, X_2, \ldots$ は独立同分布で，母数 $\theta \in \Theta$ をもつ分布に従う確率変数列とする．$X_1, \ldots, X_n$ で定義される θ の推定量 $\hat{\theta}_n$ に関して，真の値 θ が何であっても $\sqrt{n}(\tilde{\theta}_n - \theta) \xrightarrow{\mathscr{L}} \mathscr{N}(\mathbf{0}, \boldsymbol{\Sigma}(\theta))$ が成り立つとする．このとき，すべての $\theta \in \Theta$ において $\boldsymbol{\Sigma}(\theta) = \mathscr{I}(\theta)^{-1}$ が成り立つならば，推定量の列 $\tilde{\theta}_n$ は**漸近的に有効**であるといわれる．

　定義により，定理18の条件の下でMLEは漸近的に有効である．確かに，不偏推定量の列は，任意の $\theta \in \Theta$ において漸近的に $\mathscr{I}(\theta)^{-1}$ よりも小さな分散をもちえない．そこで，漸近正規性をもつどのような推定量の列も任意の θ において漸近的に $\mathscr{I}(\theta)^{-1}$ よりも小さな分散をもちえない，と言いたくなる．しかし，これがまったく正しくないことはホッジスによる次の例で見ることができる（Le Cam(1953) を参照せよ）．

例 20.1. $\hat{\theta}_n$ を MLE（1 次元）とし，任意の真の値 θ において $\sqrt{n}(\hat{\theta}_n - \theta) \xrightarrow{\mathscr{L}} \mathscr{N}(0, \mathscr{I}(\theta)^{-1})$ が成り立っているとする．また，θ_0 を θ の任意に固定された値とする．次を定義する．

$$\tilde{\theta}_n = \begin{cases} \theta_0, & |\hat{\theta}_n - \theta_0| \leq \frac{1}{\sqrt[4]{n}} \\ \hat{\theta}_n, & |\hat{\theta}_n - \theta_0| > \frac{1}{\sqrt[4]{n}} \end{cases}$$

$\theta \neq \theta_0$ の場合,

$$\begin{aligned} P_\theta(\hat{\theta}_n \neq \tilde{\theta}_n) &\leq P_\theta\left(|\hat{\theta}_n - \theta_0| \leq \frac{1}{\sqrt[4]{n}}\right) \\ &\leq P_\theta\left(|\theta - \theta_0| - |\hat{\theta}_n - \theta| \leq \frac{1}{\sqrt[4]{n}}\right) \\ &= P_\theta\left(|\hat{\theta}_n - \theta| \geq |\theta - \theta_0| - \frac{1}{\sqrt[4]{n}}\right) \\ &= P_\theta\left(\sqrt{n}|\hat{\theta}_n - \theta| \geq \sqrt{n}|\theta - \theta_0| - \sqrt[4]{n}\right) \longrightarrow 0 \end{aligned}$$

ゆえに，$\hat{\theta}_n$ と $\tilde{\theta}_n$ は漸近的に同値となり，次を得る．

$$\sqrt{n}(\tilde{\theta}_n - \theta) \xrightarrow{\mathscr{L}} \mathscr{N}(0, \mathscr{I}(\theta)^{-1})$$

$\theta = \theta_0$ の場合,

$$\begin{aligned} P_{\theta_0}(\tilde{\theta}_n = \theta_0) &= P_{\theta_0}\left(|\hat{\theta}_n - \theta_0| \leq \frac{1}{\sqrt[4]{n}}\right) \\ &= P_{\theta_0}\left(\sqrt{n}|\hat{\theta}_n - \theta_0| \leq \sqrt[4]{n}\right) \longrightarrow 1 \end{aligned}$$

ゆえに，$\theta = \theta_0$ のとき，$\sqrt{n}(\tilde{\theta}_n - \theta) \xrightarrow{\mathscr{L}} \mathscr{N}(0,0)$ である．まとめると，$\sqrt{n}(\tilde{\theta}_n - \theta) \xrightarrow{\mathscr{L}} \mathscr{N}(0, \sigma^2(\theta))$ と表現できる．ただし，

$$\sigma^2(\theta) = \begin{cases} \mathscr{I}(\theta)^{-1}, & \theta \neq \theta_0 \\ 0, & \theta = \theta_0 \end{cases}$$

つまり，$\tilde{\theta}_n$ は**超有効**な推定量である．

【準有効な推定量の改良】 積率法を用いると通常，漸近正規性をもつ推定量が得られる．これらの推定量が漸近有効的である場合もある．例えば，ポアソン分布 $\mathscr{P}(\theta)$ の θ を $\bar{X}_n$ で推定する場合や，正規分布 $\mathscr{N}(\mu,\sigma^2)$ の (μ,σ^2) を $(\bar{X}_n, s_x^2)$ で推定する場合など MLE と積率法が一致する場合である．しかし，大抵はそうではない．となると，MLE の利用を好むことになるのだろうが，一般に MLE の計算は難しいという難点をもつ．尤度方程式 $\dot{l}_n(\boldsymbol{\theta})=0$ は高度に非線形的になりがちで，そういった場合には解を求めるのに近似的数値計算法に頼らなければならない．1つの解決策は，積率法や標本分位点などに基づく簡単に計算できるような初期推定値を設定して，**ニュートン法**を用いることである．この方法は初期推定値 $\hat{\boldsymbol{\theta}}^{(0)}$ から出発して，次の漸化式により願わくば改良されていてほしい推定量の列を帰納的に生成する．

$$\hat{\boldsymbol{\theta}}^{(k+1)} = \hat{\boldsymbol{\theta}}^{(k)} - \ddot{l}_n(\hat{\boldsymbol{\theta}}^{(k)})^{-1} \dot{l}_n(\hat{\boldsymbol{\theta}}^{(k)}), \ k=0,1,2,...$$

フィッシャー情報行列が求められるとき，この方法は簡素化できる．通常，$(1/n)\ddot{l}_n(\hat{\boldsymbol{\theta}}^{(k)})$ は $n\to\infty$ のとき $-\mathscr{I}(\boldsymbol{\theta})$ に収束するので，繰り返しにおいて $-\mathscr{I}(\hat{\boldsymbol{\theta}}^{(k)})$ で置き換えると，

$$\hat{\boldsymbol{\theta}}^{(k+1)} = \hat{\boldsymbol{\theta}}^{(k)} + \frac{1}{n}\mathscr{I}(\hat{\boldsymbol{\theta}}^{(k)})^{-1} \dot{l}_n(\hat{\boldsymbol{\theta}}^{(k)}), \ k=0,1,2,...$$

が得られる．これは**スコア法**と呼ばれている．**スコア** $(1/n)\mathscr{I}(\hat{\boldsymbol{\theta}}^{(k)})^{-1}\dot{l}_n(\hat{\boldsymbol{\theta}}^{(k)})$ は推定量を改良するために追加される量である．

例 20.2.【ロジスティック分布】 $X_1,...,X_n$ は次の密度からの標本とする．

$$f(x|\theta) = \frac{\exp(x-\theta)}{(1+\exp(x-\theta))^2}$$

対数尤度関数は次で与えられる．

$$l_n(\theta) = \sum_{i=1}^n (X_i - \theta) - 2\sum_{i=1}^n \log(1+\exp(X_i-\theta))$$

よって，尤度方程式は

$$\dot{l}_n(\theta) = -n + 2\sum_{i=1}^{n} \frac{\exp(X_i - \theta)}{1 + \exp(X_i - \theta)} = 0, \text{ または } \frac{1}{n}\sum_{i=1}^{n} \frac{1}{1 + \exp(X_i - \theta)} = \frac{1}{2}$$

l_n の 2 次の微分は次で求められる．

$$\ddot{l}_n(\theta) = -2\sum_{i=1}^{n} \frac{\exp(X_i - \theta)}{(1 + \exp(X_i - \theta))^2}$$

これにより，ニュートン法が容易に適用できる．$\mathscr{I}(\theta) = 1/3$ なので（位置母数分布族の $\mathscr{I}(\boldsymbol{\theta})$ は定数になる），スコア法はさらに簡単である．初期推定量としては標本中央値 m_n や標本平均 $\bar{X}_n$ を用いればよい．これらの漸近分布は次で与えられる．

$$\sqrt{n}(m_n - \theta) \xrightarrow{\mathscr{L}} \mathscr{N}\left(0, \frac{1}{4f(0|0)^2}\right) = \mathscr{N}(0, 4)$$

$$\sqrt{n}(\bar{X}_n - \theta) \xrightarrow{\mathscr{L}} \mathscr{N}\left(0, \frac{\pi^2}{3}\right) = \mathscr{N}(0, 3.2899...)$$

MLE $\hat{\theta}_n$ の場合は，

$$\sqrt{n}(\hat{\theta}_n - \theta) \xrightarrow{\mathscr{L}} \mathscr{N}\left(0, \mathscr{I}(\theta)^{-1}\right) = \mathscr{N}(0, 3)$$

なので，次の漸化式を

$$\hat{\theta}^{(k+1)} = \hat{\theta}^{(k)} + 3\left(1 - \frac{2}{n}\sum_{i=1}^{n} \frac{1}{1 + \exp(X_i - \theta^{(k)})}\right)$$

1 回または 2 回ほど繰り返せば，m_n や $\bar{X}_n$ を改良できるだろう．

例 20.3.【ガンマ分布】$X_1, ..., X_n$ は次の密度からの標本とする．

$$f(x|\theta) = \frac{1}{\Gamma(\alpha)\beta^\alpha}\exp\left(-\frac{x}{\beta}\right)x^{\alpha-1}I(x>0)$$

ただし，$\alpha > 0$ と $\beta > 0$ は未知である．対数尤度関数は次で与えられる．

$$l_n(\alpha, \beta) = -n\log\Gamma(\alpha) - n\alpha\log\beta - \frac{1}{\beta}\sum_{i=1}^{n}X_i + (\alpha-1)\sum_{i=1}^{n}\log X_i$$

よって，尤度方程式は

$$-n\mathrm{F}(\alpha) - n\log\beta + \sum_{i=1}^{n}\log X_i = 0$$

$$-\frac{n\alpha}{\beta} + \frac{1}{\beta^2}\sum_{i=1}^{n}X_i = 0$$

ただし，$\mathrm{F}(\alpha)$ はディガンマ関数である．尤度方程式は次のように簡単にできる．

$$\alpha\beta = \bar{X}_n$$

$$\mathrm{F}(\alpha) + \log\beta = \frac{1}{n}\sum_{i=1}^{n}\log X_i$$

これらを解くために，次を利用するニュートン法を用いる．

$$\ddot{l}_n(\alpha,\beta) = -n\begin{pmatrix} \mathrm{F}(\alpha) & 1/\beta \\ 1/\beta & (2\bar{X}_n - \alpha\beta)/\beta^3 \end{pmatrix}$$

ただし，$\mathrm{F}(\alpha)$ はトリガンマ関数である．あるいは，フィッシャー情報行列を利用するスコア法を用いる．

$$\mathscr{I}(\alpha,\beta) = \begin{pmatrix} \mathrm{F}(\alpha) & 1/\beta \\ 1/\beta & \alpha/\beta^2 \end{pmatrix}$$

スコアは次で与えられることになる．

$$\frac{1}{n}\mathscr{I}(\alpha,\beta)^{-1}\dot{l}_n(\alpha,\beta)$$

$$= \frac{1}{\alpha\mathrm{F}(\alpha) - 1}\begin{pmatrix} \alpha & -\beta \\ -\beta & \beta^2\mathrm{F}(\alpha) \end{pmatrix}\begin{pmatrix} \frac{1}{n}\sum_{i=1}^{n}\log X_i - \mathrm{F}(\alpha) - \log\beta \\ \frac{\bar{X}_n - \alpha\beta}{\beta^2} \end{pmatrix}$$

$$= \frac{1}{\alpha\mathrm{F}(\alpha) - 1}\begin{pmatrix} \frac{\alpha}{n}\sum_{i=1}^{n}\log X_i - \alpha\mathrm{F}(\alpha) - \alpha\log\beta - \frac{\bar{X}_n - \alpha\beta}{\beta} \\ -\frac{\beta}{n}\sum_{i=1}^{n}\log X_i + \beta\mathrm{F}(\alpha) + \beta\log\beta + \mathrm{F}(\alpha)(\bar{X}_n - \alpha\beta) \end{pmatrix}$$

初期推定量としては，積率法を用いるとよい．つまり，$\bar{X}_n = \alpha\beta$ と $s_x^2 = \alpha\beta^2$

を α と β について解くことにより，$\tilde{\alpha} = \bar{X}_n^2/s_x^2$ と $\tilde{\beta} = s_x^2/\bar{X}_n$ を用いるとよい．

この例では，尤度方程式の1つは簡単に解くことができる．つまり，$\alpha\beta = \bar{X}_n$ により β は α で表せる．その解 $\beta = (1/\alpha)\bar{X}_n$ をもう1つの方程式の β に代入できるので，これで得られる方程式 $\mathrm{F}(\alpha) - \log\alpha = (1/n)\sum_{i=1}^{n}\log X_i - \log\bar{X}_n$ を α について解けばよい．この方程式にニュートン法を適用すると，次の漸化式が得られる．

$$\alpha^{(k+1)} = \alpha^{(k)} + \frac{(1/n)\sum_{i=1}^{n}\log X_i - \log\bar{X}_n - \mathrm{F}(\alpha^{(k)}) + \log\alpha^{(k)}}{\mathrm{F}(\alpha^{(k)}) - 1/\alpha^{(k)}}$$

初期推定量 $\alpha^{(0)} = \bar{X}_n^2/s_x^2$ から始めると，上で与えた初期推定量から出発して求めた推定量の列と同じものが導ける．なぜなら，いつも $\alpha^{(k)}\beta^{(k)} = \bar{X}_n$ が成り立つからである．

【繰り返しは1回で十分】 スコア法によって漸近正規推定量を改良するとき，一般に1回の繰り返しで漸近的な有効性を達成できる．

定理20 $\tilde{\boldsymbol{\theta}}_n$ は強一致推定量列で，$\boldsymbol{\theta}$ が真の母数であるとき $\sqrt{n}(\tilde{\boldsymbol{\theta}}_n - \boldsymbol{\theta}) \xrightarrow{\mathscr{L}} \mathscr{N}(\boldsymbol{0}, \boldsymbol{\Sigma}(\boldsymbol{\theta}))$ が成り立つと仮定する．ただし，すべての $\boldsymbol{\theta}$ において $\boldsymbol{\Sigma}(\boldsymbol{\theta}) < \infty$ である．このとき，定理18の仮定の下で，下の2つの推定量はどちらもMLEと漸近的に同値である．ゆえに，漸近的に有効である．

$$\tilde{\boldsymbol{\theta}}_n^{(1)} = \tilde{\boldsymbol{\theta}}_n - \ddot{l}_n(\tilde{\boldsymbol{\theta}}_n)^{-1}\dot{l}_n(\tilde{\boldsymbol{\theta}}_n), \quad \boldsymbol{\theta}_n^* = \tilde{\boldsymbol{\theta}}_n + \frac{1}{n}\mathscr{I}(\tilde{\boldsymbol{\theta}}_n)^{-1}\dot{l}_n(\tilde{\boldsymbol{\theta}}_n),$$

[証明] $\dot{l}_n(\hat{\boldsymbol{\theta}}_n) = 0$ を満足し，強一致性をもつ推定量列を $\hat{\boldsymbol{\theta}}_n$ とおく．$\dot{l}_n(\tilde{\boldsymbol{\theta}}_n)$ を $\hat{\boldsymbol{\theta}}_n$ の周りで展開すると，

$$\dot{l}_n(\tilde{\boldsymbol{\theta}}_n) = \dot{l}_n(\hat{\boldsymbol{\theta}}_n) + \left(\int_0^1 \ddot{l}_n(\hat{\boldsymbol{\theta}}_n + v(\tilde{\boldsymbol{\theta}}_n - \hat{\boldsymbol{\theta}}_n))dv\right)(\tilde{\boldsymbol{\theta}}_n - \hat{\boldsymbol{\theta}}_n)$$

これと

$$(\tilde{\boldsymbol{\theta}}_n^{(1)} - \hat{\boldsymbol{\theta}}_n) = (\tilde{\boldsymbol{\theta}}_n - \hat{\boldsymbol{\theta}}_n) - \ddot{l}_n(\tilde{\boldsymbol{\theta}}_n)^{-1}\dot{l}_n(\tilde{\boldsymbol{\theta}}_n)$$

を用いて，次が得られる．

$$\sqrt{n}(\tilde{\boldsymbol{\theta}}_n^{(1)} - \hat{\boldsymbol{\theta}}_n) = \left(I - \ddot{l}_n(\tilde{\boldsymbol{\theta}}_n)^{-1} \int_0^1 \ddot{l}_n(\hat{\boldsymbol{\theta}}_n + v(\tilde{\boldsymbol{\theta}}_n - \hat{\boldsymbol{\theta}}_n))dv\right) \sqrt{n}(\tilde{\boldsymbol{\theta}}_n - \hat{\boldsymbol{\theta}}_n) \quad (1)$$

定理 18 の証明にあるように，$(1/n)\ddot{l}_n(\tilde{\boldsymbol{\theta}}_n) \xrightarrow{\text{a.s.}} -\mathscr{I}(\boldsymbol{\theta})$ が成り立ち，また大数の一様強法則により

$$\frac{1}{n} \int_0^1 \ddot{l}_n(\hat{\boldsymbol{\theta}}_n + v(\tilde{\boldsymbol{\theta}}_n - \hat{\boldsymbol{\theta}}))dv \xrightarrow{\text{a.s.}} -\mathscr{I}(\boldsymbol{\theta})$$

も成り立つので，(1) 式の右辺にある括弧 () で括られた因数は 0 に概収束する．一方，もう 1 つの因数 $\sqrt{n}(\tilde{\boldsymbol{\theta}}_n - \hat{\boldsymbol{\theta}}_n)$ は $\sqrt{n}(\tilde{\boldsymbol{\theta}}_n - \boldsymbol{\theta}) - \sqrt{n}(\hat{\boldsymbol{\theta}}_n - \boldsymbol{\theta})$ と書けて，どの項も漸近正規性をもつので，確率的に有界である．これらのことにより，$n \to \infty$ のとき $\sqrt{n}(\tilde{\boldsymbol{\theta}}_n^{(1)} - \hat{\boldsymbol{\theta}}_n) \xrightarrow{\text{P}} 0$ である．$\boldsymbol{\theta}_n^*$ に対する証明も同様である． ∎

演習問題 20

20.1. 次のフィッシャー情報量を確かめよ．

(a) ロジスティック分布 $\mathscr{L}(\theta, 1)$ では $\mathscr{I}(\theta) = 1/3$ である．

(b) コーシー分布 $\mathscr{C}(\theta, 1)$ では $\mathscr{I}(\theta) = 1/2$ である．

20.2. $X_1, ..., X_n$ をコーシー分布 $\mathscr{C}(\theta, 1)$ からの標本とする．尤度方程式を求めよ．スコアを計算せよ．中央値の漸近分布を求めよ．中央値をスコア法で改良し，その漸近分布を求めよ．

20.3. $X_1, ..., X_n$ を次のガンマ分布の混合分布からの標本とする．

$$f(x|\theta) = (1-\theta)e^{-x}I(x>0) + \theta x e^{-x} I(x>0)$$

ただし，$0 < \theta < 1$ である．積率法による θ の推定値を求めよ．その漸近分布を求めよ．尤度方程式にニュートン法を 1 回だけ適用してこの推定量を改良せよ．

20.4. $X_1, ..., X_n$ を指数分布（密度関数は $f(x|\theta) = \theta e^{-\theta x} I(x>0)$）からの標本とする．ただし，$\theta > 0$ であり，これが推定されるべき未知母数である．

(a) 積率法で求めた推定量を $\tilde{\theta}_n$ とおくとき,この漸近有効性を示せ.
(b) 平均 $1/\theta$,分散 $1/\theta^2$ をもち,さらにクラメール・ラオの不等式が成り立つための条件を満足するすべての分布の中で,上の指数分布がフィッシャー情報量の最小値をとることを示せ.

第21章 事後分布の漸近正規性

ベイズ推定もまた，漸近的に有効な推定量を生成する．Θ を $\mathbb{R}^k$ の開部分集合とし，Θ 上の**事前分布**はルベーグ測度に関する密度 $g(\boldsymbol{\theta})$ をもち，$g(\boldsymbol{\theta})$ に従って $\boldsymbol{\theta}$ は Θ から抽出されると仮定する．さらに，$g(\boldsymbol{\theta})$ は Θ 上で正値をとり，連続であると仮定する．$f(x|\boldsymbol{\theta})$ からの標本 $X_1, ..., X_n$ が与えられたとき，$\boldsymbol{\theta}$ の**事後分布**は次で与えられる．

$$f(\boldsymbol{\theta}|x_1,...,x_n) = \frac{(\prod_{i=1}^n f(x_i|\boldsymbol{\theta}))\, g(\boldsymbol{\theta})}{\int_\Theta (\prod_{i=1}^n f(x_i|\boldsymbol{\theta}))\, g(\boldsymbol{\theta})d\boldsymbol{\theta}} = \frac{L_n(\boldsymbol{\theta})g(\boldsymbol{\theta})}{\int_\Theta L_n(\boldsymbol{\theta})g(\boldsymbol{\theta})d\boldsymbol{\theta}}$$

ここで述べる**ベルンシュタイン・フォンミーゼスの定理**の結論は，この事後分布が平均 $\hat{\boldsymbol{\theta}}_n$（定理18のMLE）と分散 $(1/n)\mathscr{I}(\boldsymbol{\theta}_0)^{-1}$ をもつ正規分布に近づく，というものである．ただし，$\boldsymbol{\theta}_0$ は真の値である．より正確に述べると，データが与えられたときの $\boldsymbol{\vartheta} = \sqrt{n}(\boldsymbol{\theta} - \hat{\boldsymbol{\theta}}_n)$ の条件付き密度

$$f_n(\boldsymbol{\vartheta}|x_1,...,x_n) = \frac{L_n(\boldsymbol{\vartheta}/\sqrt{n} + \hat{\boldsymbol{\theta}}_n)g\left(\boldsymbol{\vartheta}/\sqrt{n} + \hat{\boldsymbol{\theta}}_n\right)}{\int L_n(\boldsymbol{\vartheta}/\sqrt{n} + \hat{\boldsymbol{\theta}}_n)g(\boldsymbol{\vartheta}/\sqrt{n} + \hat{\boldsymbol{\theta}}_n)d\boldsymbol{\vartheta}}$$

が，$n \to \infty$ のとき，$\mathscr{N}(\mathbf{0}, \mathscr{I}(\boldsymbol{\theta}_0)^{-1})$ の密度関数

$$\phi(\boldsymbol{\vartheta}) = \frac{|\det \mathscr{I}(\boldsymbol{\theta}_0)|^{1/2}}{(2\pi)^{k/2}} \exp\left(-\frac{1}{2}\boldsymbol{\vartheta}^t \mathscr{I}(\boldsymbol{\theta}_0)\boldsymbol{\vartheta}\right)$$

に収束する．この事後分布の極限分布は事前分布 $g(\boldsymbol{\theta})$ に依存しない．この形式で述べられた定理は Le Cam(1953) によるものである．

定理21 ベルンシュタイン・フォンミーゼスの定理

$g(\boldsymbol{\theta})$ は，すべての $\boldsymbol{\theta} \in \Theta$ において，連続であり，$g(\boldsymbol{\theta}) > 0$ であると仮定する．定理18の条件の下で，次が成り立つ．

第 21 章 事後分布の漸近正規性　159

$$\frac{L_n(\hat{\boldsymbol{\theta}}_n + \boldsymbol{\vartheta}/\sqrt{n})}{L_n(\hat{\boldsymbol{\theta}}_n)} g\left(\hat{\boldsymbol{\theta}}_n + \frac{\boldsymbol{\vartheta}}{\sqrt{n}}\right) \xrightarrow{\text{a.s.}} \exp\left(-\frac{1}{2}\boldsymbol{\vartheta}^t \mathscr{I}(\boldsymbol{\theta}_0)\boldsymbol{\vartheta}\right) g(\boldsymbol{\theta}_0)$$

ただし，$\hat{\boldsymbol{\theta}}_n$ は定理 18 の尤度方程式の根からなる強一致推定量である．次の条件が仮定できるなら，

$$\int \frac{L_n\left(\hat{\boldsymbol{\theta}}_n + \frac{\boldsymbol{\vartheta}}{\sqrt{n}}\right)}{L_n(\hat{\boldsymbol{\theta}}_n)} g\left(\hat{\boldsymbol{\theta}}_n + \frac{\boldsymbol{\vartheta}}{\sqrt{n}}\right) d\boldsymbol{\vartheta} \xrightarrow{\text{a.s.}} \int \exp\left(-\frac{1}{2}\boldsymbol{\vartheta}^t \mathscr{I}(\boldsymbol{\theta}_0)\boldsymbol{\vartheta}\right) d\boldsymbol{\vartheta} g(\boldsymbol{\theta}_0)$$

さらに次も得られる．

$$\int |f_n(\boldsymbol{\vartheta}|x_1,...,x_n) - \phi(\boldsymbol{\vartheta})| d\boldsymbol{\vartheta} \xrightarrow{\text{a.s.}} 0$$

[証明]　$l_n(\boldsymbol{\theta}) = \log L_n(\boldsymbol{\theta})$ を $\boldsymbol{\theta} = \hat{\boldsymbol{\theta}}_n$ で展開すると次が得られる．

$$l_n(\boldsymbol{\theta}) = l_n(\hat{\boldsymbol{\theta}}_n) + \dot{l}_n(\hat{\boldsymbol{\theta}}_n)(\boldsymbol{\theta} - \hat{\boldsymbol{\theta}}_n) - n(\boldsymbol{\theta} - \hat{\boldsymbol{\theta}}_n)^t \mathbf{I}_n(\boldsymbol{\theta})(\boldsymbol{\theta} - \hat{\boldsymbol{\theta}}_n)$$

ただし，

$$\mathbf{I}_n(\boldsymbol{\theta}) = -\frac{1}{n}\int_0^1 \int_0^1 v \ddot{l}_n(\hat{\boldsymbol{\theta}}_n + uv(\boldsymbol{\theta} - \hat{\boldsymbol{\theta}}_n)) du dv$$

確率 1 で十分大きな n において $\dot{l}(\hat{\boldsymbol{\theta}}_n) = 0$ が成り立つので，次を得る．

$$\frac{L_n(\boldsymbol{\theta})}{L_n(\hat{\boldsymbol{\theta}}_n)} = \exp\left(-n(\boldsymbol{\theta} - \hat{\boldsymbol{\theta}}_n)^t \mathbf{I}_n(\boldsymbol{\theta})(\boldsymbol{\theta} - \hat{\boldsymbol{\theta}}_n)\right)$$

$(1/n)\ddot{l}_n(\boldsymbol{\theta})$ は $\boldsymbol{\theta}_0$ の近傍で $E_{\boldsymbol{\theta}_0}\dot{\boldsymbol{\Psi}}(X,\boldsymbol{\theta})$ に一様に収束する（証明は定理 18 の場合と同様である）．さらに，$E_{\boldsymbol{\theta}_0}\dot{\boldsymbol{\Psi}}(X,\boldsymbol{\theta})$ は $\boldsymbol{\theta}$ の関数として連続であり，$\boldsymbol{\theta} = \boldsymbol{\theta}_0$ で値 $-\mathscr{I}(\boldsymbol{\theta}_0)$ を取るので，

$$\mathbf{I}_n\left(\hat{\boldsymbol{\theta}}_n + \frac{1}{\sqrt{n}}\boldsymbol{\vartheta}\right) = -\frac{1}{n}\int_0^1 \int_0^1 v\ddot{l}_n\left(\hat{\boldsymbol{\theta}}_n + \frac{uv}{\sqrt{n}}\boldsymbol{\vartheta}\right) du dv \xrightarrow{\text{a.s.}} \frac{1}{2}\mathscr{I}(\boldsymbol{\theta}_0)$$

ゆえに，

$$\frac{L_n(\hat{\boldsymbol{\theta}}_n + \boldsymbol{\vartheta}/\sqrt{n})}{L_n(\hat{\boldsymbol{\theta}}_n)} g\left(\hat{\boldsymbol{\theta}}_n + \frac{1}{\sqrt{n}}\boldsymbol{\vartheta}\right)$$
$$= \exp\left(-\frac{1}{2}\boldsymbol{\vartheta}^t \mathbf{I}_n\left(\hat{\boldsymbol{\theta}}_n + \frac{1}{\sqrt{n}}\boldsymbol{\vartheta}\right)\boldsymbol{\vartheta}\right) g\left(\hat{\boldsymbol{\theta}}_n + \frac{1}{\sqrt{n}}\boldsymbol{\vartheta}\right)$$

$$\xrightarrow{\text{a.s.}} \exp\left(-\frac{1}{2}\boldsymbol{\vartheta}^t \mathscr{I}(\boldsymbol{\theta}_0)\boldsymbol{\vartheta}\right) g(\boldsymbol{\theta}_0)$$

定理の最後の結果はシェッフェの定理から直接的に得られる. ∎

例 21.1. $X_1, ..., X_n$ を,独立で同じガンマ分布 $\mathscr{G}(1, 1/\theta)$, $f(x|\theta) = \theta e^{-\theta x} I(x > 0)$ に従う確率変数列とする. 事前分布は $\mathscr{G}(1, 1)$, $g(\theta) = e^{-\theta} I(x > 0)$ に従うとする. このとき, 事後分布は次で与えられる.

$$g(\theta|x) \propto \theta^n \exp\left(-\theta\left(\sum_{i=1}^n X_i + 1\right)\right) I(\theta > 0)$$

つまり, $\mathscr{G}(n+1, 1/(\sum_{i=1}^n X_i + 1))$ に従う. $l_n(\theta) = n\log\theta - \theta\sum_{i=1}^n X_i$ により, $\dot{l}_n(\theta) = n/\theta - \sum_{i=1}^n X_i$ であり, MLE は $\hat{\theta}_n = 1/\bar{X}_n$ で得られる. フィッシャー情報量は $\mathscr{I}(\theta) = 1/\theta^2$ なので, ベルンシュタイン・フォンミーゼスの定理により, $\sqrt{n}(\theta - 1/\bar{X}_n)$ の事後分布は漸近的に $\mathcal{N}(0, \theta_0^2)$ に従うようになる. このことは, 直接的に確かめることもできる. $\mathscr{G}(\alpha, \beta)$ において, β は尺度母数なので, $X_1, ..., X_n$ が与えられたときの $(\sum_{i=1}^n X_i + 1)\theta$ の分布は $\mathscr{G}(n+1, 1)$ である. これは, 同じ分布 $\mathscr{G}(1,1)$ に従う $n+1$ 個の独立な確率変数の和の分布と同じなので, 中心極限定理により, 平均 $n+1$ と分散 $n+1$ をもつ正規分布に漸近的には従うようになる. つまり,

$$\frac{(n\bar{X}_n + 1)\theta - (n+1)}{\sqrt{n+1}} \xrightarrow{\mathscr{L}} \mathcal{N}(0, 1)$$

あるいは,

$$\sqrt{n}\bar{X}_n \left(\theta - \frac{1 + 1/n}{\bar{X}_n + 1/n}\right) \xrightarrow{\mathscr{L}} \mathcal{N}(0, 1)$$

$\bar{X}_n \xrightarrow{\text{a.s.}} 1/\theta_0$ により, 確率 1 で次が成り立つといってよい.

$$\sqrt{n}\left(\theta - \frac{1}{\bar{X}_n}\right) \xrightarrow{\mathscr{L}} \mathcal{N}(0, \theta_0^2)$$

しかし, ベルンシュタイン・フォンミーゼスの定理はこれよりも少し強い結果を導いている. $\sqrt{n}(\theta - 1/\bar{X}_n)$ の密度関数が確率 1 で $\mathcal{N}(0, \theta_0^2)$ の密度関数に収束することを示している.

【ベイズ推定量の漸近有効性】 損失関数を平方誤差 $L(\boldsymbol{\theta}, \boldsymbol{a}) = (\boldsymbol{\theta} - \boldsymbol{a})^t (\boldsymbol{\theta} - \boldsymbol{a})$ であるとする. このとき, 標本 $X_1, ..., X_n$ が与えられたときの**ベイズ推定量**は $\tilde{\boldsymbol{\theta}} = E(\boldsymbol{\theta}|X_1, ..., X_n)$ である. ここで, ベルンシュタイン・フォンミーゼスの定理における期待値と極限の交換ができると仮定する. 言い換えると, $X_1, ..., X_n$ が与えられたときの $\boldsymbol{\vartheta} = \sqrt{n}(\boldsymbol{\theta} - \hat{\boldsymbol{\theta}}_n)$ の条件付き期待値が確率 1 で 0 に収束すると仮定する. つまり, $\sqrt{n}(\tilde{\boldsymbol{\theta}}_n - \hat{\boldsymbol{\theta}}_n) \xrightarrow{\mathrm{P}} 0$ が成り立つとすると, ベイズ推定量と MLE は漸近的に同値である ($\tilde{\boldsymbol{\theta}}_n$ は $\boldsymbol{\theta}_0$ よりも $\hat{\boldsymbol{\theta}}_n$ のかなり近くにあることになる). ゆえに,

$$\sqrt{n}(\tilde{\boldsymbol{\theta}}_n - \boldsymbol{\theta}_0) \xrightarrow{\mathscr{L}} \mathscr{N}(0, \mathscr{I}(\boldsymbol{\theta}_0)^{-1})$$

となり, ベイズ推定量は漸近的に有効である.

　このことを用いると, 漸近的に有効な推定量の漸近最適性についてのより強い結果を与えることができる. 推定量列の漸近有効性は, ホッジスの手法により, 母数のある 1 点において漸近的に改良できる. 同様に, 母数の有限集合の上においても漸近的に改良できる. 可算集合の上でも改良可能である. しかし, 正の測度をもつ集合の上では不可能である. $\boldsymbol{\theta}_n^*$ を $\sqrt{n}(\boldsymbol{\theta}_n^* - \boldsymbol{\theta}_0) \xrightarrow{\mathscr{L}} \mathscr{N}(0, \boldsymbol{\Sigma}(\boldsymbol{\theta}_0))$ であるような推定量列とする. ただし, $\boldsymbol{\theta}_0$ は真の値である. また, すべての $\boldsymbol{\theta}$ においては $\boldsymbol{\Sigma}(\boldsymbol{\theta}) \leq \mathscr{I}(\boldsymbol{\theta})^{-1}$ であり, 正の測度をもつ集合に属する $\boldsymbol{\theta}$ においては $\boldsymbol{\Sigma}(\boldsymbol{\theta}) < \mathscr{I}(\boldsymbol{\theta})^{-1}$ であると仮定する. ここでもまた, 期待値と極限が交換可能であるとすると, n が十分大きいとき,

$$\int E_{\boldsymbol{\theta}}(\boldsymbol{\theta}_n^* - \boldsymbol{\theta})^2 g(\boldsymbol{\theta}) d\boldsymbol{\theta} < \int E_{\boldsymbol{\theta}}(\tilde{\boldsymbol{\theta}}_n - \boldsymbol{\theta})^2 g(\boldsymbol{\theta}) d\boldsymbol{\theta}$$

となり, $\tilde{\boldsymbol{\theta}}_n$ が事前分布 $g(\boldsymbol{\theta})$ に関してベイズ推定量であるという仮定に反することになる. 言い換えると, MLE (あるいは, 任意の漸近有効推定量) を正の測度の集合の上で漸近的に改良するような推定量は存在しない, ということになる.

演習問題 21

21.1. $\theta > 0$ とし,確率関数 $f(x|\theta) = e^{-\theta}\theta^x/x!$, $x = 0, 1, 2, ...$ をもつポアソン分布 $\mathscr{P}(\theta)$ からの標本を $X_1, ..., X_n$ とする.θ の事前分布は,密度関数 $g(\theta) = 1/(\theta+1)^2, \theta > 0$ をもつ逆冪分布であると仮定する.n が大きくなるとき,θ の事後分布 $g(\theta|X_1, ..., X_n)$ の漸近分布を求めよ.その近似は,どのような意味で妥当なものとなるか.

21.2. 【非正則的な分布に対するベルンシュタイン・フォンミーゼス的な結果】 $\theta \in \Theta = (0, \infty)$ とおき,区間 $(0, \theta)$ 上の一様分布からの標本を $X_1, ..., X_n$ とする.θ の事前密度関数 $g(\theta)$ は Θ の上で有界で連続で正であると仮定する.このとき,θ の MLE は $M_n = \max\{X_1, ..., X_n\}$ である.θ_0 を θ の真の値とすると,$X_1, ..., X_n$ が与えられたときの $\vartheta = n(\theta - M_n)$ の事後分布は,平均 θ_0 をもつ指数分布の密度関数に収束することを示せ.

第22章
尤度比検定統計量の漸近分布

母数 $\boldsymbol{\theta} \in \Theta \subset \mathbb{R}^k$ をもつ密度関数 $f(x|\boldsymbol{\theta})$ からの標本を $X_1,...,X_n$ とする. 部分集合 $\Theta_0 \subset \Theta$ が与えられるとき, $H_0 : \boldsymbol{\theta} \in \Theta_0$ に対する $H_1 : \boldsymbol{\theta} \in \Theta - \Theta_0$ を検定するための汎用的な方法を**尤度比検定**が提供する. 次の尤度比検定統計量

$$\lambda_n = \frac{\sup_{\boldsymbol{\theta}\in\Theta_0}\prod_{i=1}^n f(x_i|\boldsymbol{\theta})}{\sup_{\boldsymbol{\theta}\in\Theta}\prod_{i=1}^n f(x_i|\boldsymbol{\theta})} = \frac{L_n(\boldsymbol{\theta}_n^*)}{L_n(\hat{\boldsymbol{\theta}}_n)}$$

が非常に小さいとき, H_0 は棄却される. ただし, $\boldsymbol{\theta}_n^*$ は Θ_0 上での MLE であり, $\hat{\boldsymbol{\theta}}_n$ は Θ 上での MLE である. 標本数が非常に大きいとき, 次の定理を利用すると, 多くの重要な問題設定での棄却点を求めることができる. その問題設定とは, Θ_0 が Θ の $k-r$ 次元の部分空間になっている場合である. ベクトル $\boldsymbol{\theta} \in \mathbb{R}^k$ の要素を $\boldsymbol{\theta} = (\theta^1, \theta^2, ..., \theta^k)^t$ とおくとき, 帰無仮説が

$$H_0 : \theta^1 = \theta^2 = \cdots = \theta^r = 0$$

と書けると仮定する. ただし, $1 \leq r \leq k$ である. なめらかな実数値関数 $g_1,...,g_r$ を使って H_0 が $g_1(\boldsymbol{\theta}) = \cdots = g_r(\boldsymbol{\theta}) = 0$ と書けるようなより一般的な設定であっても, 母数を再度書き換えることにより, 上のように表現することができる. 整数 r は帰無仮説の下での制約の個数を表している.

定理 22 | **Wilks(1983)**

$H_0 : \theta^1 = \theta^2 = \cdots = \theta^r = 0$, $1 \leq r \leq k$ とおく. 定理 18 の仮定の下で真の母数 $\boldsymbol{\theta}_0$ が H_0 を満足しているとき, 次が成り立つ.

$$-2\log\lambda_n \xrightarrow{\mathscr{L}} \chi_r^2$$

[証明] $-2\log\lambda_n = 2(l_n(\hat{\boldsymbol{\theta}}_n) - l(\boldsymbol{\theta}_n^*))$ である. ただし, $\hat{\boldsymbol{\theta}}_n$ は Θ 上での MLE であ

り，$\boldsymbol{\theta}_n^*$ は Θ_0 上での MLE である．$l_n(\boldsymbol{\theta}_n^*)$ を $\hat{\boldsymbol{\theta}}_n$ の周りで 2 次の項まで展開すると，

$$l_n(\boldsymbol{\theta}_n^*) = l_n(\hat{\boldsymbol{\theta}}_n) + \dot{l}_n(\hat{\boldsymbol{\theta}}_n)(\boldsymbol{\theta}_n^* - \hat{\boldsymbol{\theta}}_n) - n(\boldsymbol{\theta}_n^* - \hat{\boldsymbol{\theta}}_n)^t \mathbf{I}_n(\boldsymbol{\theta}_n^*)(\boldsymbol{\theta}_n^* - \hat{\boldsymbol{\theta}}_n)$$

を得る．ただし，定理 18 の証明におけるように，

$$\mathbf{I}_n(\boldsymbol{\theta}_n^*) = -\frac{1}{n} \int_0^1 \int_0^1 v \ddot{l}_n(\hat{\boldsymbol{\theta}}_n + uv(\boldsymbol{\theta}_n^* - \hat{\boldsymbol{\theta}}_n)) du dv \xrightarrow{\text{a.s.}} \frac{1}{2} \mathscr{I}(\boldsymbol{\theta}_0)$$

$\dot{l}_n(\hat{\boldsymbol{\theta}}_n) = 0$ が成り立つので，十分大きな n に対して，

$$\begin{aligned}-2\log\lambda_n &= 2n(\boldsymbol{\theta}_n^* - \hat{\boldsymbol{\theta}}_n)^t \mathbf{I}_n(\boldsymbol{\theta}_n^*)(\boldsymbol{\theta}_n^* - \hat{\boldsymbol{\theta}}_n) \\ &\sim n(\boldsymbol{\theta}_n^* - \hat{\boldsymbol{\theta}}_n)^t \mathscr{I}(\boldsymbol{\theta}_0)(\boldsymbol{\theta}_n^* - \hat{\boldsymbol{\theta}}_n)\end{aligned} \quad (1)$$

H_0 が単純仮説ならば，つまり，$H_0 : \boldsymbol{\theta} = \boldsymbol{\theta}_0$ のときは $\boldsymbol{\theta}_n^* = \boldsymbol{\theta}_0$ であり，証明は終わる．なぜならば，$\sqrt{n}(\hat{\boldsymbol{\theta}}_n - \boldsymbol{\theta}_0) \xrightarrow{\mathscr{L}} \mathscr{N}(0, \mathscr{I}(\boldsymbol{\theta}_0)^{-1})$ が成り立つからである．一般的に $\sqrt{n}(\boldsymbol{\theta}_n^* - \hat{\boldsymbol{\theta}}_n)$ の漸近分布を求めるには，まず $\dot{l}(\boldsymbol{\theta}_n^*)$ を $\hat{\boldsymbol{\theta}}_n$ の周りで展開する．

$$\begin{aligned}\frac{1}{\sqrt{n}} \dot{l}_n(\boldsymbol{\theta}_n^*)^t &= \frac{1}{\sqrt{n}} \dot{l}_n(\hat{\boldsymbol{\theta}}_n)^t + \frac{1}{n} \left(\int_0^1 \ddot{l}_n(\hat{\boldsymbol{\theta}}_n + v(\boldsymbol{\theta}_n^* - \hat{\boldsymbol{\theta}}_n)) dv \right) \sqrt{n}(\boldsymbol{\theta}_n^* - \hat{\boldsymbol{\theta}}_n) \\ &\sim -\mathscr{I}(\boldsymbol{\theta}_0) \sqrt{n}(\boldsymbol{\theta}_n^* - \hat{\boldsymbol{\theta}}_n)\end{aligned}$$

したがって，

$$\sqrt{n}(\boldsymbol{\theta}_n^* - \hat{\boldsymbol{\theta}}_n) \sim -\mathscr{I}(\boldsymbol{\theta}_0)^{-1} \dot{l}_n(\boldsymbol{\theta}_n^*)^t$$

を得るので，次のように表現できる．

$$-2\log\lambda_n \sim \frac{1}{\sqrt{n}} \dot{l}_n(\boldsymbol{\theta}_n^*) \mathscr{I}(\boldsymbol{\theta}_0)^{-1} \frac{1}{\sqrt{n}} \dot{l}_n(\boldsymbol{\theta}_n^*)^t$$

では，$\dot{l}_n(\boldsymbol{\theta}_n^*)$ の漸近分布を求めるために，$\boldsymbol{\theta}_0$ の周りでも展開する．

$$\frac{1}{\sqrt{n}} \dot{l}_n(\boldsymbol{\theta}_n^*)^t = \frac{1}{\sqrt{n}} \dot{l}_n(\boldsymbol{\theta}_0)^t + \frac{1}{n} \left(\int_0^1 \ddot{l}_n(\boldsymbol{\theta}_0 + v(\boldsymbol{\theta}_n^* - \boldsymbol{\theta}_0)) dv \right) \sqrt{n}(\boldsymbol{\theta}_n^* - \boldsymbol{\theta}_0) \quad (2)$$

ここで，$k \times k$ 行列 $\mathscr{I}(\boldsymbol{\theta}_0)$ を 4 つの部分行列に分割する．ただし，G_1 は $r \times r$ 行列である．

$$\mathscr{I}(\boldsymbol{\theta}_0) = \begin{pmatrix} \mathbf{G}_1 & \mathbf{G}_2 \\ \mathbf{G}_2^t & \mathbf{G}_3 \end{pmatrix}$$

また，次を定義する．
$$\mathbf{H} = \begin{pmatrix} \mathbf{0} & \mathbf{0} \\ \mathbf{0} & \mathbf{G}_3^{-1} \end{pmatrix}$$

このとき，$\dot{l}_n(\boldsymbol{\theta}_n^*)$ の後半 $k-r$ 個の要素は 0 なので，$\mathbf{H}\dot{l}_n(\boldsymbol{\theta}_n^*)^t = \mathbf{0}$ となり，(2) 式により次が成り立つ．

$$\mathbf{H}\frac{1}{\sqrt{n}}\dot{l}_n(\boldsymbol{\theta}_0)^t \sim \mathbf{H}\mathscr{I}(\boldsymbol{\theta}_0)\sqrt{n}(\boldsymbol{\theta}_n^* - \boldsymbol{\theta}_0) = \sqrt{n}(\boldsymbol{\theta}_n^* - \boldsymbol{\theta}_0)^t$$

なぜなら，$\boldsymbol{\theta}_n^*$ と $\boldsymbol{\theta}_0$ の前半の r 個の要素は 0 だからである．これを (2) 式に代入して，次が得られる．

$$\frac{1}{\sqrt{n}}\dot{l}_n(\boldsymbol{\theta}_n^*)^t \sim (\mathbf{I} - \mathscr{I}(\boldsymbol{\theta}_0)\mathbf{H})\frac{1}{\sqrt{n}}\dot{l}_n(\boldsymbol{\theta}_0)^t$$

中心極限定理により

$$\frac{1}{\sqrt{n}}\dot{l}_n(\boldsymbol{\theta}_0)^t = \sqrt{n}\frac{1}{n}\dot{l}_n(\boldsymbol{\theta}_0)^t \xrightarrow{\mathscr{L}} \mathscr{N}(\mathbf{0}, \mathscr{I}(\boldsymbol{\theta}_0))$$

が成り立つので，

$$\frac{1}{\sqrt{n}}\dot{l}_n(\boldsymbol{\theta}_n^*)^t \xrightarrow{\mathscr{L}} (\mathbf{I} - \mathscr{I}(\boldsymbol{\theta}_0)\mathbf{H})\mathbf{Y}, \quad \mathbf{Y} \in \mathscr{N}(\mathbf{0}, \mathscr{I}(\boldsymbol{\theta}_0))$$

である．これにより，

$$\begin{aligned} -2\log\lambda_n &\xrightarrow{\mathscr{L}} \mathbf{Y}^t(\mathbf{I} - \mathscr{I}(\boldsymbol{\theta}_0)\mathbf{H})^t\mathscr{I}(\boldsymbol{\theta}_0)^{-1}(\mathbf{I} - \mathscr{I}(\boldsymbol{\theta}_0)\mathbf{H})\mathbf{Y} \\ &= \mathbf{Y}^t\left(\mathscr{I}(\boldsymbol{\theta}_0)^{-1} - \mathbf{H}\right)\mathbf{Y} \quad (\mathbf{H}\mathscr{I}(\boldsymbol{\theta}_0)\mathbf{H} = \mathbf{H} \text{ なので}) \\ &= \mathbf{Z}^t\mathscr{I}(\boldsymbol{\theta}_0)^{1/2}\left(\mathscr{I}(\boldsymbol{\theta}_0)^{-1} - \mathbf{H}\right)\mathscr{I}(\boldsymbol{\theta}_0)^{1/2}\mathbf{Z} \end{aligned}$$

を得る．ただし，$\mathbf{Z} = \mathscr{I}(\boldsymbol{\theta}_0)^{-1/2}\mathbf{Y} \in \mathscr{N}(\mathbf{0}, \mathbf{I})$ である．このとき，行列

$$\mathbf{P} = \mathscr{I}(\boldsymbol{\theta}_0)^{1/2}\left(\mathscr{I}(\boldsymbol{\theta}_0)^{-1} - \mathbf{H}\right)\mathscr{I}(\boldsymbol{\theta}_0)^{1/2}$$

が正射影行列で，

$$\mathrm{rank}(\mathbf{P}) = \mathrm{trace}(\mathbf{P}) = \mathrm{trace}\left(\mathscr{I}(\boldsymbol{\theta}_0)(\mathscr{I}(\boldsymbol{\theta}_0)^{-1} - \mathbf{H})\right) = \mathrm{trace}(\mathbf{I} - \mathscr{I}(\boldsymbol{\theta}_0)\mathbf{H}) = r$$

であることは簡単に分かるので，目的の $-2\log\lambda_n \xrightarrow{\mathscr{L}} \mathbf{Z}^t\mathbf{P}\mathbf{Z} \sim \chi_r^2$ を得る．■

(**補足**) λ_n の定義に現れる MLE は，18 章や 19 章で与えた漸近的に有効な

推定量で置き換えることができる．このとき，$-2\log\lambda_n$ の漸近分布は同じである．

例 22.1. 正規分布 $\mathcal{N}(\mu, \sigma^2)$ からの標本を $X_1, ..., X_n$ とする．仮説 $H_0 : \mu = 0, \sigma = 1$ の尤度比検定を求めよう．このとき，$r = 2$ であり，

$$L_n(\mu, \sigma) = \left(\frac{1}{\sqrt{2\pi}\sigma}\right)^n \exp\left(-\frac{1}{2}\sum_{i=1}^n \frac{(X_i - \mu)^2}{\sigma^2}\right)$$

また，Θ での (μ, σ) の MLE は $\hat{\mu} = \bar{X}, \hat{\sigma}^2 = s^2 = (1/n)\sum_{i=1}^n (X_i - \bar{X})^2$ なので，

$$\lambda_n = \frac{L_n(0, 1)}{L_n(\bar{X}, s)} = \frac{\exp(-\frac{1}{2}\sum_{i=1}^n X_i^2)}{s^{-n}\exp(-n/2)}$$

となる．ゆえに，H_0 が正しいとき，次が得られる．

$$-2\log\lambda_n = -n\log s^2 + \sum_{i=1}^n X_i^2 - n \xrightarrow{\mathscr{L}} \chi_2^2$$

有意水準 5% の場合，

$$-2\log\lambda_n > \chi_{2;0.05}^2 = 2\log 20 = 5.99...$$

のとき，H_0 は棄却される．

例 22.2. c 種類の結果の 1 つがそれぞれ確率 $p_1, ..., p_c$ で出現する試行を n 回試みるときの多項分布に基づく標本を $X_1, ..., X_c$ とする．ただし，$p_i > 0$, $i = 1, ..., c$ であり，$\sum_{i=1}^c p_i = 1$ である．X_i, $i = 1, ..., c$ がすべて非負な整数であり，$\sum_{i=1}^c X_i = n$ であるとき，尤度関数は次で与えられる．

$$L_n(p_1, ..., p_c) = \binom{n}{X_1 \cdots X_c} \prod_{i=1}^c p_i^{X_i}$$

このとき，$H_0 : p_1 = \cdots = p_c = 1/c$ の検定について考えよう．c 個の制約があるように見えるが，本来の制約 $\sum_{i=1}^c p_i = 1$ があるので，実際は $r = c - 1$ である．Θ の下での p_i の MLE は $\hat{p}_i = X_i/n$, $i = 1, ..., c$ で与えられる．ゆ

えに,
$$\lambda_n = \frac{\binom{n}{X_1 \cdots X_c} \prod_{i=1}^{c} (1/c)^{X_i}}{\binom{n}{X_1 \cdots X_c} \prod_{i=1}^{c} (X_i/n)^{X_i}} = \prod_{i=1}^{c} \left(\frac{n}{cX_i}\right)^{X_i}$$

となり, H_0 の下の漸近分布が得られる.

$$-2\log\lambda_n = 2\sum_{i=1}^{c} X_i \log \frac{cX_i}{n} \xrightarrow{\mathscr{L}} \chi_{c-1}^2$$

このような例において, H_0 に対して通常用いられている検定は, もちろんピアソンの χ^2 検定である.

【検出力】 帰無仮説に近いところにある対立仮説での尤度比検定の検出力を近似することもできる. $\boldsymbol{\theta}$ が真の値で, $\boldsymbol{\theta}_0$ は $\boldsymbol{\theta}$ に極めて近い帰無仮説での母数値とする. $\boldsymbol{\delta} = \sqrt{n}(\boldsymbol{\theta} - \boldsymbol{\theta}_0)$ とおく. 以前にピアソンの χ^2 検定の検出力について議論したように, $\boldsymbol{\delta}$ を固定して, $\boldsymbol{\theta}$ は $\boldsymbol{\theta}$ に収束するように設定する. このように変更すると, 定理 22 の証明の中での $(1/\sqrt{n})\dot{l}_n(\boldsymbol{\theta}_0)$ の極限分布は違ったものになる. 次の展開により

$$\frac{1}{\sqrt{n}}\dot{l}_n(\boldsymbol{\theta}_0)^t \sim \frac{1}{\sqrt{n}}\dot{l}_n(\boldsymbol{\theta})^t + \frac{1}{\sqrt{n}}\ddot{l}_n(\boldsymbol{\theta})\sqrt{n}(\boldsymbol{\theta}_0 - \boldsymbol{\theta})$$
$$\xrightarrow{\mathscr{L}} \mathbf{Y} \in \mathscr{I}(\boldsymbol{\theta}_0)\boldsymbol{\delta} + \mathscr{N}(\mathbf{0}, \mathscr{I}(\boldsymbol{\theta}_0)) = \mathscr{N}(\mathscr{I}(\boldsymbol{\theta}_0)\boldsymbol{\delta}, \mathscr{I}(\boldsymbol{\theta}_0))$$

定理 22 においては, $\mathbf{Z} = \mathscr{I}(\boldsymbol{\theta}_0)^{-1/2}\mathbf{Y}$ とおくと, $-2\log\lambda_n \xrightarrow{\mathscr{L}} \mathbf{Z}^t\mathbf{P}\mathbf{Z}$ であった. ただし, $\mathbf{P} = \mathscr{I}(\boldsymbol{\theta}_0)^{1/2}(\mathscr{I}(\boldsymbol{\theta}_0)^{-1} - \mathbf{H})\mathscr{I}(\boldsymbol{\theta}_0)^{1/2}$ は階数 2 の正射影行列である. しかし今回は, $\mathbf{Z} \sim \mathscr{N}(\mathscr{I}(\boldsymbol{\theta}_0)^{1/2}\boldsymbol{\delta}, \mathbf{I})$ なので,

$$-2\log\lambda_n \xrightarrow{\mathscr{L}} \mathbf{Z}^t\mathbf{P}\mathbf{Z} \sim \chi_r^2(\varphi)$$

となる (演習 23.4 を参照せよ). ただし, 非心度 φ は次で定義される.

$$\varphi = \boldsymbol{\delta}^t \mathscr{I}(\boldsymbol{\theta}_0)^{1/2} \mathbf{P} \mathscr{I}(\boldsymbol{\theta}_0)^{1/2} \boldsymbol{\delta} = \boldsymbol{\delta}^t \mathscr{I}(\boldsymbol{\theta}_0)(\mathscr{I}(\boldsymbol{\theta}_0)^{-1} - \mathbf{H})\mathscr{I}(\boldsymbol{\theta}_0)\boldsymbol{\delta}$$

$\mathscr{I}(\boldsymbol{\theta}_0)$ を表すのに $\mathbf{G}_1, \mathbf{G}_2, \mathbf{G}_3$ を用いると, 非心度 φ は次のような簡単な形で表現できる.

$$\varphi = \boldsymbol{\delta}_r^T (\mathbf{G}_1 - \mathbf{G}_2 \mathbf{G}_3^{-1} \mathbf{G}_2^t) \boldsymbol{\delta}_r$$

ただし，$\boldsymbol{\delta}_r$ は，$\boldsymbol{\delta}$ の前半の r 個の要素からなるベクトルである．局外母数の影響については，もしも $\theta_{r+1},...,\theta_k$ が既知であったとすると，非心度は $\boldsymbol{\delta}_r^t \mathbf{G}_1 \boldsymbol{\delta}_r$ に等しくなる．

例 22.1.（続き） $n=50$ とおき，対立仮説である $\mu=0.2, \sigma=1.2$ での検出力の近似を求めてみよう．ただし，有意水準 0.05 の検定で考える．まず，$\boldsymbol{\delta}=\sqrt{n}(0.2,0.2)^t$ とおくと，φ を求めるには，正規分布に関するフィッシャーの情報量が必要である．

$$\mathscr{I}(\mu,\sigma) = \begin{pmatrix} 1/\sigma^2 & 0 \\ 0 & 2/\sigma^2 \end{pmatrix}$$

この問題では，行列 $\mathbf{H}$ を考える必要はないので，$\varphi=\boldsymbol{\delta}^t \mathscr{I}(0,1)\boldsymbol{\delta}=6$ となる．数表 10.1 により，χ_2^2 の検出力を求めると，だいたい $\beta=0.58$ であることが分かる．この対立仮説において 0.9 の検出力を得たいときは，$\varphi=12.655$ が必要となるので，n をおおよそ 106 にまで増加させなければいけない．

φ の定義の中にある情報行列を計算する際，帰無仮説 $\sigma=1$ を用いた．しかし，漸近理論的な観点からすると，$\sigma=1.2$ を用いてもよいはずである．これを用いると，φ の値は小さくなり，$\varphi=4.167$ となり，β の値はおおよそ 0.43 となる．標本数はこの差を無視できるほどには大きくない．たぶん，検出力のよい近似は，$\sigma=1.1$ を用いて得られると思われる（$\beta=0.50$）．

演習問題 22

22.1. $X_1,...,X_n$ は正規分布 $\mathscr{N}(\mu_x,\sigma_x^2)$ からの標本，$Y_1,...,Y_n$ は $\mathscr{N}(\mu_y,\sigma_y^2)$ からの（X と独立な）標本とする．$H_0:\mu_x=\mu_y, \sigma_x^2=\sigma_y^2$ に対する尤度比検定とその漸近分布を求めよ．

22.2. $X_1,...,X_n$ は，密度関数 $f(x|\theta)=\theta\exp(-\theta x)I(x>0)$ をもつ指数分布 $\mathscr{E}(\theta)$ からの標本とする．また，$Y_1,...,Y_n$ は，密度関数 $f(y|\mu)=\mu\exp(-\mu y)I(y>0)$ をもつ指数分布 $\mathscr{E}(\mu)$ からの（X と独立な）標本とする．$H_0:\mu=2\theta$ に対する尤度比検定とその漸近分布を求めよ．

22.3. $i=1,...,k$ に対して，$X_{i1}, X_{i2}, ..., X_{in}$ はポアソン分布 $\mathscr{P}(\theta_i)$ からの標本とする．ただし，これらの標本は互いに独立である．$H_0: \theta_1 = \theta_2 = \cdots = \theta_k$ に対する尤度比検定とその漸近分布を求めよ．

22.4. $\mathbf{Z} \in \mathscr{N}(\boldsymbol{\delta}, \mathbf{I})$ とし，$\mathbf{P}$ が階数 r の正射影であるとき，$\mathbf{Z}^t \mathbf{P} \mathbf{Z} \sim \chi_r^2(\boldsymbol{\delta}^t \mathbf{P} \boldsymbol{\delta})$ であることを示せ．

22.5. (a) 平均 μ と未知の標準偏差 σ をもつ正規分布からの大きさ $n=1000$ の標本に基づいた $H_0: \mu = 0$ の尤度比検定について考える．真の母数が $\mu = 0.1, \sigma = \sigma_0$ であるときの $-2\log \lambda_n$ の漸近分布を求めよ．ただし，σ_0 はある固定された値である．

(b) 代わりに，分布が $\mathscr{G}(\alpha, \beta)$ で，$H_0: \alpha = 1$ とせよ．ただし，β は未知である．真の母数が $\alpha = 1.1, \beta = \beta_0$ であるときの $-\log\lambda_n$ の漸近分布を求めよ（この分布は β_0 の値に依存しないことに注意せよ）．

22.6. 【片側尤度比検定】 片側対立仮説に対する尤度比検定は少々複雑である．帰無仮説のみで漸近分布が定まるとは限らない．このことを，2次元母数 $\boldsymbol{\theta}$ に対する $H_0: \boldsymbol{\theta} = \mathbf{0}$ の検定を使って調べてみよう．$k = r = 2$ とし，$\boldsymbol{\theta}_0 = \mathbf{0}$ とおいて，定理22と同じ条件を設定する．

(a) $H_0: \boldsymbol{\theta} = \mathbf{0}$ に対して $H_1: \theta_1 > 0$（θ_2 は制約なし）とする．このときの尤度比検定を λ_n とおくとき，帰無仮説の下で，$-2\log\lambda \xrightarrow{\mathscr{L}} 0.5\chi_1^2 + 0.5\chi_2^2$（$\chi_1^2$ と χ_2^2 のそれぞれ確率 0.5 の重みでの混合分布）であることを示せ．

(b) $H_0: \boldsymbol{\theta} = \mathbf{0}$ に対して $H_1: \theta_1 \geq 0, \theta_2 \geq 0, \boldsymbol{\theta} \neq \mathbf{0}$ とする．このとき，帰無仮説の下で，$-2\log\lambda \xrightarrow{\mathscr{L}} p\delta_0 + (0.5-p)\chi_1^2 + 0.5\chi_2^2$ であることを示せ．ただし，δ_0 は 0 に退化した分布を表し，$p = \arccos\rho/2\pi$ である．ここでの ρ は，共分散行列が $\mathscr{I}(\boldsymbol{\theta}_0)$ である変数の相関係数である．つまり，$-2\log\lambda_n$ の極限分布は，今考えている分布の相関係数に依存する．

第 23 章　最小 χ^2 推定量

漸近的な正規変量を用いて定義した 2 次形式についての一般理論を用いて，最小距離法による推定問題をここでは扱う．ピアソンの最小 χ^2 法は特別な場合としてこの理論に含まれる．

d 次元確率ベクトル列 $\mathbf{Z}_n$ を考える．その分布は，母数空間 Θ に属した k 次元母数 $\boldsymbol{\theta}$ に依存しているとする．ただし，$k \leq d$ であり，Θ は $\mathbb{R}^k$ における空でない開集合であると仮定しておく．

$\mathbf{Z}_n$ は漸近的に正規分布に従うと仮定する．

$$\sqrt{n}(\mathbf{Z}_n - \mathbf{A}(\boldsymbol{\theta})) \xrightarrow{\mathscr{L}} \mathscr{N}(\mathbf{0}, \mathbf{C}(\boldsymbol{\theta})) \tag{1}$$

ただし，すべての $\boldsymbol{\theta} \in \Theta$ において，$\mathbf{A}(\boldsymbol{\theta})$ は d 次元ベクトルで，$\mathbf{C}(\boldsymbol{\theta})$ は $d \times d$ 共分散行列である．$\mathbf{A}(\boldsymbol{\theta})$ にはさらに 2 つの仮定をおく．

$$\mathbf{A}(\boldsymbol{\theta}) \text{ は両連続（つまり，} \boldsymbol{\theta}_n \to \boldsymbol{\theta} \iff \mathbf{A}(\boldsymbol{\theta}_n) \to \mathbf{A}(\boldsymbol{\theta})) \tag{2}$$

$$\mathbf{A}(\boldsymbol{\theta}) \text{ は連続 1 階微分可能であり，} \dot{\mathbf{A}}(\boldsymbol{\theta}) \text{ は最大階数をもつ} \tag{3}$$

$\mathbf{Z}_n$ と $\mathbf{A}(\boldsymbol{\theta})$ との距離を次のような 2 次形式で測ることにする．

$$Q_n(\boldsymbol{\theta}) = n(\mathbf{Z}_n - \mathbf{A}(\boldsymbol{\theta}))^t \mathbf{M}(\boldsymbol{\theta})(\mathbf{Z}_n - \mathbf{A}(\boldsymbol{\theta})) \tag{4}$$

ただし，$\mathbf{M}(\boldsymbol{\theta})$ は $d \times d$ 共分散行列である．また，次も仮定する．

$$\mathbf{M}(\boldsymbol{\theta}) \text{ は } \boldsymbol{\theta} \text{ に関して連続であり，一様下側有界である} \tag{5}$$

この**一様下側有界**とは，次のような意味で用いる．ある $\alpha > 0$ が存在して，任意の $\boldsymbol{\theta} \in \Theta$ に対して，

$$\mathbf{M}(\boldsymbol{\theta}) > \alpha I$$

最小 χ^2 推定量とは，$Q_n(\boldsymbol{\theta})$ を最小にする $\boldsymbol{\theta}$ 値のことであり，$\mathbf{Z}_n$ に依存する．上に挙げた仮定だけでは，最小 χ^2 推定量は存在しないかもしれない．この存在問題を避けるために，真の値 $\boldsymbol{\theta} \in \Theta$ が何であっても

$$Q_n(\boldsymbol{\theta}_n^*) - \inf_{\boldsymbol{\theta} \in \Theta} Q_n(\boldsymbol{\theta}) \xrightarrow{\mathrm{P}} 0$$

が成り立つような最小 χ^2 列 $\boldsymbol{\theta}_n^*(\mathbf{Z}_n)$ というものを定義しておこう．

主定理において，すべての最小 χ^2 列は漸近正規性をもち，任意の $\boldsymbol{\theta} \in \Theta$ でのその漸近共分散行列を一様に最小にするような $\mathbf{M}$ を，(5) 式を満足する $\mathbf{M}$ の中から選ぶことができる，ということを示す．また，$\mathbf{Z}_n$ が指数型分布族（もちろん，多項分布も含まれている）からの十分統計量（ベクトル）ならば，この最小 χ^2 列は MLE に漸近的同値であり，それゆえに漸近有効性をもつことも示す．

一例として，ピアソンの χ^2 について考えてみよう．9 章での記号に従えば，$d = c$ がセル数であり，$\mathbf{Z}_n = \bar{\mathbf{X}}_n$ が各セルの相対頻度ベクトルである．また，ある $k(\leq c-1)$ 次元母数 $\boldsymbol{\theta}$ の関数として表現された $\mathbf{A}(\boldsymbol{\theta}) = \boldsymbol{p}(\boldsymbol{\theta})$ がセル確率ベクトルである．このとき，各セル確率を対角線上に並べた対角行列を $\mathbf{P}(\boldsymbol{\theta})$ とおき，$\mathbf{M}(\boldsymbol{\theta}) = \mathbf{P}^{-1}(\boldsymbol{\theta})$ と設定すると，(4) 式で表される $Q_n(\boldsymbol{\theta})$ は正確にピアソンの χ^2 に等しくなる．さらに，次のように漸近共分散行列は求められて，条件 (1) は満足される．

$$\mathbf{C}(\boldsymbol{\theta}) = \mathbf{P}(\boldsymbol{\theta}) - \boldsymbol{p}(\boldsymbol{\theta})\boldsymbol{p}(\boldsymbol{\theta})^t$$

ここで，次のような疑問も起こる：$\mathbf{P}^{-1}(\boldsymbol{\theta})$ とは異なる $\mathbf{M}(\boldsymbol{\theta})$ を用いて良い推定量は得られないだろうか．

主定理の記述を簡単にするために，$\boldsymbol{\theta}_0$ を真の母数として，$\dot{\mathbf{A}}$，$\mathbf{M}$，$\mathbf{C}$ でそれぞれ $\dot{\mathbf{A}}(\boldsymbol{\theta}_0)$，$\mathbf{M}(\boldsymbol{\theta}_0)$，$\mathbf{C}(\boldsymbol{\theta}_0)$ を表すことにする．定理の証明はこの章の終わりに回す．

定理 23 任意の最小 χ^2 列 $\boldsymbol{\theta}_n^*$ において，次が成り立つ．

$$\sqrt{n}(\boldsymbol{\theta}_n^* - \boldsymbol{\theta}_0) \xrightarrow{\mathscr{L}} \mathscr{N}(0, \boldsymbol{\Sigma})$$

ただし,
$$\Sigma = (\dot{\mathbf{A}}^t \mathbf{M} \dot{\mathbf{A}})^{-1} \dot{\mathbf{A}}^t \mathbf{M} \mathbf{C} \mathbf{M} \dot{\mathbf{A}} (\dot{\mathbf{A}}^t \mathbf{M} \dot{\mathbf{A}})^{-1}$$

ここでは, $\sqrt{n}(\boldsymbol{\theta}_n^* - \boldsymbol{\theta}_0)$ の最小漸近共分散を与える $\mathbf{M}$ について考えよう. 上の行列 Σ を $\mathbf{M}$ の関数として $\Sigma(\mathbf{M})$ と表記する.

系. $d \times d$ 行列 $\mathbf{M}_0$ が $\mathbf{C}\mathbf{M}_0\dot{\mathbf{A}} = \dot{\mathbf{A}}$ を満足するとき, $\Sigma(\mathbf{M}_0) = (\dot{\mathbf{A}}^t \mathbf{M}_0 \dot{\mathbf{A}})^{-1}$ が成り立つ. さらに, 任意の $\mathbf{M}$ に対して, 次も成り立つ.

$$\Sigma(\mathbf{M}_0) \leq \Sigma(\mathbf{M})$$

[証明]

$$\Sigma(\mathbf{M}_0) = (\dot{\mathbf{A}}^t \mathbf{M}_0 \dot{\mathbf{A}})^{-1} \dot{\mathbf{A}}^t \mathbf{M}_0 \mathbf{C} \mathbf{M}_0 \dot{\mathbf{A}} (\dot{\mathbf{A}}^t \mathbf{M}_0 \dot{\mathbf{A}})^{-1} = (\dot{\mathbf{A}}^t \mathbf{M}_0 \dot{\mathbf{A}})^{-1}$$

なので, 次が確かめられる.

$$\begin{aligned}
0 &\leq \left(\mathbf{M}\dot{\mathbf{A}}(\dot{\mathbf{A}}^t \mathbf{M}\dot{\mathbf{A}})^{-1} - \mathbf{M}_0\dot{\mathbf{A}}(\dot{\mathbf{A}}^t \mathbf{M}_0\dot{\mathbf{A}})^{-1} \right)^t \mathbf{C} \\
&\quad \times \left(\mathbf{M}\dot{\mathbf{A}}(\dot{\mathbf{A}}^t \mathbf{M}\dot{\mathbf{A}})^{-1} - \mathbf{M}_0\dot{\mathbf{A}}(\dot{\mathbf{A}}^t \mathbf{M}_0\dot{\mathbf{A}})^{-1} \right) \\
&= (\dot{\mathbf{A}}^t \mathbf{M}\dot{\mathbf{A}})^{-1} \dot{\mathbf{A}}^t \mathbf{M}\mathbf{C}\mathbf{M}\dot{\mathbf{A}}(\dot{\mathbf{A}}^t \mathbf{M}\dot{\mathbf{A}})^{-1} - (\dot{\mathbf{A}}^t \mathbf{M}_0\dot{\mathbf{A}})^{-1} \\
&= \Sigma(\mathbf{M}) - \Sigma(\mathbf{M}_0)
\end{aligned}$$ ∎

(**補足**) $\mathbf{C}$ が正則の場合は, $\mathbf{M}_0 = \mathbf{C}^{-1}$ とおくと最良漸近共分散が得られる. より一般的な場合には, 条件 $\mathbf{C}\mathbf{M}_0\dot{\mathbf{A}} = \dot{\mathbf{A}}$ は, $\dot{\mathbf{A}}$ のすべての列ベクトルが $\mathbf{C}$ の値域 (列空間) に含まれることを意味している. 逆に, $\mathbf{C}\mathbf{X} = \dot{\mathbf{A}}$ となるような行列 $\mathbf{X}$ が存在するとき, $\mathbf{M}_0$ は $\mathbf{C}$ の任意の**一般化逆行列**として選ぶことができる ($\mathbf{C}$ の一般化逆行列とは $\mathbf{C}\mathbf{C}^-\mathbf{C} = \mathbf{C}$ を満足する行列 $\mathbf{C}^-$ のことであり, そのような行列は存在し, 正則なものを選ぶこともできる (Rao(1973) の 1b.5 節を参照せよ)). というのも, $\mathbf{M}_0$ が $\mathbf{C}$ の一般化逆行列で, $\mathbf{C}\mathbf{X} = \dot{\mathbf{A}}$ が成り立っているときは, $\mathbf{C}\mathbf{M}_0\dot{\mathbf{A}} = \mathbf{C}\mathbf{M}_0\mathbf{C}\mathbf{X} = \mathbf{C}\mathbf{X} = \dot{\mathbf{A}}$ が成り立つからである. 結局, $\mathbf{C}\mathbf{M}_0\dot{\mathbf{A}} = \dot{\mathbf{A}}$ であるような $\mathbf{M}_0$ が存在するという条件は, $\dot{\mathbf{A}}$ のす

べての列ベクトルが $\mathbf{C}$ の値域に含まれるという条件と同値であり，このとき $\mathbf{C}$ の一般化逆行列を $\mathbf{M}_0$ とおくことができる．

ピアソンの χ^2 は，$\mathbf{C}$ が正則でないような例である．$\mathbf{C} = \mathbf{P} - pp^t$ であり，$\dot{\mathbf{A}} = (\partial/\partial\boldsymbol{\theta})p$ である．$\mathbf{M}_0 = \mathbf{P}^{-1}$ とおくと，

$$\mathbf{CM}_0\dot{\mathbf{A}} = (\mathbf{I} - pp^t\mathbf{P}^{-1})\dot{\mathbf{A}} = (\mathbf{I} - p\mathbf{1}^t)\dot{\mathbf{A}}$$

を得る．ただし，$\mathbf{1}$ は要素がすべて 1 のベクトルである．しかし，

$$\mathbf{1}^t\dot{\mathbf{A}} = \sum_{i=1}^d \frac{\partial}{\partial\boldsymbol{\theta}}p_i(\boldsymbol{\theta}) = \frac{\partial}{\partial\boldsymbol{\theta}}\sum_{i=1}^d p_i(\boldsymbol{\theta}) = \frac{\partial}{\partial\boldsymbol{\theta}}1 = \mathbf{0}^t$$

が成り立つので，$\mathbf{CM}_0\dot{\mathbf{A}} = \dot{\mathbf{A}}$ を得る．ゆえに，$\mathbf{M}_0 = \mathbf{P}^{-1}$ と設定するピアソンの χ^2 において，$\sqrt{n}(\boldsymbol{\theta}_n^* - \boldsymbol{\theta}_0)$ の漸近分散の最小性が導かれる．

例 23.1.【指数型分布族】 $X_1, ..., X_n$ は独立同分布で，測度 ν に関する次の密度関数に従うとする．

$$f(x|\boldsymbol{\pi}) = h(x)\exp\left(\boldsymbol{\pi}^t\mathbf{T}(x) - \varphi(\boldsymbol{\pi})\right)$$

ただし，$\mathbf{T}(x)$ と $\boldsymbol{\pi}$ は d 次元ベクトルで，

$$\varphi(\boldsymbol{\pi}) = \log\int_{-\infty}^{\infty} h(x)\exp(\boldsymbol{\pi}^t\mathbf{T}(x))d\nu(x)$$

が $\mathbb{R}^d$ の開集合において存在すると仮定する．このとき，$E_{\boldsymbol{\pi}}\mathbf{T}(X) = \dot{\varphi}(\boldsymbol{\pi})^t$ であり，$V_{\boldsymbol{\pi}}(\mathbf{T}(X)) = \ddot{\varphi}(\boldsymbol{\pi})$ である．$\mathbf{Z}_n = (1/n)\sum_{i=1}^n \mathbf{T}(X_i)$ とおくと，中心極限定理により，$\sqrt{n}(\mathbf{Z}_n - \dot{\varphi}(\boldsymbol{\pi})^t) \xrightarrow{\mathcal{L}} N(\mathbf{0}, \ddot{\varphi}(\boldsymbol{\pi}))$ が得られる．母数空間が $\mathbb{R}^d$ の開集合を含んでいるので，$\ddot{\varphi}(\boldsymbol{\pi})$ は正則であり，次のように定義することができる．

$$Q_n(\boldsymbol{\pi}) = n\left(\mathbf{Z}_n - \dot{\varphi}(\boldsymbol{\pi})^t\right)\ddot{\varphi}(\boldsymbol{\pi})^{-1}\left(\mathbf{Z}_n - \dot{\varphi}(\boldsymbol{\pi})^t\right)$$

$\boldsymbol{\pi}$ が自然母数空間の全体を動けるとすると，$Q_n(\boldsymbol{\pi})$ は $\mathbf{Z}_n = \dot{\varphi}(\boldsymbol{\pi})^t$ で最小値 0 を取る．つまり，最小 χ^2 推定量は MLE に一致する．このことは本質的に

は，指数型分布族は，最小 χ^2 推定量が MLE に一致するような分布族になっていることを示している．多項分布は指数型なので，ピアソンの χ^2 もここに含まれている．

π に制約があると（例えば，$\boldsymbol{\theta}$ の関数であるとか），MLE と最小 χ^2 推定量は必ずしも一致しないが，それらは同じ漸近共分散をもっている（演習問題 23.1 を参照せよ）．

いろいろな一般化 χ^2

A.【修正 χ^2】 行列 $\mathbf{M}$ が $\mathbf{Z}_n$ に関係してもよいとするとき，それで得られる 2 次形式

$$Q_n(\boldsymbol{\theta}) = n(\mathbf{Z}_n - \mathbf{A}(\boldsymbol{\theta}))^t \mathbf{M}(\mathbf{Z}_n, \boldsymbol{\theta})(\mathbf{Z}_n - \mathbf{A}(\boldsymbol{\theta}))$$

は修正 χ^2 として知られ，$Q_n(\boldsymbol{\theta})$ を最小にする値が**最小修正 χ^2 推定量**である．ネイマンの $\chi^2 = \sum(観測値 - 期待値)^2/観測値$ がその典型例である．条件 (5) を $\mathbf{M}(\boldsymbol{z}, \boldsymbol{\theta})$ が $(\boldsymbol{z}, \boldsymbol{\theta})$ について連続かつ下側一様有界であるという条件で置き換えると，最小修正 χ^2 推定量は，$\mathbf{M}(\mathbf{Z}_n, \boldsymbol{\theta})$ に関する 2 次形式をその極限である $\mathbf{M}(\mathbf{A}(\boldsymbol{\theta}), \boldsymbol{\theta})$ で置き換えた時の 2 次形式に関する最小 χ^2 推定量に漸近的に同値である．$\mathbf{M}(\mathbf{Z}_n, \boldsymbol{\theta})$ が $\boldsymbol{\theta}$ に依存しないように選べるなら，推定量の計算は通常容易である．

例 23.2. 3 つのセルについてのピアソン χ^2 を考える．そのセル確率が実母数 θ について線形であるとしよう．つまり，$p_1(\theta) = 1/3 - \theta$, $p_2(\theta) = 2/3 - \theta$, $p_3(\theta) = 2\theta$. ただし，$0 < \theta < 1/3$ である．このとき，

$$\chi^2 = \frac{(n_1 - n(1/3 - \theta))^2}{n(1/3 - \theta)} + \frac{(n_2 - n(2/3 - \theta))^2}{n(2/3 - \theta)} + \frac{(n_3 - 2n\theta)^2}{2n\theta}$$

である．これを θ について微分し，それを 0 とおくと，θ についての 6 次方程式となる．一方，ネイマンの χ^2 は

$$\chi^2_{\mathbf{N}} = \frac{(n_1 - n(1/3 - \theta))^2}{n_1} + \frac{(n_2 - n(2/3 - \theta))^2}{n_2} + \frac{(n_3 - 2n\theta)^2}{n_3}$$

なので，微分して得られる θ についての方程式は 1 次である．

B.【変換 χ^2】 関数 $g : \mathbb{R}^d \to \mathbb{R}^d$ は連続な偏微分 $\dot{g}$ をもち，$\dot{g}$ は正則であるとする．このとき，クラメールの定理より，

$$\sqrt{n}(g(\mathbf{Z}_n) - g(\mathbf{A}(\boldsymbol{\theta}))) \xrightarrow{\mathscr{L}} \mathscr{N}(\mathbf{0}, \dot{g}(\mathbf{A}(\boldsymbol{\theta}))\mathbf{C}(\boldsymbol{\theta})\dot{g}(\mathbf{A}(\boldsymbol{\theta}))^t)$$

が成り立ち，

$$Q_n(\boldsymbol{\theta}) = n(g(\mathbf{Z}_n) - g(\mathbf{A}(\boldsymbol{\theta})))^t (\dot{g}(\mathbf{A}(\boldsymbol{\theta}))^t)^{-1} \mathbf{M}(\boldsymbol{\theta}) \dot{g}(\mathbf{A}(\boldsymbol{\theta}))^{-1} (g(\mathbf{Z}_n) - g(\mathbf{A}(\boldsymbol{\theta})))$$

が最小 χ^2 推定量を導く．これは定理 23 の中で変換していない χ^2 より導かれるものと同じ漸近分布をもち，同じ $\mathbf{M}$ を選ぶことにより最良化される．行列 $(\dot{g}(\mathbf{A}(\boldsymbol{\theta}))^t)^{-1} \mathbf{M}(\boldsymbol{\theta}) \dot{g}(\mathbf{A}(\boldsymbol{\theta}))^{-1}$ を推定量で置き換えて修正法と変換法を組み合わせることもできる．しばしば行われるのは，$g(\mathbf{A}(\boldsymbol{\theta}))$ が $\boldsymbol{\theta}$ について線形になるような g を選択することである．

例 23.3. 反応曲線 $F(x|\boldsymbol{\theta})$ をもつ生物検定問題について考えよう．水準 $x_1, ..., x_d$ において大きさ n の標本をそれぞれ採取し，反応数が $n_1, ..., n_d$ であったとしよう．χ^2 は

$$\begin{aligned}\chi^2 &= \sum_{i=1}^d \left(\frac{(n_i - nF(x_i|\boldsymbol{\theta}))^2}{nF(x_i|\boldsymbol{\theta})} + \frac{((n - n_i) - n(1 - F(x_i|\boldsymbol{\theta})))^2}{n(1 - F(x_i|\boldsymbol{\theta}))} \right) \\ &= \sum_{i=1}^d \frac{(n_i - nF(x_i|\boldsymbol{\theta}))^2}{nF(x_i|\boldsymbol{\theta})(1 - F(x_i|\boldsymbol{\theta}))} \\ &= n \sum_{i=1}^d \frac{(n_i/n - F(x_i|\boldsymbol{\theta}))^2}{F(x_i|\boldsymbol{\theta})(1 - F(x_i|\boldsymbol{\theta}))}\end{aligned}$$

2 つのセルしかもたないピアソンの χ^2 は 1 つの項にまとめられることに注意しよう．

$F(x|\boldsymbol{\theta})$ がロジスティック反応曲線 $F(x|\boldsymbol{\theta}) = \exp(\alpha + \beta x)/(1 + \exp(\alpha + \beta x))$，$\boldsymbol{\theta} = (\alpha, \beta)^t$ の場合は，その最小 χ^2 推定量を計算するには飽き飽きするような計算が必要である．しかし，変換 $\mathrm{logit}(p) = \log(p/(1-p))$ で

$g(F(x|\boldsymbol{\theta}))$ は線形化され,$\operatorname{logit}(F(x|\boldsymbol{\theta})) = \alpha + \beta x$ を得る.

$$\frac{\partial}{\partial p}\operatorname{logit}(p) = \frac{1}{p(1-p)}$$

なので,変換 χ^2 は次のようになる.

$$\chi^2 = n\sum_{i=1}^{d} F(x_i|\boldsymbol{\theta})(1 - F(x_i|\boldsymbol{\theta}))\left(\operatorname{logit}\left(\frac{n_i}{n}\right) - \operatorname{logit}\left(F(x_i|\boldsymbol{\theta})\right)\right)^2$$

修正法を適用すると,バークソンの**ロジット χ^2** が得られる.

$$\operatorname{logit}\chi^2 = n\sum_{i=1}^{d} \frac{n_i}{n}\left(1 - \frac{n_i}{n}\right)\left(\operatorname{logit}\left(\frac{n_i}{n}\right) - (\alpha + \beta x_i)\right)^2$$

C.【準有効推定量の周りでの χ^2 の展開】 MLE の計算においても見たように,簡単に計算できるが準有効的な推定量にニュートン法を応用して改良できるかもしれない.最小 χ^2 推定量を得るには,通常 $(\partial/\partial\boldsymbol{\theta})Q_n(\boldsymbol{\theta}) = \mathbf{0}^t$ の解を求めることになる.その計算にニュートン法を適用する際に,いくつかの簡略化をもち込むことができる.まず,$Q_n(\boldsymbol{\theta})$ の導関数を導くとき,$\mathbf{M}(\boldsymbol{\theta})$ は $\boldsymbol{\theta}$ の関数ではないと見なす.これは,$\mathbf{M}(\boldsymbol{\theta})$ をある推定値で置き換え,微分を行い,またその推定値を $\mathbf{M}(\boldsymbol{\theta})$ で置き戻す,という修正 χ^2 を用いることに等しい.そうすると,次の方程式

$$\dot{\mathbf{A}}(\boldsymbol{\theta})^t \mathbf{M}(\boldsymbol{\theta})(\mathbf{Z}_n - \mathbf{A}(\boldsymbol{\theta})) = 0$$

を扱うことになる.さらに,この方程式の $\dot{\mathbf{A}}(\boldsymbol{\theta})^t\mathbf{M}(\boldsymbol{\theta})$ を推定値で置き換えるという修正を行うこともできる.

例 23.4. ある水溶液内のバクテリア濃度を推定したいときよく行われる実験は,抽出した水溶液 1cm^3 内でのバクテリアの存在・非存在を調べることである.θ でバクテリア濃度を表すと,1cm^3 内のバクテリア数は母数 θ のポアソン分布に従うと考えられる.1 試行での成功(バクテリアの非存在)の確率は $e^{-\theta}$ である.希釈法を組み込んでバクテリア濃度を推定するときは,

水溶液を幾段階かの希釈水準 $x_1, x_2, ..., x_d$ に希釈して，各水準ごとに n 回の試行実験を行なう．希釈水準 x_i での成功の確率は $\exp(-\theta x_i)$ である．これは，例 23.3 で反応曲線を $F(x|\theta) = \exp(-\theta x)$ とおいたときの χ^2 を導く．

$$\chi^2 = n \sum_{i=1}^{d} \frac{(n_i/n - \exp(-\theta x_i))^2}{\exp(-\theta x_i)(1 - \exp(-\theta x_i))}$$

ただし，希釈水準 x_i での n 回の試行中の試行においてバクテリアが観測されなかった試行数が n_i である．分母が θ に依存しないと見なして微分すると，次が得られる．

$$2n \sum_{i=1}^{d} \frac{(n_i/n - \exp(-\theta x_i)) x_i}{1 - \exp(-\theta x_i)} = 0$$

また，$n_i \neq n$ の場合は，分母を $1 - n_i/n$ で置き換えてもよい．

D. 【付帯条件の線形化 (Neyman(1949))】 Q_n の最小化問題において，$\mathbf{A} = (a_1, ..., a_d)^t$ が $\boldsymbol{\theta}$ に依存していることを，$\mathbf{A}$ はある制約条件を満足する母数ベクトルである，と考えることもできる．このとき，これらの制約条件を付帯条件と呼ぶ．k 個の独立母数を考えているならば，$d-k$ 個の付帯条件 $f_j(a_1, ..., a_d) = 0$, $j = 1, ..., d-k$ があることになる．ラグランジュの未定乗数法を用いると，これらの制約条件下での Q_n の最小化問題を解くことができる．f_j を $\mathbf{Z}_n$ の周辺でテーラー展開して，その最初の 2 項を使って線形化した制約条件を考えると，より簡単な計算法が得られる．こうすれば，線型方程式を解くだけの問題になる．

例 23.5. c 個の項をもつ多項分布からの大きさ n の標本に対する対数線形モデルでは，各項の確率 $p_1, ..., p_c$ が次で与えられる．

$$p_i = \exp\left(\theta_0 + \sum_{j=1}^{k} x_{ij} \theta_j\right), \quad i = 1, 2, ..., c$$

ただし，x_{ij} は既知である．各項を $g(z) = \log z$, $(\partial/\partial z)g(z) = 1/z$ で変換して，

$$Q_n = n \sum_{i=1}^{c} \frac{n_i}{n} \left(\log\left(\frac{n_i}{n}\right) - \log p_i \right)^2 = \sum_{i=1}^{c} n_i (z_i - a_i)^2$$

について考える変換 χ^2 が扱いやすい．ただし，$a_i = \log p_i = \theta_0 + \sum_{j=1}^{k} x_{ij} \theta_j$，$z_i = \log(n_i/n)$ である．Q_n は 2 次形式ではあるが，制約条件 $1 = \sum_{i=1}^{c} p_i = \sum_{i=1}^{c} \exp a_i$ が存在するため，非線形問題である．各 z_i の周辺でこの条件を展開すると，

$$1 = \sum_{i=1}^{c} \exp a_i \sim \sum_{i=1}^{c} \exp z_i + \sum_{i=1}^{c} (a_i - z_i) \exp z_i$$

このとき，$\sum_{i=1}^{c} \exp z_i = \sum_{i=1}^{c} (n_i/n) = 1$ なので，制約条件は $\sum_{i=1}^{c} n_i a_i = \sum_{i=1}^{c} n_i z_i$ となり，次のように書ける．

$$\theta_0 = \frac{1}{n} \sum_{i=1}^{c} n_i z_i - \frac{1}{n} \sum_{j=1}^{k} \sum_{i=1}^{c} n_i x_{ij} \theta_j$$

ゆえに，

$$a_i = \frac{1}{n} \sum_{m=1}^{c} n_m z_m + \frac{1}{n} \sum_{j=1}^{k} \left(x_{ij} - \sum_{m=1}^{c} \frac{n_m}{n} x_{mj} \right) \theta_j$$

これにより，$(\partial/\partial\theta_j) a_i$ が求められるので，最小変換 χ^2 推定量は次の線形方程式を解いて得られる．

$$\frac{\partial}{\partial \theta_j} Q_n = -2 \sum_{i=1}^{c} n_i (z_i - a_i) \left(x_{ij} - \sum_{m=1}^{c} \frac{n_m}{n} x_{mj} \right) = 0, \quad j = 1, ..., k$$

しかし残念ながら，これを解いて得られる a_i は本来の制約条件 $\sum_{i=1}^{c} \exp a_i = 1$ を満足しない．この式を正確に満足するようにしたいときは，推定量を次のように修正する．$\sum_{i=1}^{c} \exp a_i = \exp \delta$ となる δ を求めて，θ_0 を $\theta_0 - \delta$ で置き換える．このとき，修正された推定量は $\sum_{i=1}^{c} p_i = 1$ を満足し，漸近的有効性も保たれる．

主定理の証明

定理 23 の証明に必要な補題をまず準備する．$\boldsymbol{\theta}$ の真の値を $\boldsymbol{\theta}_0$ とおくと，条件 (1) より，$\sqrt{n}(\mathbf{Z}_n - \mathbf{A}(\boldsymbol{\theta}_0)) \xrightarrow{\mathscr{L}} \mathscr{N}(\mathbf{0}, \mathbf{C})$ が成り立つ．ただし，$\mathbf{C} = \mathbf{C}(\boldsymbol{\theta}_0)$ である．$\mathbb{R}^d$ における距離 $||\boldsymbol{x}||$ を次で与える．

$$||\boldsymbol{x}||^2 = \boldsymbol{x}^t \mathbf{M}(\boldsymbol{\theta}_0) \boldsymbol{x} = \boldsymbol{x}^t \mathbf{M} \boldsymbol{x}$$

また，任意の $\varepsilon > 0$ に対して，ある r_ε が存在して，十分大きなすべての n において $\mathbf{P}(||\mathbf{V}_n|| < r_\varepsilon) > 1 - \varepsilon$ が成り立つとき，確率ベクトル列 $\mathbf{V}_n$ は**タイト**であるという．

補題 23.1. $\sqrt{n}(\mathbf{Z}_n - \mathbf{A}(\boldsymbol{\theta}_n^*))$ はタイトである．

[証明] $\varepsilon > 0$ とする．十分大きなすべての n に対して $\mathbf{P}(\sqrt{n}||\mathbf{Z}_n - \mathbf{A}(\boldsymbol{\theta}_0)|| < r) > 1 - \varepsilon/2$ となるような $r > 0$ が存在する（分布収束する確率ベクトル列はタイトである）．また，十分大きなすべての n に対して

$$\mathbf{P}\left(Q_n(\boldsymbol{\theta}_n^*) - \inf_{\boldsymbol{\theta} \in \Theta} Q_n(\boldsymbol{\theta}) \leq \varepsilon\right) > 1 - \frac{\varepsilon}{2}$$

が成り立つので，n が十分大きいとき次を得る．

$$\mathbf{P}\left(\sqrt{n}||\mathbf{Z}_n - \mathbf{A}(\boldsymbol{\theta}_0)|| < r, \; Q_n(\boldsymbol{\theta}_n^*) - \inf_{\boldsymbol{\theta} \in \Theta} Q_n(\boldsymbol{\theta}) \leq \varepsilon\right) > 1 - \varepsilon$$

$\mathbf{M}(\boldsymbol{\theta})$ は一様下側有界なので，すべての $\boldsymbol{\theta} \in \Theta$ において $\mathbf{M}(\boldsymbol{\theta}) > \delta \mathbf{M}(\boldsymbol{\theta}_0)$ となるような $\delta > 0$ を見つけることができる．ゆえに，

$$n||\mathbf{Z}_n - \mathbf{A}(\boldsymbol{\theta}_0)||^2 < r^2, \; Q_n(\boldsymbol{\theta}_n^*) - \inf_{\boldsymbol{\theta} \in \Theta} Q_n(\boldsymbol{\theta}) \leq \varepsilon$$

が成り立つとき次が導けて，補題が成り立つことが分かる．

$$\begin{aligned} n||\mathbf{Z}_n - \mathbf{A}(\boldsymbol{\theta}_n^*)||^2 &\leq \frac{1}{\delta} Q_n(\boldsymbol{\theta}_n^*) \quad (\mathbf{M}(\boldsymbol{\theta}_n^*) > \delta \mathbf{M}(\boldsymbol{\theta}_0) \text{ なので}) \\ &\leq \frac{1}{\delta}\left(\inf_{\boldsymbol{\theta} \in \Theta} Q_n(\boldsymbol{\theta}) + \varepsilon\right) \\ &\leq \frac{1}{\delta}(Q(\boldsymbol{\theta}_0) + \varepsilon) \end{aligned}$$

第 IV 部　推定・検定の有効性

$$= \frac{1}{\delta}(n||\mathbf{Z}_n - \mathbf{A}(\boldsymbol{\theta}_0)||^2 + \varepsilon)$$
$$\leq \frac{1}{\delta}(r^2 + \varepsilon) \ = \ r_\varepsilon^2$$
■

系 23.1. $\sqrt{n}(\mathbf{A}(\boldsymbol{\theta}_n^*) - \mathbf{A}(\boldsymbol{\theta}_0))$ はタイトである.

[証明] 次の変形により明らかである.

$$\sqrt{n}(\mathbf{A}(\boldsymbol{\theta}_n^*) - \mathbf{A}(\boldsymbol{\theta}_0)) = \sqrt{n}(\mathbf{Z}_n - \mathbf{A}(\boldsymbol{\theta}_0)) - \sqrt{n}(\mathbf{Z}_n - \mathbf{A}(\boldsymbol{\theta}_n^*))$$
■

系 23.2. $\boldsymbol{\theta}_n^* \xrightarrow{\mathrm{P}} \boldsymbol{\theta}_0$ が成り立つ.

[証明] 系 23.1 より, $\mathbf{A}(\boldsymbol{\theta}_n^*) \xrightarrow{\mathrm{P}} \mathbf{A}(\boldsymbol{\theta}_0)$ が成り立ち, $\mathbf{A}$ は両連続であることより証明を得る. ■

距離 $||\boldsymbol{x}||^2 = \boldsymbol{x}^t \mathbf{M} \boldsymbol{x}$ による, $\dot{\mathbf{A}}$ の列ベクトルの張る空間への射影を $\mathbf{\Pi}$ で表す. 言い換えると, $\mathbf{\Pi} \boldsymbol{x} = \dot{\mathbf{A}} \boldsymbol{y}$ であるとき, $\boldsymbol{y} \in \mathbb{R}^k$ は $||\boldsymbol{x} - \dot{\mathbf{A}} \boldsymbol{y}||^2$ を最小にする. 次の計算で $\mathbf{\Pi}$ を求めることができる.

$$\frac{\partial}{\partial \boldsymbol{y}}||\boldsymbol{x} - \dot{\mathbf{A}} \boldsymbol{y}||^2 = \frac{\partial}{\partial \boldsymbol{y}}(\boldsymbol{x} - \dot{\mathbf{A}} \boldsymbol{y})^t \mathbf{M}(\boldsymbol{x} - \dot{\mathbf{A}} \boldsymbol{y}) = -2(\boldsymbol{x} - \dot{\mathbf{A}} \boldsymbol{y})^t \mathbf{M} \dot{\mathbf{A}} = \mathbf{0}^t$$

なので,

$$\dot{\mathbf{A}}^t \mathbf{M} \dot{\mathbf{A}} \boldsymbol{y} = \dot{\mathbf{A}}^t \mathbf{M} \boldsymbol{x}$$

である. また, $\dot{\mathbf{A}}$ は最大階数をもち, $\mathbf{M}$ は正則であることより, $\dot{\mathbf{A}}^t \mathbf{M} \dot{\mathbf{A}}$ は正則となり, $\boldsymbol{y} = (\dot{\mathbf{A}}^t \mathbf{M} \dot{\mathbf{A}})^{-1} \dot{\mathbf{A}}^t \mathbf{M} \boldsymbol{x}$ を得る. つまり,

$$\mathbf{\Pi} = \dot{\mathbf{A}}(\dot{\mathbf{A}}^t \mathbf{M} \dot{\mathbf{A}})^{-1} \dot{\mathbf{A}}^t \mathbf{M}$$

補題 23.2. [1] $\sqrt{n}\left(\mathbf{\Pi}(\mathbf{Z}_n - \mathbf{A}(\boldsymbol{\theta}_0)) - (\mathbf{A}(\boldsymbol{\theta}_n^*) - \mathbf{A}(\boldsymbol{\theta}_0))\right) \xrightarrow{\mathrm{P}} \mathbf{0}$ が成り立つ.

---

[1] （訳注）この補題の証明は原著と少々異なっている. 訳者には分かりにくかったため多少の修正を加えた. 証明に不備があれば, すべて訳者の責任である. また, これに関連して図 23.1 も修正されている.

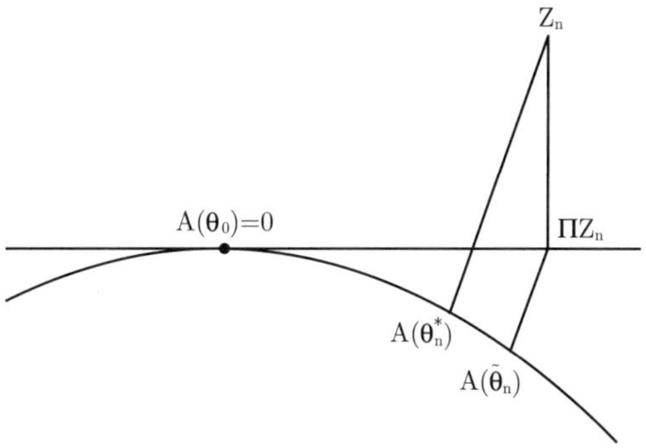

図 23.1

[証明] この補題の証明においては，表記を簡単にするために，座標の平行移動により，$\mathbf{A}(\boldsymbol{\theta}_0) = \mathbf{0}$ を仮定する．$\mathbf{A}(\boldsymbol{\theta}_0)$ での接平面を線形空間としたいためである．これで一般性を失うことはない．以下においてはその前提で，$\sqrt{n}\left(\mathbf{\Pi}\mathbf{Z}_n - \mathbf{A}(\boldsymbol{\theta}_n^*)\right) \xrightarrow{\mathrm{P}} \mathbf{0}$ を証明する．

$\varepsilon > 0$ とする．$\mathbf{A}(\boldsymbol{\theta})$ の連続 1 階微分可能性と両連続性により，ある $\delta > 0$ が存在して，$\|\mathbf{A}(\boldsymbol{\theta})\| < \delta$ ならば次が成り立つようにできる．

$$\|\mathbf{A}(\boldsymbol{\theta}) - \dot{\mathbf{A}}(\boldsymbol{\theta} - \boldsymbol{\theta}_0)\| < \varepsilon \|\mathbf{A}(\boldsymbol{\theta})\|$$

$\boldsymbol{\theta}_n^*$ の収束に関して，この関係式を利用する．

$$\|\mathbf{A}(\boldsymbol{\theta}_n^*)\| \leq \|\mathbf{A}(\boldsymbol{\theta}_n^*) - \mathbf{Z}_n\| + \|\mathbf{Z}_n\|$$

において，（補題 23.1 により）右辺の第 1 項は 0 に確率収束する．いくらでも大きな確率で（例えば）$\|\mathbf{Z}_n\| < \delta/2$ が成り立つように十分大きく n を取れば，$\|\mathbf{A}(\boldsymbol{\theta}_n^*)\| < \delta$ とできる．これにより，

$$\|\mathbf{A}(\boldsymbol{\theta}_n^*) - \dot{\mathbf{A}}(\boldsymbol{\theta}_n^* - \boldsymbol{\theta}_0)\| < \varepsilon \|\mathbf{A}(\boldsymbol{\theta}_n^*)\|$$

系 23.1 により $\sqrt{n}\|\mathbf{A}(\boldsymbol{\theta}_n^*)\|$ はタイトであり，$\varepsilon > 0$ は任意なので次を得る．

$$\sqrt{n}(\mathbf{A}(\boldsymbol{\theta}_n^*) - \dot{\mathbf{A}}(\boldsymbol{\theta}_n^* - \boldsymbol{\theta}_0)) \xrightarrow{\mathrm{P}} \mathbf{0}$$

また，$\|\mathbf{A}(\boldsymbol{\theta}_n^*) - \mathbf{\Pi}\mathbf{A}(\boldsymbol{\theta}_n^*)\| \leq \|\mathbf{A}(\boldsymbol{\theta}_n^*) - \dot{\mathbf{A}}(\boldsymbol{\theta}_n^* - \boldsymbol{\theta}_0))\|$ により次を得る．

$$\sqrt{n}(\mathbf{A}(\boldsymbol{\theta}_n^*) - \mathbf{\Pi}\mathbf{A}(\boldsymbol{\theta}_n^*)) = \sqrt{n}(\mathbf{I} - \mathbf{\Pi})\mathbf{A}(\boldsymbol{\theta}_n^*) \xrightarrow{\mathrm{P}} \mathbf{0}$$

さらにまた，系 23.2 により $\boldsymbol{\theta}_n^* \xrightarrow{\mathrm{P}} \boldsymbol{\theta}_0$ なので，$\mathbf{M}(\boldsymbol{\theta}_n^*) \xrightarrow{\mathrm{P}} \mathbf{M}(\boldsymbol{\theta}_0)$ であるが，$\sqrt{n}(\mathbf{Z}_n - \mathbf{A}(\boldsymbol{\theta}_n^*))$ がタイトであることにより $Q_n(\boldsymbol{\theta}_n^*)$ を次のように評価できる．

$$\begin{aligned} Q_n(\boldsymbol{\theta}_n^*) &\sim n\|\mathbf{Z}_n - \mathbf{A}(\boldsymbol{\theta}_n^*)\|^2 \\ &= n\|\mathbf{\Pi}(\mathbf{Z}_n - \mathbf{A}(\boldsymbol{\theta}_n^*))\|^2 + n\|(\mathbf{I} - \mathbf{\Pi})\mathbf{Z}_n - (\mathbf{I} - \mathbf{\Pi})\mathbf{A}(\boldsymbol{\theta}_n^*)\|^2 \\ &\sim n\|\mathbf{\Pi}(\mathbf{Z}_n - \mathbf{A}(\boldsymbol{\theta}_n^*))\|^2 + n\|\mathbf{Z}_n - \mathbf{\Pi}\mathbf{Z}_n\|^2 \end{aligned}$$

ここで，$\mathbf{\Pi}\mathbf{Z}_n = \dot{\mathbf{A}}^t(\boldsymbol{\theta} - \boldsymbol{\theta}_0)$ を満足する $\boldsymbol{\theta}$ を $\tilde{\boldsymbol{\theta}}_n$ と定義すると，実際，

$$\tilde{\boldsymbol{\theta}}_n = (\dot{\mathbf{A}}^t \mathbf{M} \dot{\mathbf{A}})^{-1} \dot{\mathbf{A}} \mathbf{M} \mathbf{Z}_n + \boldsymbol{\theta}_0$$

と求められる．$\|\mathbf{\Pi}\mathbf{Z}_n\| \leq \|\mathbf{Z}_n\| < \delta/2$ なので，

$$\|\mathbf{A}(\tilde{\boldsymbol{\theta}}_n) - \mathbf{\Pi}\mathbf{Z}_n\| = \|\mathbf{A}(\tilde{\boldsymbol{\theta}}_n) - \dot{\mathbf{A}}(\tilde{\boldsymbol{\theta}}_n - \boldsymbol{\theta}_0)\| < \varepsilon \|\mathbf{A}(\tilde{\boldsymbol{\theta}}_n)\|$$

が成り立つ．これにより，$\boldsymbol{\theta}_n^*$ に対してと同様に $\sqrt{n}\|\mathbf{A}(\tilde{\boldsymbol{\theta}}_n)\|$ もタイトなので，$\sqrt{n}\|\mathbf{A}(\tilde{\boldsymbol{\theta}}_n) - \mathbf{\Pi}\mathbf{Z}_n\| \xrightarrow{\mathrm{P}} 0$ を得る．このとき，$Q_n(\tilde{\boldsymbol{\theta}}_n)$ は次のように評価できる．

$$\begin{aligned} Q_n(\tilde{\boldsymbol{\theta}}_n) &\sim n\|\mathbf{Z}_n - \mathbf{A}(\tilde{\boldsymbol{\theta}}_n)\|^2 \\ &\leq n(\|\mathbf{Z}_n - \mathbf{\Pi}\mathbf{Z}_n\| + \|\mathbf{\Pi}\mathbf{Z}_n - \mathbf{A}(\tilde{\boldsymbol{\theta}}_n)\|)^2 \\ &\sim n\|\mathbf{Z}_n - \mathbf{\Pi}\mathbf{Z}_n\|^2 \end{aligned}$$

ところで，$\boldsymbol{\theta}_n^*$ の定義により，確率的に次が成り立たなければならい．

$$\liminf_{n \to \infty}(Q_n(\tilde{\boldsymbol{\theta}}_n) - Q_n(\boldsymbol{\theta}_n^*)) \geq 0$$

ゆえに，$\sqrt{n}(\mathbf{\Pi}\mathbf{Z}_n - \mathbf{\Pi}\mathbf{A}(\boldsymbol{\theta}_n^*)) \xrightarrow{\mathrm{P}} \mathbf{0}$ でなければならない．これに $\sqrt{n}(\mathbf{A}(\boldsymbol{\theta}_n^*) - \mathbf{\Pi}\mathbf{A}(\boldsymbol{\theta}_n^*)) \xrightarrow{\mathrm{P}} \mathbf{0}$ を組み合わせて，$\sqrt{n}(\mathbf{\Pi}\mathbf{Z}_n - \mathbf{A}(\boldsymbol{\theta}_n^*)) \xrightarrow{\mathrm{P}} \mathbf{0}$ が得られる． ∎

[定理 23 の証明] $\boldsymbol{\theta}_0$ の周りで $\mathbf{A}(\boldsymbol{\theta}_n^*)$ を展開すると，

$$\begin{aligned} \mathbf{A}(\boldsymbol{\theta}_n^*) - \mathbf{A}(\boldsymbol{\theta}_0) &= \left(\int_0^1 \dot{\mathbf{A}}(\boldsymbol{\theta}_0 + \lambda(\boldsymbol{\theta}_n^* - \boldsymbol{\theta}_0))d\lambda\right)(\boldsymbol{\theta}_n^* - \boldsymbol{\theta}_0) \\ &= \mathbf{A}^*(\boldsymbol{\theta}_n^*)(\boldsymbol{\theta}_n^* - \boldsymbol{\theta}_0) \end{aligned}$$

$\boldsymbol{\theta}_n^* \xrightarrow{\mathrm{P}} \boldsymbol{\theta}_0$ であり，$\dot{\mathbf{A}}(\boldsymbol{\theta})$ は連続なので，$\mathbf{A}^*(\boldsymbol{\theta}_n^*) \xrightarrow{\mathrm{P}} \dot{\mathbf{A}}$ である．ゆえに，n が十分大きいとき，$\mathbf{A}^*(\boldsymbol{\theta}_n^*)$ は最大階数をもつようになり，次のように表現できる．

$$\sqrt{n}(\boldsymbol{\theta}_n^* - \boldsymbol{\theta}_0) = \left(\mathbf{A}^*(\boldsymbol{\theta}_n^*)^t \mathbf{M} \mathbf{A}^*(\boldsymbol{\theta}_n^*)\right)^{-1} \mathbf{A}^*(\boldsymbol{\theta}_n^*)^t \mathbf{M} \sqrt{n}\left(\mathbf{A}(\boldsymbol{\theta}_n^*) - \mathbf{A}(\boldsymbol{\theta}_0)\right)$$

補題 23.2 により，

$$\sqrt{n}\left(\mathbf{A}(\boldsymbol{\theta}_n^*) - \mathbf{A}(\boldsymbol{\theta}_0)\right) \sim \sqrt{n}\boldsymbol{\Pi}\left(\mathbf{Z}_n - \mathbf{A}(\boldsymbol{\theta}_0)\right)$$

さらに

$$\sqrt{n}\left(\mathbf{Z}_n - \mathbf{A}(\boldsymbol{\theta}_0)\right) \xrightarrow{\mathscr{L}} \mathscr{N}(\mathbf{0}, \mathbf{C})$$

が成り立つので，

$$\sqrt{n}\left(\mathbf{A}(\boldsymbol{\theta}_n^*) - \mathbf{A}(\boldsymbol{\theta}_0)\right) \xrightarrow{\mathscr{L}} \mathscr{N}\left(\mathbf{0}, \boldsymbol{\Pi}\mathbf{C}\boldsymbol{\Pi}^t\right)$$

ゆえに，

$$\sqrt{n}(\boldsymbol{\theta}_n^* - \boldsymbol{\theta}_0) \xrightarrow{\mathscr{L}} \mathscr{N}\left(\mathbf{0}, (\dot{\mathbf{A}}^t \mathbf{M} \dot{\mathbf{A}})^{-1} \dot{\mathbf{A}}^t \mathbf{M} \boldsymbol{\Pi} \mathbf{C} \boldsymbol{\Pi}^T \mathbf{M} \dot{\mathbf{A}} (\dot{\mathbf{A}}^t \mathbf{M} \dot{\mathbf{A}})^{-1}\right)$$

であるが，$\boldsymbol{\Pi} = \dot{\mathbf{A}}(\dot{\mathbf{A}}^t \mathbf{M} \dot{\mathbf{A}})^{-1} \dot{\mathbf{A}}^t \mathbf{M}$ なので，定理の $\boldsymbol{\Sigma}$ を得る． ∎

演習問題 23

23.1. 例 23.1 において，θ が 1 次元母数で $\pi(\theta)$ が連続な導関数をもつとき，最後に述べた性質を証明せよ．

23.2. 例 23.2 において，$n = 100$, $n_1 = 20$, $n_2 = 50$, $n_3 = 30$ とおき，次を求めよ．

(a) 最小 χ^2 推定量

(b) 最小修正 χ^2 推定量

(c) 最尤推定量

23.3. 例 23.3 において，

(a) 標準正規分布の分布関数を $\Phi(x)$ とおき，正規反応曲線 $F(x|\boldsymbol{\theta}) = \Phi(\alpha + \beta x)$ について考える．線形化変換を行い，$\mathrm{probit}(p)$ とおく．修正した変換 χ^2 を求めよ．

(b) コーシー反応曲線 $F(x|\theta) = (1/\pi)(\arctan(\alpha + \beta x) + \pi/2)$ に関して，線形化する変換を求め，それに魅力的で適切な名前を付けよ．修正した変換 χ^2 を求めよ．

23.4. 例 23.4 の希釈法によりバクテリア密度を推定する例として，3 つの希釈水準を設定する：$x_1 = 1$, $x_2 = 1/2$, $x_3 = 1/4$. また，どの水準でも $n = 10$ の標本数とする．観測データ $n_1 = 0$, $n_2 = 4$, $n_3 = 8$ が与えられるとき，θ の最小 χ^2 推定値を求めよ．

23.5. 例 23.5 において，$c = 3$, $k = 1$, $a_1 = \theta_0$, $a_2 = \theta_0 + \theta_1$, $a_3 = \theta_0 - \theta_1$ とおく．$n_1 = 30$, $n_2 = 20$, $n_3 = 50$ のとき，$\sum_{i=1}^{3} p_i = 1$ であるように調整された推定値を求めよ．

23.6. $\mathbf{Y}_1, ..., \mathbf{Y}_n$ を独立同分布な d 次元確率ベクトルとする．その平均を $\mathbf{A}(\boldsymbol{\theta})$, 共分散行列を $\mathbf{C}(\boldsymbol{\theta})$ とおき，次のように表記する．

$$\mathbf{A}(\boldsymbol{\theta}) = (\mu_1(\boldsymbol{\theta}), ..., \mu_d(\boldsymbol{\theta}))^t$$

$$\mathbf{C}(\boldsymbol{\theta}) = \begin{pmatrix} \sigma_1^2(\boldsymbol{\theta}) & 0 & \cdots & 0 \\ 0 & \sigma_2^2(\boldsymbol{\theta}) & \cdots & 0 \\ \vdots & \vdots & \ddots & \vdots \\ 0 & 0 & \cdots & \sigma_d^2(\boldsymbol{\theta}) \end{pmatrix}$$

ただし，母数 $\boldsymbol{\theta} = (\theta_1, \theta_2)^t$ の空間は

$$\Theta = \left\{ (\theta_1, \theta_2)^t : 0 < \theta_1 < \frac{\pi}{2},\ 0 < \theta_2 < \frac{\pi}{2} \right\}$$

であり，既知の $0 \leq x_i \leq 1$ によって，$\mu_i(\boldsymbol{\theta}) = \sin(\theta_1 x_i + \theta_2)$, $\sigma_i^2(\boldsymbol{\theta}) = \cos^2(\theta_1 x_i + \theta_2)$ と定義する．次の問いに答えよ．

(a) 漸近的に最適な最小 χ^2 推定量 $\hat{\theta}_1, \hat{\theta}_2$ を x_i と $\mathbf{Y}_i$ を使って表せ．ヒント：$g(x) = \arcsin x$ による変換 χ^2 を用いよ．

(b) $(\hat{\theta}_1, \hat{\theta}_2)^t$ の漸近的同時分布を求めよ．

(c) 実験者によって $x_1, ..., x_d$ が設定できる場合は，$0 \leq x_i \leq 1$ の条件下でどのように選べばよいか？

第 24 章　一般 χ^2 検定

　ここでは，χ^2 検定の一般理論を扱う．また，分割表解析へ応用し，制約された対立仮説をもつより一般的な検定問題についても考える．23 章の一般的な状況を想定して，$\mathbf{M}(\boldsymbol{\theta})$ は $\mathbf{C}(\boldsymbol{\theta})$ の正則な一般化逆行列とする．つまり，次を仮定する．

(1) $\sqrt{n}(\mathbf{Z}_n - \mathbf{A}(\boldsymbol{\theta}_0)) \xrightarrow{\mathscr{L}} \mathscr{N}(0, \mathbf{C}(\boldsymbol{\theta}_0))$, $\mathbf{Z}_n \in \mathbb{R}^d$, $\boldsymbol{\theta}_0 \in \Theta$(開集合) $\subset \mathbb{R}^k$
(2) $\mathbf{A}(\boldsymbol{\theta})$ は両連続，$\dot{\mathbf{A}}(\boldsymbol{\theta})$ は連続で全階数 $k \leq d$ をもつ
(3) $\mathbf{M}(\boldsymbol{\theta})$ は連続な正則行列であり，任意の $\theta \in \Theta$ において $\mathbf{M}(\boldsymbol{\theta}) > \alpha \mathbf{I}$ であるような $\alpha > 0$ が存在する
(4) $\mathbf{C}(\boldsymbol{\theta})\mathbf{M}(\boldsymbol{\theta})\mathbf{C}(\boldsymbol{\theta}) = \mathbf{C}(\boldsymbol{\theta})$ と $\mathbf{C}(\boldsymbol{\theta})\mathbf{M}(\boldsymbol{\theta})\dot{\mathbf{A}}(\boldsymbol{\theta}) = \dot{\mathbf{A}}(\boldsymbol{\theta})$ が成り立つ

　Q_n を次のような 2 次形式とする．

$$Q_n(\boldsymbol{\theta}) = n(\mathbf{Z}_n - \mathbf{A}(\boldsymbol{\theta}))^t \mathbf{M}(\boldsymbol{\theta})(\mathbf{Z}_n - \mathbf{A}(\boldsymbol{\theta}))$$

ここでの主な目的は $Q_n(\boldsymbol{\theta}_n^*)$ の漸近分布を求めることにある．ただし，$\boldsymbol{\theta}_n^*$ は最小 χ^2 推定列である．上に述べた仮定の下で，23 章の結果から，最小 χ^2 推定列は $\sqrt{n}(\boldsymbol{\theta}_n^* - \boldsymbol{\theta}_0) \xrightarrow{\mathscr{L}} \mathscr{N}(\mathbf{0}, (\dot{\mathbf{A}}^t \mathbf{M} \dot{\mathbf{A}})^{-1})$ を満足することが分かる．ただし，$\dot{\mathbf{A}} = \dot{\mathbf{A}}(\boldsymbol{\theta}_0)$, $\mathbf{M} = \mathbf{M}(\boldsymbol{\theta}_0)$ とおいている．統計量 $Q_n(\boldsymbol{\theta}_n^*)$ はモデルの適合度検定に用いることができ，$Q_n(\boldsymbol{\theta}_n^*)$ が大きいときモデルは棄却されることになる．

定理 24

　行列 $\mathbf{C}(\boldsymbol{\theta}_0)$ の階数を ν とおくと，仮定 (1)-(4) の下で，

$$Q_n(\boldsymbol{\theta}_n^*) \xrightarrow{\mathscr{L}} \chi^2_{\nu-k}$$

が成り立つ．

[証明] 補題 23.2 により，$\sqrt{n}(\mathbf{A}(\boldsymbol{\theta}_n^*) - \mathbf{A}(\boldsymbol{\theta}_0)) \sim \sqrt{n}\boldsymbol{\Pi}(\mathbf{Z}_n - \mathbf{A}(\boldsymbol{\theta}_0))$ が成り立つ．ただし，$\boldsymbol{\Pi} = \dot{\mathbf{A}}(\dot{\mathbf{A}}^t \mathbf{M} \dot{\mathbf{A}})^{-1} \dot{\mathbf{A}}^t \mathbf{M}$ である．ゆえに，

$$\sqrt{n}(\mathbf{Z}_n - \mathbf{A}(\boldsymbol{\theta}_n^*)) = \sqrt{n}(\mathbf{Z}_n - \mathbf{A}(\boldsymbol{\theta}_0)) - \sqrt{n}(\mathbf{A}(\boldsymbol{\theta}_n^*) - \mathbf{A}(\boldsymbol{\theta}_0))$$
$$\sim \sqrt{n}(\mathbf{I} - \boldsymbol{\Pi})(\mathbf{Z}_n - \mathbf{A}(\boldsymbol{\theta}_0))$$

このとき，$\sqrt{n}(\mathbf{Z}_n - \mathbf{A}(\boldsymbol{\theta}_0)) \xrightarrow{\mathscr{L}} \mathbf{Y} \in \mathscr{N}(0, \mathbf{C})$，$\mathbf{C} = \mathbf{C}(\boldsymbol{\theta}_0)$ である．さらに $\mathbf{M}(\boldsymbol{\theta}_n^*) \xrightarrow{\mathrm{P}} \mathbf{M}$ であることから，次を得る．

$$Q_n(\boldsymbol{\theta}_n^*) \xrightarrow{\mathscr{L}} \mathbf{Y}^t (\mathbf{I} - \boldsymbol{\Pi})^t \mathbf{M} (\mathbf{I} - \boldsymbol{\Pi}) \mathbf{Y} = \mathbf{W}^t \mathbf{W}$$

ただし，$\mathbf{W} = \mathbf{M}^{1/2}(\mathbf{I} - \boldsymbol{\Pi})\mathbf{Y} \in \mathscr{N}(0, \boldsymbol{\Sigma})$，$\boldsymbol{\Sigma} = \mathbf{M}^{1/2}(\mathbf{I} - \boldsymbol{\Pi})\mathbf{C}(\mathbf{I} - \boldsymbol{\Pi})^t \mathbf{M}^{1/2}$ である．そこで，補題 8.3 より，$\boldsymbol{\Sigma}$ が階数 $\nu - k$ の射影行列であることを示せば十分である．$\boldsymbol{\Sigma}^2 = \boldsymbol{\Sigma}$ であること示すために，まず $\mathbf{C}\mathbf{M}\dot{\mathbf{A}} = \dot{\mathbf{A}}$ から $\mathbf{C}\boldsymbol{\Pi}^t \mathbf{M} = \boldsymbol{\Pi}$ が得られるので，$\mathbf{C}(\mathbf{I} - \boldsymbol{\Pi})^t \mathbf{M} = \mathbf{C}\mathbf{M} - \boldsymbol{\Pi}$ と $(\mathbf{I} - \boldsymbol{\Pi})\mathbf{C}(\mathbf{I} - \boldsymbol{\Pi})^t \mathbf{M} = (\mathbf{I} - \boldsymbol{\Pi})\mathbf{C}\mathbf{M}$ が確かめられる．同様に，$\mathbf{M}(\mathbf{I} - \boldsymbol{\Pi})\mathbf{C}(\mathbf{I} - \boldsymbol{\Pi})^t = \mathbf{M}\mathbf{C}(\mathbf{I} - \boldsymbol{\Pi})^t$ も分かるので，$\mathbf{C}\mathbf{M}\mathbf{C} = \mathbf{C}$ を用いて

$$\boldsymbol{\Sigma}^2 = \mathbf{M}^{1/2}(\mathbf{I} - \boldsymbol{\Pi})\mathbf{C}(\mathbf{I} - \boldsymbol{\Pi})^t \mathbf{M}(\mathbf{I} - \boldsymbol{\Pi})\mathbf{C}(\mathbf{I} - \boldsymbol{\Pi})^t \mathbf{M}^{1/2}$$
$$= \mathbf{M}^{1/2}(\mathbf{I} - \boldsymbol{\Pi})\mathbf{C}\mathbf{M}\mathbf{C}(\mathbf{I} - \boldsymbol{\Pi})^t \mathbf{M}^{1/2}$$
$$= \mathbf{M}^{1/2}(\mathbf{I} - \boldsymbol{\Pi})\mathbf{C}(\mathbf{I} - \boldsymbol{\Pi})^t \mathbf{M}^{1/2}$$
$$= \boldsymbol{\Sigma}$$

最後に，$\mathbf{C}\mathbf{M}$ は射影行列なので $\mathrm{rank}(\mathbf{C}\mathbf{M}) = \mathrm{trace}(\mathbf{C}\mathbf{M})$ であることを用いて，次を得る．

$$\begin{aligned}
\mathrm{rank}(\boldsymbol{\Sigma}) = \mathrm{trace}(\boldsymbol{\Sigma}) &= \mathrm{trace}(\mathbf{M}^{1/2}(\mathbf{I} - \boldsymbol{\Pi})\mathbf{C}(\mathbf{I} - \boldsymbol{\Pi})^t \mathbf{M}^{1/2}) \\
&= \mathrm{trace}((\mathbf{I} - \boldsymbol{\Pi})\mathbf{C}(\mathbf{I} - \boldsymbol{\Pi})^t \mathbf{M}) = \mathrm{trace}((\mathbf{I} - \boldsymbol{\Pi})\mathbf{C}\mathbf{M}) \\
&= \mathrm{trace}(\mathbf{C}\mathbf{M}) - \mathrm{trace}(\boldsymbol{\Pi}\mathbf{C}\mathbf{M}) = \mathrm{rank}(\mathbf{C}\mathbf{M}) - \mathrm{trace}(\boldsymbol{\Pi}) \\
&= \mathrm{rank}(\mathbf{C}) - \mathrm{rank}(\boldsymbol{\Pi}) = \nu - k \quad \blacksquare
\end{aligned}$$

【検出力】 この結果を用いて，$Q_n(\boldsymbol{\theta}_n^*)$ が大きいときに仮定 (1) で与えられるモデルを棄却する検定を考えることができる．また，この検定の検出力も近似

できる．それには，仮定 (1) を

$$(1') \quad \sqrt{n}(\mathbf{Z}_n - \mathbf{A}(\boldsymbol{\theta}_0)) \xrightarrow{\mathscr{L}} \mathbf{Y} \in \mathscr{N}(\boldsymbol{\delta}, \mathbf{C}(\boldsymbol{\theta}_0))$$

に置き換えて，$Q_n(\boldsymbol{\theta}_n^*)$ の漸近分布を調べればよい．このときでも補題 23.1 と補題 23.2 は成り立つので，定理 24 において次の結果を得る．

$$Q_n(\boldsymbol{\theta}_n^*) \xrightarrow{\mathscr{L}} \mathbf{Y}^t(\mathbf{I} - \mathbf{\Pi})^t \mathbf{M}(\mathbf{I} - \mathbf{\Pi})\mathbf{Y} = \mathbf{W}^t \mathbf{W}$$

ただし，$\mathbf{W} = \mathbf{M}^{1/2}(\mathbf{I} - \mathbf{\Pi})\mathbf{Y} \in \mathscr{N}(\mathbf{M}^{1/2}(\mathbf{I} - \mathbf{\Pi})\boldsymbol{\delta}, \boldsymbol{\Sigma})$ である．ゆえに，補題 10.1 により，$Q_n(\boldsymbol{\theta}_n^*)$ は非心 χ^2 分布に漸近的に従うことが分かる．つまり，$Q_n(\boldsymbol{\theta}_n^*) \xrightarrow{\mathscr{L}} \chi^2_{\nu-k}(\lambda), \lambda = \boldsymbol{\delta}^t(\mathbf{I} - \mathbf{\Pi})^t \mathbf{M}(\mathbf{I} - \mathbf{\Pi})\boldsymbol{\delta}$ である．

（補足） これらの結果は任意の最小 χ^2 推定列 $\boldsymbol{\theta}_n^*$ に対して成り立っている．最小修正 χ^2 や最小変換 χ^2 であっても，その他の最小 χ^2 であってもかまわない．それらはすべて漸近的に同値だからである．（多項分布のような）指数型分布族からの標本の場合は，これらの推定量はまた最尤推定量に漸近的に同値である．

定理 24 をピアソンの χ^2 に適用するためには，$\mathbf{M} = \mathbf{P}^{-1}$ が $\mathbf{C} = \mathbf{P} - \boldsymbol{p}\boldsymbol{p}^t$ の一般化逆行列であることを確かめなければいけない（今までのやり方では，このことは必要でなかった）．実際，

$$\begin{aligned}
\mathbf{CMC} &= (\mathbf{I} - \boldsymbol{p}\boldsymbol{p}^t \mathbf{P}^{-1})\mathbf{C} \\
&= (\mathbf{I} - \boldsymbol{p}\mathbf{1}^t)(\mathbf{P} - \boldsymbol{p}\boldsymbol{p}^t) \\
&= \mathbf{P} - \boldsymbol{p}\mathbf{1}^t\mathbf{P} - \boldsymbol{p}\boldsymbol{p}^t + \boldsymbol{p}(\mathbf{1}^t\boldsymbol{p})\boldsymbol{p}^t \\
&= \mathbf{P} - \boldsymbol{p}\boldsymbol{p}^t - \boldsymbol{p}\boldsymbol{p}^t + \boldsymbol{p}\boldsymbol{p}^t = \mathbf{C}
\end{aligned}$$

例 24.1. **【分割表】** r 個の母集団のそれぞれから大きさ n の標本を取りだす．その観測値は c 個の異なる結果あるいはセルに分類される．i 番目の母集団からの j 番目の結果をもたらす確率を p_{ij} で表し，そのような結果の数を n_{ij} で表すとき，次が成り立つ．

$$\sum_{j=1}^{c} p_{ij} = 1, \quad \sum_{j=1}^{c} n_{ij} = n, \quad i = 1, 2, ..., r$$

このとき，母集団の同一性を表す仮説

$$H_0 : p_{ij} = \pi_j, \quad i = 1, ..., r, \quad j = 1, ..., c$$

について考える．ただし，π_j は未知で $\sum_{j=1}^{c} \pi_j = 1$ を満足している．この仮説を検定するために，次の χ^2 を利用する．

$$Q_n(\boldsymbol{\pi}) = \sum_{i=1}^{r} \sum_{j=1}^{c} \frac{(n_{ij} - n\pi_j)^2}{n\pi_j}$$

H_0 が正しく，n が大きいとき，$Q_n(\pi_n^*)$ は近似的に χ^2 分布に従う．自由度は次のように計算できる．任意の i において，$\sum_{j=1}^{c}(n_{ij} - n\pi_j)^2/(n\pi_j)$ は自由度 $(c-1)$ の通常の χ^2 統計量である．この χ^2 形式の r 個の独立な和は自由度 $r(c-1)$ の χ^2 分布に従う．そこには $c-1$ 個の独立変数があるので，それらの推定で $c-1$ 個の自由度を失う．ゆえに，$r(c-1) - (c-1) = (r-1)(c-1)$ 個の自由度である．

最小 χ^2 推定量を求めるために，ラグランジュの未定乗数法を用いる．$Q_n(\boldsymbol{\pi}) + \lambda(\sum_{j=1}^{c} \pi_j - 1)$ を微分するとき，分母にある π は無視すると，$j = 1, ..., c$ に対して次を得る．

$$\frac{\partial}{\partial \pi_j}\left(Q_n(\boldsymbol{\pi}) + \lambda\left(\sum_{j=1}^{c} \pi_j - 1\right)\right) = \sum_{i=1}^{r} \frac{-2n(n_{ij} - n\pi_j)}{n\pi_j} + \lambda = 0$$

これより，

$$\frac{1}{n\pi_j} \sum_{i=1}^{c} n_{ij} = \frac{\lambda}{2n} + r, \quad \text{あるいは} \quad \pi_j^* = \frac{2}{\lambda + 2nr} n_{\cdot j}$$

制約条件 $\sum_{j=1}^{c} \pi_j^* = 1$ があるので，$\pi_j^* = n_{\cdot j}/(nr) = ($セル j の平均相対度数$)$ を得る．実際，これらは最尤推定量そのものである．H_0 は

$$Q_n(\boldsymbol{\pi}^*) = n \sum_{i=1}^{r} \sum_{j=1}^{c} \frac{(n_{ij}/n - n_{\cdot j}/(nr))^2}{n_{\cdot j}/(nr)} > \chi^2_{(r-1)(c-1);\alpha}$$

のとき棄却される．

任意の点 (p_{ij}) での検出力を求めるには，非心度を求める必要がある．$Q_n(\boldsymbol{\pi}^*)$ の中に n_{ij}/n が現れるところをすべて p_{ij} で置き換えれば求められる．

$$\lambda = n \sum_{i=1}^{r} \sum_{j=1}^{c} \frac{(p_{ij} - (1/r)p_{\cdot j})^2}{(1/r)p_{\cdot j}}$$

(p_{ij}) が真の母数であるときは，$Q_n(\boldsymbol{\pi}^*)$ は近似的に $\chi^2_{(r-1)(c-1)}(\lambda)$ 分布に従うことになる．

【制約付きの対立仮説に対する検定】 上で論じた検定は，任意の対立仮説に対して良好であるように意図されているが，対立仮説がある制約された領域内にあると想定できる場合には，その領域に対して鋭敏な検定を構成できる．$\mathbb{R}^k$ での開集合 Θ 内に $\boldsymbol{\theta}$ があると分かっているとしよう．また，$\Theta_0 \subset \Theta$ を開で滑らかな $k-r$ 次元部分多様体であるとし（r は Θ_0 を記述するための制約の個数），$H_0: \boldsymbol{\theta} \in \Theta_0$ を検定したいとする．データを説明するのに，Θ_0 を用いるよりも Θ の方がはるかに適切な場合は H_0 を棄却するというのが道理だろう．そのとき，その説明がいかに適切かということを表す尺度として最小 χ^2 値が用いられる．帰無仮説 H_0 は

$$\inf_{\boldsymbol{\theta} \in \Theta_0} Q_n(\boldsymbol{\theta}) - \inf_{\boldsymbol{\theta} \in \Theta} Q_n(\boldsymbol{\theta})$$

が大きすぎるとき，あるいは同じことだが，$Q_n(\boldsymbol{\theta}_n^*) - Q_n(\hat{\boldsymbol{\theta}}_n)$ が大きすぎるときに棄却される．ただし，$\boldsymbol{\theta}_n^*$ と $\hat{\boldsymbol{\theta}}_n$ はそれぞれ，Θ_0 と Θ の下での最小 χ^2 推定列である．

$\boldsymbol{\theta}_0$ を $\boldsymbol{\theta}$ の真の値とし，$\boldsymbol{\theta}_0 \in \Theta_0$ と仮定する．$\mathbf{A}(\boldsymbol{\theta})$, $\boldsymbol{\theta} \in \Theta_0$ での $\mathbf{A}(\boldsymbol{\theta}_0)$ における接平面を T_0 とし，同様に $\mathbf{A}(\boldsymbol{\theta})$, $\boldsymbol{\theta} \in \Theta$ での接平面を T とする（図 24.1 では，接点が $\mathbf{0}$ になるように空間全体が平行移動されている）．また，距離 $||\boldsymbol{x}||^2 = \boldsymbol{x}^t \mathbf{M} \boldsymbol{x}$ による接平面 T_0 と T への射影行列をそれぞれ $\boldsymbol{\Pi}_0$ と $\boldsymbol{\Pi}$ で表す．このとき，

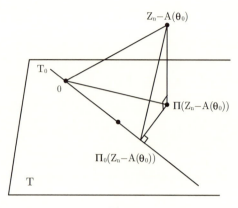

図 24.1

$Q_n(\boldsymbol{\theta}_n^*) - Q_n(\hat{\boldsymbol{\theta}}_n)$
$$\sim n||\mathbf{Z}_n - \mathbf{A}(\boldsymbol{\theta}_n^*)||^2 - n||\mathbf{Z}_n - \mathbf{A}(\hat{\boldsymbol{\theta}}_n)||^2$$
$$\sim n||(\mathbf{I} - \boldsymbol{\Pi}_0)(\mathbf{Z}_n - \mathbf{A}(\boldsymbol{\theta}_0))||^2 - n||(\mathbf{I} - \boldsymbol{\Pi})(\mathbf{Z}_n - \mathbf{A}(\boldsymbol{\theta}_0))||^2$$
$$= n||(\boldsymbol{\Pi} - \boldsymbol{\Pi}_0)(\mathbf{Z}_n - \mathbf{A}(\boldsymbol{\theta}_0))||^2$$

$\boldsymbol{\Pi}$ と $\boldsymbol{\Pi}_0$ は射影行列であり,$\boldsymbol{\Pi}\boldsymbol{\Pi}_0 = \boldsymbol{\Pi}_0\boldsymbol{\Pi} = \boldsymbol{\Pi}_0$ が成り立つので,$\boldsymbol{\Pi} - \boldsymbol{\Pi}_0$ も射影行列である.これにより

$$\mathrm{rank}(\boldsymbol{\Pi} - \boldsymbol{\Pi}_0) = \mathrm{trace}(\boldsymbol{\Pi} - \boldsymbol{\Pi}_0) = \mathrm{trace}\boldsymbol{\Pi} - \mathrm{trace}\boldsymbol{\Pi}_0 = k - (k-r) = r$$

よって,$Q_n(\boldsymbol{\theta}_n^*) - Q_n(\hat{\boldsymbol{\theta}}_n) \xrightarrow{\mathscr{L}} \chi_r^2$ を得る.$Q_n(\boldsymbol{\theta}_n^*) - Q_n(\hat{\boldsymbol{\theta}}_n)$ と $Q_n(\hat{\boldsymbol{\theta}}_n)$ は漸近的に独立である.そのため,$Q_n(\hat{\boldsymbol{\theta}}_n)$ をモデルそのものの妥当性の独立な検証に用いることもできる.

例 24.2. 人は 4 つの血液型 O, A, B, AB で分類することができる.これらの遺伝は,1 つの遺伝子座上にある 3 つの対立遺伝子 O, A, B によって発現される.O は A, B に対して劣性を示す.一般論では,4 つの血液型の割合 O : A : B : AB は $p^2 : q^2 + 2pq : r^2 + 2pr : 2qr$ に比例すると予測される.ただし,p, q, r はそれぞれ対立遺伝子 O, A, B の全母集団における相対頻度であり,$p + q + r = 1$ である.仮説 $p = \frac{1}{2}$, $q = \frac{1}{3}$, $r = \frac{1}{6}$ を検定したいと

しよう．データは大きさ770の標本であり，4つの血液型 O, A, B, AB の観測度数値はそれぞれ 180, 360, 132, 98 であるとする．

単純帰無仮説なので，他のすべての母数を対立仮説とすると，$\chi^2 > \chi^2_{3;0.05}$ で棄却されることになる．

$$\chi^2 = \frac{(180 - 770 \times 0.25)^2}{770 \times 0.25} + \frac{(360 - 770 \times 0.444)^2}{770 \times 0.444}$$
$$+ \frac{(132 - 770 \times 0.194)^2}{770 \times 0.194} + \frac{(98 - 770 \times 0.111)^2}{770 \times 0.111}$$
$$= \frac{(180 - 193)^2}{193} + \frac{(360 - 342)^2}{342} + \frac{(132 - 149)^2}{149} + \frac{(98 - 85)^2}{85}$$
$$= 5.73$$

であるが，$\chi^2_{3;0.05} = 7.815$ なので，H_0 は5%水準で採択される．

しかし，和が1であるような p, q, r によって4つのセル確率は $p^2 : q^2 + 2pq : r^2 + 2pr : 2qr$ である，という制約付きの対立仮説に対して検定されるべきである．$\hat{\boldsymbol{\theta}}_n$ を p, q, r の最小 χ^2 推定量とすると，$Q_n(\hat{\boldsymbol{\theta}}_n)$ を χ^2 から差し引く必要がある．$\hat{\boldsymbol{\theta}}_n$ を数値計算で求めると，$\hat{p} = 0.47, \hat{q} = 0.36, \hat{r} = 0.17$ を得る．このとき，

$$Q_n(\hat{\boldsymbol{\theta}}_n) = \frac{(180 - 170)^2}{170} + \frac{(360 - 361)^2}{361} + \frac{(132 - 146)^2}{146} + \frac{(98 - 94)^2}{94}$$
$$= 2.10$$

差 $\chi^2 - Q_n(\hat{\boldsymbol{\theta}}_n)$ が $\chi^2_{2;0.05}$ よりも大きいときに5%水準で棄却される．実際は，$5.73 - 2.10 = 3.63 < \chi^2_{2;0.05} = 5.99$ となり，制約条件を考慮しても棄却されない．また，血液型が p, q, r によって決まる相対頻度に従っているという仮説は，$Q_n(\hat{\boldsymbol{\theta}}_n)$ を使って検定できることに注意しよう．この母集団に対する一般理論の妥当性を独立に検証できる．この統計量の自由度は1である．

─────── 演習問題 24 ───────

24.1. サイコロの目 $i = 1, \ldots, 6$ が出る確率 p_i についての次の3つの仮説を考えよう．

H_0: サイコロは正常である：$p_i = 1/6, \ i = 1, ..., 6$

H_1: どの目も出る確率は反対側の目が出る確率と等しくなるようにサイコロは作られている：$p_1 = p_6, \ p_2 = p_5, \ p_3 = p_4$

H: サイコロの目の出る確率はまったく任意である．

サイコロは 120 回振られて，$n_1 = 10, \ n_2 = 24, \ n_3 = 20, \ n_4 = 26, \ n_5 = 24, \ n_6 = 16$ という結果を得た．ただし，n_i は i の目が出た回数である．

(a) H_0 vs H の有意水準 5% 検定を行え．

(b) H_1 vs H の有意水準 5% 検定を行え．

(c) H_0 vs H_1 の有意水準 5% 検定を行え．

(d) 上記の検定の検出力を求めよ．ただし，対立仮説は $p_1 = p_2 = p_3 = p_4 = 1/8, \ p_5 = p_6 = 1/4$ とする．

24.2. ある母集団から 200 組の夫婦が抽出された．夫と妻は別々に，ニュースの主な情報源は新聞・ラジオ・テレビのどれなのか質問を受けた．その結果は下の表にまとめられている．

妻 \ 夫	新聞	ラジオ	テレビ
新聞	15	6	10
ラジオ	11	10	20
テレビ	23	15	90

無作為に選んだ夫婦がセル (i, j) に入る確率を p_{ij} で表す．以下の仮説の有意水準 5% の検定を行え．

(a) 仮説 H_1：すべての i, j において $p_{ij} = p_{ji}$ （対称性）

(b) 仮説 H_0：$p_1 + p_2 + p_3 = 1$ であるような確率に対して $p_{ij} = p_i p_j$（対称性と独立性）

(c) H_0 vs H_1

24.3. N 個のボールが，セル確率

$$p_{ij} \geq 0, \ i = 1, ..., I, \ j = 1, ..., J, \ \sum_{i=1}^{I} \sum_{j=1}^{J} p_{ij} = 1$$

で $I \times J$ 個のセルへ無作為に配置された. n_{ij} がセル (i, j) の中のボール の数である. ただし, $\sum_{i=1}^{I} \sum_{j=1}^{J} n_{ij} = N$.

(a) 仮説 $H : \sum_{j=1}^{J} p_{ij} = 1/I, \ i = 1, ..., I$ に対する χ^2 検定を求めよ. 自由度はいくつか.

(b) 仮説 $H_0 : p_{ij}$ は i に関係しない, つまり $p_{1j} = p_{2j} = \cdots = p_{Ij}, j = 1, ..., J$. 自由度はいくつか.

(c) H_0 vs $H - H_0$ の χ^2 検定を求めよ. 自由度はいくつか.

24.4. 3元配置分割表について考える. ただし, セル (i, j, k) に対するセル確率は $p_{ijk}, \ i = 1, ..., I, \ j = 1, ..., J, \ k = 1, ..., K, \ \sum_{i=1}^{I} \sum_{j=1}^{J} \sum_{k=1}^{K} p_{ijk} = 1$ である. 大きさ N の標本を取り出し, セル (i, j, k) に対する観測度数は n_{ijk} である. 以下の仮説に対する χ^2 検定を求めよ. また, 最尤推定量と自由度も求めよ.

(a) $H_0 : p_{ijk} = p_i q_j r_k$ (3元が独立)

(b) $H_0 : p_{ijk} = p_i q_{jk}$ (第1元は残りと独立)

(c) $H_0 : p_{ijk} = \pi_i q_{jk}$ ただし π_i は既知 (第1元は既知で, 残りと独立)

(d) $H_0 : p_{ijk} = p_{i|k} q_{j|k} r_k$ (第3元が与えられると, 他の2つは条件付き独立)

(e) $H_0 : p_{ijk} = p_i q_j r_{k|ij}$ (第1元と第2元は (周辺) 独立)

24.5. 2種類のダニ S_1, S_2 の駆除において, 5種類の殺虫剤 T_1, T_2, T_3, T_4, T_5 の効果を調べるために, 牛を無作為に選び, 無作為に殺虫剤を噴霧した. 処理後, 皮膚を丹念に調べて得られた, 生きているダニと死んでいるダニの数のデータが下の表である.

	S_1		S_2	
	死亡	生存	死亡	生存
T_1	30	20	42	35
T_2	42	11	41	20
T_3	63	51	22	18
T_4	20	41	12	31
T_5	11	17	21	31

(a) これら5つの処理に関して，2種類のダニの間には効果の差はないとする，つまり $H_0 : p_i = \pi_i, \; i = 1,...,5$ である仮説を検定せよ（修正 χ^2 検定を用いよ）．ただし，$p_1,...,p_5$ は S_1 のダニに対する死亡確率であり，$\pi_1,...,\pi_5$ は S_2 のダニに対する死亡確率である．

(b) 対立仮説 $p_i = \pi_i + 0.1, \; i = 1,...,5$ に対するこの検定の近似検出力を求めよ．

演習問題解答

第 1 章 演習問題解答

1.1. $\Gamma(1+1/n) = (1/n)\Gamma(1/n)$ なので，$\Gamma(1/n) \sim n$ である．ベータ分布 $\mathscr{B}e(1/n, 1/n)$ の密度関数を $f_n(x)$ とおくと，$0 < x < 1$ に対して

$$f_n(x) = \frac{1}{B(1/n, 1/n)} x^{1/n-1}(1-x)^{1/n-1}$$
$$= \frac{\Gamma(2/n)}{\Gamma(1/n)\Gamma(1/n)} x^{1/n-1}(1-x)^{1/n-1}$$
$$\sim \frac{1}{2n} x^{-1}(1-x)^{-1}$$

これにより，任意の $0 < \varepsilon < 1/2$ に対して

$$P(\varepsilon < X_n < 1-\varepsilon) \longrightarrow 0$$

一方，f_n は軸 $x = 1/2$ に関して対称なので，$P(X_n \leq \varepsilon) = P(X_n \geq 1-\varepsilon) \to 1/2$ を得る．このように，$x \neq 0, 1$ のとき，$F_n(x)$ は $X \in \mathscr{B}(1, 1/2)$ の分布関数に収束するので，X_n は X に法則収束する．

$\alpha \neq \beta$ のとき，対称性は利用できないので，直接計算すると

$$P(X_n \leq \varepsilon) = \int_0^\varepsilon f_n(x) dx$$
$$\sim \frac{\alpha\beta}{n(\alpha+\beta)} \int_0^\varepsilon x^{(\alpha/n)-1}(1-x)^{(\beta/n)-1} dx$$
$$\geq \frac{\alpha\beta}{n(\alpha+\beta)} \int_0^\varepsilon x^{(\alpha/n)-1} dx$$
$$= \frac{\beta \varepsilon^{\alpha/n}}{\alpha+\beta} \longrightarrow \frac{\beta}{\alpha+\beta}$$

同様に

$$P(X_n \geq 1-\varepsilon) \geq \frac{\alpha \varepsilon^{\beta/n}}{\alpha+\beta} \longrightarrow \frac{\alpha}{\alpha+\beta}$$

これら 2 つの確率の和は 1 に収束するので，$P(X_n \leq \varepsilon) \to \beta/(\alpha+\beta)$ でなけれ

ばならない．これは X_n が $\mathscr{B}(1, \alpha/(\alpha+\beta))$ に法則収束することを意味する．

1.2. $k/n \leq x < (k+1)/n$ のとき，$P(X_n \leq x) = k/n$ である．このとき，$|k/n - x| < 1/n$ なので，$P(X_n \leq x) \to x$ を得る．これは X_n が一様分布 $\mathscr{U}(0,1)$ に収束することを意味する．

与えられた条件だけでは，X_n と X の同時分布が分からないので，X_n が X に確率収束するかどうかは分からない．

1.3. (a) ヘルダーの不等式により，任意の確率変数 $Z \geq 0$ と $0 < p < 1$ に対して，$EZ^p \leq (EZ)^p$ である．$Z = |X|^s$, $p = r/s$ とおくと，
$$E|X|^r \leq (E|X|^s)^{r/s} < \infty$$

(b) 上の $|X|$ を $|X_n - X|$ に置き換えると，
$$E|X_n - X|^r \leq (E|X_n - X|^s)^{r/s} \longrightarrow 0$$

1.4. 確率 $1/n^2$ で $X_n = n$ であり，それ以外は $X_n = 0$ であるような確率変数列 X_n を考えると，$E|X_n| = 1/n \to 0$ だが，$E|X_n|^2 = 1$ である．

1.5. $d = 1$ の場合．$E(X_n - \mu)^2 = V(X_n) + (EX_n - \mu)^2$ なので，$EX_n \to \mu$ かつ $V(X_n) \to 0$ であれば，$E(X_n - \mu)^2 \to 0$ を得る．逆に，$E(X_n - \mu)^2 \to 0$ ならば，$E(X_n - \mu)^2 \geq V(X_n) \to 0$ かつ $E(X_n - \mu)^2 \geq (EX_n - \mu)^2 \to 0$ を得る．$d \geq 2$ の場合．$|\mathbf{X}_n - \boldsymbol{\mu}|^2 = \sum_{i=1}^{d}(X_{ni} - \mu_i)^2$ において，要素毎に考えればよい．

1.6. 任意の $\varepsilon > 0$ に対して，$1/k < \varepsilon/2$ であるように k をとる．F は連続なので，$F(x_i) = i/k$, $i = 1, 2, ..., k-1$ であるような x_i を見つけることができる．また，$x_0 = -\infty$, $x_k = \infty$ とおき，$F_n(x_0) = F(x_0) = 0$, $F_n(x_k) = F(x_k) = 1$ と定義する．$F_n(x_i) \to F(x_i)$ $(n \to \infty)$ なので，ある N_i が存在して，$n > N_i$ ならば $|F_n(x_i) - F(x_i)| < 1/k$ とできる．ここで，$N = \max\{N_1, ..., N_{k-1}\}$ とおくと，$n > N$ のとき，$x_i \leq x \leq x_{i+1}$ であれば次のように評価できる．
$$F_n(x) \leq F_n(x_{i+1}) \leq F(x_{i+1}) + \frac{1}{k} \leq F(x) + \frac{2}{k}$$

同様にして，次も得られる．
$$F_n(x) \geq F_n(x_i) \geq F(x_i) - \frac{1}{k} \geq F(x) - \frac{2}{k}$$

ゆえに，$n > N$ ならば，すべての x において $|F_n(x) - F(x)| \leq 2/k < \varepsilon$．

1.7. (a) $0 \leq X_1 \leq X_2 \leq \cdots \leq \lim_{n\to\infty} X_n = X$ である. $EX_n \leq EX$ なので, $\limsup_{n\to\infty} EX_n \leq EX$ である. $Y = 0$ と考えたファトウ・ルベーグの補題により, $\liminf_{n\to\infty} EX_n \geq EX$ である. この2つの不等式により, $EX_n \to EX$ を得る.

(b) $|X_n| \leq Y$ ならば, $-Y \leq -X_n$ である. $X_n \xrightarrow{\text{a.s.}} X$ のとき, ファトウ・ルベーグの補題により, $\liminf_{n\to\infty} E(-X_n) \geq E(-X)$ を得るが, これは $\limsup_{n\to\infty} EX_n \leq EX$ に等しい. また, $-Y \leq X_n$ により, 再びファトウ・ルベーグの補題により, $\liminf_{n\to\infty} EX_n \geq EX$ を得る. この2つの不等式により, $EX_n \to EX$ を得る.

第2章 演習問題解答

2.1. (a) $E|X_n|^r < \infty \iff r < \alpha$ である. ゆえに, $E|X_n/n|^r = E|X_n|^r/n^r \to 0 \iff r < \alpha$ である.

(b) 任意の $\varepsilon > 0$ に対して, $P(|X_n/n| > \varepsilon \text{ i.o.}) = 0$ を示さなければならない. このためには, ボレル・カンテリの補題により, $\sum_{n=1}^{\infty} P(|X_n/n| > \varepsilon) < \infty$ が示せればよい. $n\varepsilon \leq 1$ のとき, $P(X_n > n\varepsilon) = 1$ であるが, $n\varepsilon > 1$ のときは,

$$P(X_n > n\varepsilon) = \int_{n\varepsilon}^{\infty} \alpha x^{-(\alpha+1)} dx = (n\varepsilon)^{-\alpha}$$

$\sum_{n=1}^{\infty} P(|X_n/n| > \varepsilon)$ が収束するための必要十分条件は, 明らかに, $\alpha > 1$ である. ゆえに, $\alpha > 1$ ならば, X_n/n は 0 に概収束する (補足: X_n の独立性と, 演習問題 2.4(b) を用いると, 逆も示せる).

2.2. $\sum_{n=1}^{\infty} E|\mathbf{X}_n - \mathbf{X}|^r < \infty$ ならば, $E|\mathbf{X}_n - \mathbf{X}|^r \to 0$ である. ゆえに, $\mathbf{X}_n$ は $\mathbf{X}$ に L_r 収束する. さらに, チェビシェフの不等式により, 任意の $\varepsilon > 0$ に対して

$$\sum_{n=1}^{\infty} P(|\mathbf{X}_n - \mathbf{X}| > \varepsilon) \leq \frac{1}{\varepsilon^r} \sum_{n=1}^{\infty} E|\mathbf{X}_n - \mathbf{X}|^r < \infty$$

これにより, ボレル・カンテリの補題を用いて, $P(|\mathbf{X}_n - \mathbf{X}| > \varepsilon \text{ i.o.}) = 0$ を得る. よって, $\mathbf{X}_n$ は $\mathbf{X}$ に概収束する.

2.3. $\mathbf{X}_n$ が $\mathbf{X}$ に L_r 収束しないとき, ある $\varepsilon > 0$ に対して, 次が成り立つような部分列 n' が存在する.

$$E|\mathbf{X}_{n'} - \mathbf{X}|^r > \varepsilon$$

$\mathbf{X}_n \xrightarrow{\mathrm{P}} \mathbf{X}$ なので，定理 2(d) を適用すると，部分列 n' のさらなる部分列 n'' が存在して，$\mathbf{X}_{n''} \xrightarrow{\mathrm{a.s.}} \mathbf{X}$ とできる．しかし，定理 2(b) により，$\mathbf{X}_{n''} \xrightarrow{L_r} \mathbf{X}$ となるので，矛盾する．同様に，L_1 の場合も，定理 2(c) により，$\mathbf{X}_{n''} \xrightarrow{L_1} \mathbf{X}$ となり，矛盾する．

2.4. (a) $Z \in \mathscr{U}(0,1)$ とし，$A_n = [Z < 1/n]$ とおく．このとき，$P(A_n \text{ i.o.}) = 0$ であるが，$\sum_{n=1}^{\infty} P(A_n) = \sum_{n=1}^{\infty} 1/n = \infty$ である．

(b)

$$P\left(\left(\bigcap_{n=1}^{\infty} \bigcup_{i=n}^{\infty} A_i\right)^c\right) = P\left(\bigcup_{n=1}^{\infty} \bigcap_{i=n}^{\infty} A_i^c\right)$$

$$= \lim_{n \to \infty} P\left(\bigcap_{i=n}^{\infty} A_i^c\right) \quad (\bigcap_{i=n}^{\infty} A_i^c \text{は増加列なので})$$

$$= \lim_{n \to \infty} \prod_{i=n}^{\infty} P(A_i^c) \quad (A_i^c \text{は独立なので})$$

$$= \lim_{n \to \infty} \prod_{i=n}^{\infty} (1 - P(A_i))$$

$$\leq \lim_{n \to \infty} \prod_{i=n}^{\infty} \exp(-P(A_i)) \quad (\text{不等式 } 1 - x \leq e^{-x} \text{により})$$

$$= \lim_{n \to \infty} \exp\left(-\sum_{i=n}^{\infty} P(A_i)\right)$$

$$= 0$$

最後の等式は $\sum_{i=n}^{\infty} P(A_i) = \infty$ より得られる．

2.5. (a) $\varepsilon > 0$ に対して

$$P(|X_n| > \varepsilon) \leq P(X_n \neq 0) = \frac{1}{n} \longrightarrow 0$$

ゆえに，すべての α において，X_n は 0 に確率収束する．

(b) X_n が 0 に概収束することと，任意の $\varepsilon > 0$ に対して $P(|X_n| > \varepsilon \text{ i.o.}) = 0$ であることは同値である．X_n が独立なので，ボレル・カンテリの補題とその逆である演習問題 2.4(b) を用いて，これは任意の $\varepsilon > 0$ に対して $\sum_{n=1}^{\infty} P(|X_n| > \varepsilon) < \infty$

であることに同値である．$\sum_{n=1}^{\infty} 1/n = \infty$ なので，X_n が 0 に概収束することは $\alpha < 0$ に同値である．

(c) $E|X_n|^r = n^{\alpha r}(1/n) = n^{\alpha r - 1} \to 0$ と $\alpha < 1/r$ が同値である．

2.6. (a) $|f_n(x) - g(x)| = f_n(x) - g(x) + 2(g(x) - f_n(x))^+$ なので

$$\int_{-\infty}^{\infty} |f_n(x) - g(x)| d\nu = \int_{-\infty}^{\infty} (f_n(x) - g(x)) d\nu + 2 \int_{-\infty}^{\infty} (g(x) - f_n(x))^+ d\nu$$

$\int_{-\infty}^{\infty} f_n(x) d\nu = \int_{-\infty}^{\infty} g(x) d\nu = 1$ なので，右辺の第 1 項は 0 である．$(g(x) - f_n(x))^+ \leq g(x)$ なので，ルベーグの優収束定理により，第 2 項も 0 に収束する．

(b)
$$\sup_A |P(X_n \in A) - P(X \in A)| = \sup_A \left| \int_A (f_n(x) - g(x)) d\nu \right|$$
$$\leq \sup_A \int_A |f_n(x) - g(x)| d\nu$$
$$= \int_{-\infty}^{\infty} |f_n(x) - g(x)| d\nu \to 0$$

2.7. $|X_n| = X_n^+ + X_n^-$ と書ける．$X_n \xrightarrow{\text{a.s.}} X$ なので，$X_n^+ \xrightarrow{\text{a.s.}} X^+$ と $X_n^- \xrightarrow{\text{a.s.}} X^-$ がいえる．ファトウ・ルベーグの補題により，$\liminf_{n \to \infty} EX_n^+ \geq EX^+$ と $\liminf_{n \to \infty} EX_n^- \geq EX^-$ が求まる．ゆえに，次が得られる．

$$E|X| = \lim_{n \to \infty} E|X_n| \geq \liminf_{n \to \infty} EX_n^+ + \liminf_{n \to \infty} EX_n^- \geq EX^+ + EX^- = E|X|$$

これによりすべて等しくなり，$\lim_{n \to \infty} EX_n^+ = EX^+$ と $\lim_{n \to \infty} EX_n^- = EX^-$ である．そこで，X^+ と X^- にシェッフェの定理を適用して，$E|X_n^+ - X^+| \to 0$ と $E|X_n^- - X^-| \to 0$ を得る．ゆえに

$$E|X_n - X| \leq E|(X_n^+ - X^+) - (X_n^- - X^-)| \leq E|X_n^+ - X^+| + E|X_n^- - X^-| \to 0$$

2.8. シュバルツの不等式により，$E|X_n X| \leq \sqrt{EX_n^2 EX^2}$ が成り立つ．$EX_n^2 \to EX^2$ より，$\limsup_{n \to \infty} E|X_n X| \leq EX^2$ を得る．ゆえに，ファトウ・ルベーグの補題により，$E|X_n X| \to EX^2$ が導かれ，演習問題 2.7 により $E|X_n X - X^2| \to 0$，つまり $EX_n X \to EX^2$ を得る．以上により

$$E(X_n - X)^2 = EX_n^2 - 2EX_n X + EX^2 \longrightarrow 0$$

第 3 章 演習問題解答

3.1. (a) $X_n = X + 1/n$ と定義すると,$X_n \xrightarrow{\mathscr{L}} X$ である.しかし,$Eg(X_n) = P(0 < X_n < 10) = P(0 \le X \le 9)$ なので,$Eg(X) = P(1 \le X \le 9)$ には収束しない.

(b) $g(x)$ は有界連続なので,$Eg(X_n) \to Eg(X)$ がいえる.

(c) $g(x)$ の不連続点は $\pm\pi/2, \pm 3\pi/2, \pm 5\pi/2, \ldots$ であるが,どれも整数ではないので $P(X \in C(g)) = 1$ である.ゆえに,$Eg(X_n) \to Eg(X)$ がいえる.

(d) 確率 $(n-1)/n$ で $X_n = X$ とし,残りの確率 $1/n$ で $X_n = n$ と定義する.このとき,$X_n \xrightarrow{\mathscr{L}} X$ は明らか.しかし,$EX_n = ((n-1)/n)EX + n/n \to EX + 1$ である.

3.2. 特性関数を利用する.任意の $\boldsymbol{a} \in \mathbb{R}^d$ に対して $\boldsymbol{a}^t \mathbf{X}_n \xrightarrow{\mathscr{L}} \boldsymbol{a}^t \mathbf{X}$ なので,すべての $\boldsymbol{a} \in \mathbb{R}^d$ とすべての $t \in \mathbb{R}$ に対して

$$\varphi_{\boldsymbol{a}^t \mathbf{X}_n}(t) \to \varphi_{\boldsymbol{a}^t \mathbf{X}}(t)$$

これより,任意の $\boldsymbol{a} \in \mathbb{R}^d$ に対して次を得る.

$$\varphi_{\mathbf{X}_n}(\boldsymbol{a}) = E\exp(i\boldsymbol{a}^t \mathbf{X}_n) = \varphi_{\boldsymbol{a}^t \mathbf{X}_n}(1) \to \varphi_{\boldsymbol{a}^t \mathbf{X}}(1) = \varphi_{\mathbf{X}}(\boldsymbol{a})$$

3.3. シェッフェの有用収束定理より,$\int |f_n(\boldsymbol{x}) - f(\boldsymbol{x})| d\nu(\boldsymbol{x}) \to 0 \ (n \to \infty)$ である.ゆえに

$$|E(g(\mathbf{X}_n) - g(\mathbf{X}))| = \left| \int g(\boldsymbol{x})(f_n(\boldsymbol{x}) - f(\boldsymbol{x})) d\nu(\boldsymbol{x}) \right|$$
$$\le \int |g(\boldsymbol{x})| |f_n(\boldsymbol{x}) - f(\boldsymbol{x})| d\nu(\boldsymbol{x})$$
$$\le B \int |f_n(\boldsymbol{x}) - f(\boldsymbol{x})| d\nu(\boldsymbol{x}) \to 0$$

ただし,B は $|g(\boldsymbol{x})|$ の上界である.

3.4. (a) $\mathscr{B}(n, p_n)$ の特性関数は次で与えられる.

$$E\exp(itS_n) = \sum_{j=0}^{n} e^{itj} \binom{n}{j} p_n^j (1-p_n)^{n-j}$$

$$= \sum_{j=0}^{n} \binom{n}{j} (p_n e^{it})^j (1-p_n)^{n-j}$$
$$= (p_n e^{it} + 1 - p_n)^n$$

$\mathscr{P}(\lambda)$ の特性関数は次で与えられる.

$$E \exp(itZ) = \sum_{j=0}^{\infty} \frac{1}{j!} e^{itj} e^{-\lambda} \lambda^j$$
$$= e^{-\lambda} \sum_{j=0}^{\infty} \frac{1}{j!} (e^{it} \lambda)^j$$
$$= \exp(\lambda(e^{it} - 1))$$

$\lambda_n = n p_n$ と定義すると,$\lambda_n \to \lambda$ であり,次が成り立つ.

$$E \exp(itS_n) = \left(\frac{\lambda_n}{n} e^{it} + 1 - \frac{\lambda_n}{n} \right)^n$$
$$= \left(1 + \frac{\lambda_n(e^{it}-1)}{n} \right)^n$$
$$\to \exp(\lambda(e^{it} - 1))$$

連続定理より,$S_n \xrightarrow{\mathscr{L}} Z$ である.

(b) 上と同じ考え方を用いる.特性関数の対数は

$$\log E \exp(itS_n) = \log \prod_{j=1}^{n} (1 + p_{nj}(e^{it}-1)) = \sum_{j=1}^{n} \log(1 + p_{nj}(e^{it}-1))$$

であるから,0 の近傍で $\log(1+z)$ のテイラー展開 $\log(1+z) = z + zg(z)$ を用いる.ただし,$g(z)$ は $g(0) = 0$ であるような連続関数である.$\max_{1 \le j \le n} p_{nj} \to 0$ なので,一様に $g(p_{nj}(e^{it}-1)) \to 0$ である.ゆえに,任意の $t \in \mathbb{R}$ に対して

$$\log E \exp(itS_n) = \sum_{j=1}^{n} \left(p_{nj}(e^{it}-1) + p_{nj}(e^{it}-1)g\left(p_{nj}(e^{it}-1)\right) \right)$$
$$= (e^{it}-1) \sum_{j=1}^{n} p_{nj} + (e^{it}-1) \sum_{j=1}^{n} p_{nj} g\left(p_{nj}(e^{it}-1)\right)$$
$$\to \lambda(e^{it}-1)$$

これは $\mathscr{P}(\lambda)$ の特性関数の対数である.

3.5. $U_1, U_2, ..., U_n$ は独立で $\mathscr{U}(0,1)$ に従うとする. $X_i = I(U_i > 1 - p_i)$ とおくと, $X_1, ..., X_n$ は独立なベルヌーイ試行列で, $P(X_i = 1) = p_i$ である. いま, F を $\mathscr{P}(p_i)$ の分布関数とするとき, Y_i を次のように定義する. $U_i \leq F(0)$ のとき $Y_i = 0$, $k = 1, 2, ...$ に対しては $F(k-1) < U_i \leq F(k)$ のとき $Y_i = k$ とする. このとき, $Y_i \in \mathscr{P}(p_i)$ である. $[X_i = 0] = [U_i \leq 1 - p_i] \subset [U_i \leq \exp(-p_i)] = [Y_i = 0]$ なので, $X_i = 0$ のときはいつでも $Y_i = 0$ である. ここで, $Z = \sum_{i=1}^n Y_i$ とおく.

(1) $|P(S_n \in A) - P(Z \in A)| \leq P(S_n \neq Z)$ を示すとき, 一般性を失わず, $P(S_n \in A) \geq P(Z \in A)$ と仮定してよい. ゆえに

$$P(S_n \in A) - P(Z \in A) \leq P(S_n \in A) - P(S_n \in A, Z \in A)$$
$$= P(S_n \in A, Z \notin A) \leq P(S_n \neq Z)$$

(2) $S_n \neq Z$ のとき, 少なくとも 1 つの i に対しては, $X_i \neq Y_i$ である. ゆえに

$$P(S_n \neq Z) \leq P\left(\bigcup_{i=1}^n [X_i \neq Y_i]\right) \leq \sum_{i=1}^n P(X_i \neq Y_i)$$

(3) $P(X_i \neq Y_i)$ は次のように評価できる.

$$P(X_i \neq Y_i) = 1 - P(X_i = 0) - P(Y_i = 1) = 1 - (1 - p_i) - p_i \exp(-p_i)$$
$$= p_i(1 - \exp(-p_i)) \leq p_i^2$$

以上の結果を組み合わせて次を得る.

$$|P(S_n \in A) - P(Z \in A)| \leq P(S_n \neq Z) \leq \sum_{i=1}^n P(X_i \neq Y_i) \leq \sum_{i=1}^n p_i^2$$

第 4 章 演習問題解答

4.1. (a) 平均は

$$E\hat{\beta}_n = \frac{\sum_{i=1}^n (z_i - \bar{z}_n)(\alpha + \beta z_i)}{\sum_{i=1}^n (z_i - \bar{z}_n)^2} = \beta$$

実際は, ガウス・マルコフの定理より, 最小 2 乗推定量は最良線形不偏推定量で

ある．分散は
$$V(\hat{\beta}_n) = \frac{\sum_{i=1}^n (z_i - \bar{z}_n)^2 \sigma^2}{\left(\sum_{i=1}^n (z_i - \bar{z}_n)^2\right)^2} = \frac{\sigma^2}{\sum_{i=1}^n (z_i - \bar{z}_n)^2}$$

したがって，$\hat{\beta}_n \xrightarrow{L_2} \beta$ であるための必要十分条件は $\sum_{i=1}^n (z_i - \bar{z}_n)^2 \to \infty$ である．

(b) 平均は
$$E\hat{\alpha}_n = E\bar{X}_n - E\hat{\beta}_n \bar{z}_n = (\alpha + \beta\bar{z}_n) - \beta\bar{z}_n = \alpha$$

$\hat{\alpha}_n$ は次のようにも表現できる．
$$\hat{\alpha}_n = \sum_{i=1}^n \left(\frac{1}{n} - \frac{(z_i - \bar{z}_n)\bar{z}_n}{\sum_{i=1}^n (z_i - \bar{z}_n)^2}\right) X_i$$

これにより
$$V(\hat{\alpha}_n) = \left(\frac{1}{n} + \frac{\bar{z}_n^2}{\sum_{i=1}^n (z_i - \bar{z}_n)^2}\right) \sigma^2$$

ゆえに，$\hat{\alpha}_n \xrightarrow{L_2} \alpha$ であるための必要十分条件は
$$\frac{\bar{z}_n^2}{\sum_{i=1}^n (z_i - \bar{z}_n)^2} \to 0$$

4.2. $X_1 = \varepsilon_1$, $X_2 = \beta\varepsilon_1 + \varepsilon_2$, $X_3 = \beta^2\varepsilon_1 + \beta\varepsilon_2 + \varepsilon_3$,..., 一般的には，$X_n = \sum_{i=1}^n \varepsilon_i \beta^{n-i}$ である．よって
$$\bar{X}_n = \frac{1}{n}\sum_{j=1}^n \sum_{i=1}^j \varepsilon_i \beta^{j-i} = \frac{1}{n}\sum_{i=1}^n \frac{\varepsilon_i(1-\beta^{n-i+1})}{1-\beta}$$

ゆえに
$$\begin{aligned}E\bar{X}_n &= \frac{1}{n}\frac{\mu}{1-\beta}\sum_{i=1}^n (1-\beta^i) \\ &= \frac{1}{n}\frac{\mu}{1-\beta}\left(n - \frac{\beta(1-\beta^n)}{1-\beta}\right) \\ &= \frac{\mu}{1-\beta} - \frac{\beta\mu}{n}\frac{(1-\beta^n)}{(1-\beta)^2} \\ &\longrightarrow \frac{\mu}{1-\beta}\end{aligned}$$

$$V(\bar{X}_n) = \frac{1}{n^2}\sum_{i=1}^{n}\frac{\sigma^2(1-\beta^{n-i+1})^2}{1-\beta^2}$$
$$\leq \frac{4\sigma^2}{n(1-\beta)^2} \longrightarrow 0$$

また，$E(\bar{X}_n - \mu/(1-\beta))^2 = V(\bar{X}_n) + (E\bar{X}_n - \mu/(1-\beta))^2 \to 0$ を得る．

4.3. $V(\bar{X}_n) \to 0\ (n \to \infty)$ を示せば十分である．

$$V(\bar{X}_n) = \frac{1}{n^2}\sum_{i=1}^{n}\sum_{j=1}^{n}\mathrm{Cov}(X_i, X_j) \leq \frac{c}{n^2}\sum_{i=1}^{n}\sum_{j=1}^{n}|\rho_{ij}|$$

任意の $\varepsilon > 0$ に対して，$|i-j| > N$ ならば $|\rho_{ij}| < \varepsilon$ となるような N を取ってくる．$n > N$ のとき，上の 2 重和において，$(n-N)^2$ 個の $|\rho_{ij}|$ は ε よりも小さく，残りは 1 で抑えられる．ゆえに

$$V(\bar{X}_n) \leq \frac{c}{n^2}\left((n-N)^2\varepsilon + (n^2 - (n-N)^2)\right) \leq c\varepsilon + c\frac{2N}{n}$$

n を十分に大きく取ると，$V(\bar{X}_n) \leq 2c\varepsilon$ とでき，ε は任意なので証明を得る．

4.4. 積分 I を次で定義する．

$$I = \lim_{z\to\infty}\int_1^z \frac{1}{x}\sin 2\pi x\, dx = 0.153\cdots$$

$\hat{I}_n$ が I に概収束するためには，$Y \in \mathscr{U}(0,1)$ のときに $|(1/Y)\sin(2\pi/Y)|$ が有限の期待値をもたなければならない．しかし

$$E\left|\frac{1}{Y}\sin\frac{2\pi}{Y}\right| = \int_0^1 \frac{1}{y}\left|\sin\frac{2\pi}{y}\right|dy = \int_1^\infty \frac{1}{x}|\sin 2\pi x|dx = \infty$$

である．ゆえに，$\hat{I}_n$ は I に概収束しない．この章にある定理だけでは，$\hat{I}_n$ が I に確率収束するかどうかもわからない．

4.5. (a) $0 < p < 1$ に対して

$$H(px_1 + (1-p)x_2)$$
$$= \sup_\theta \left(\theta(px_1 + (1-p)x_2) - \log M(\theta)\right)$$
$$= \sup_\theta \left(p(\theta x_1 - \log M(\theta)) + (1-p)(\theta x_2 - \log M(\theta))\right)$$
$$\leq \sup_\theta \left(p(\theta x_1 - \log M(\theta))\right) + \sup_\theta \left((1-p)(\theta x_2 - \log M(\theta))\right)$$

$$= pH(x_1) + (1-p)H(x_2)$$

(b) $\theta = 0$ のとき $\theta x - \log M(\theta) = 0$ なので，すべての x において $H(x) \geq 0$. すべての θ において $\exp(\theta x)$ は x の関数として凸なので，エンセンの不等式により，$M(\theta) \geq \exp(\theta \mu)$，つまり $\theta \mu - \log M(\theta) \leq 0$ を得る．よって，$H(\mu) = 0$.

(c) 正規分布 $\mathscr{N}(\mu, \sigma^2)$，$\sigma^2 > 0$ の場合，$M(\theta) = Ee^{\theta X} = \exp(\theta \mu + \sigma^2 \theta^2/2)$ なので，$\log M(\theta) = \theta \mu + \sigma^2 \theta^2/2$ である．$\varphi(\theta) = \theta x - \theta \mu - \sigma^2 \theta^2/2$ とおくと，$\dot{\varphi}(\theta) = x - \mu - \sigma^2 \theta = 0$ により，φ は $\theta = (x-\mu)/\sigma^2$ で最大値をとる．ゆえに

$$H(x) = \frac{(x-\mu)^2}{\sigma^2} - \frac{(x-\mu)^2}{2\sigma^2} = \frac{(x-\mu)^2}{2\sigma^2}$$

ポアソン分布 $\mathscr{P}(\lambda)$，$\lambda > 0$ の場合，$M(\theta) = \exp(-\lambda + \lambda e^\theta)$ である．$\varphi(\theta) = \theta x + \lambda - \lambda e^\theta$ とおくと，$x > 0$ のとき $\theta = \log(x/\lambda)$ で最大値をとり，$x \leq 0$ の場合は $\theta = -\infty$ で最大値をとる．ゆえに

$$H(x) = \begin{cases} x \log\left(\frac{x}{\lambda}\right) + \lambda - x, & x \geq 0 \\ +\infty, & x < 0 \end{cases}$$

ただし，$0 \log 0 = 0$ であると解釈する．

ベルヌーイ分布 $P(X=1) = p$，$P(X=0) = q = 1-p$，$0 < p < 1$ の場合，$M(\theta) = pe^\theta + q$ である．$\varphi(\theta) = \theta x - \log(pe^\theta + 1)$ とおくと，$\varphi(\theta)$ は $0 < x < 1$ のとき $\theta = \log(xq/((1-x)p))$ で最大値をとる．$x \leq 0$ の場合は $\theta = -\infty$ のとき，$x \geq 1$ の場合は $\theta = +\infty$ のとき最大値をとる．ゆえに

$$H(x) = \begin{cases} x \log\left(\frac{x}{p}\right) + (1-x) \log\left(\frac{1-x}{q}\right), & 0 \leq x \leq 1 \\ +\infty, & \text{その他} \end{cases}$$

4.6. まず，$x > \mu$ のとき，次を確かめておく．

$$H(x) = \sup_{\theta \geq 0}(\theta x - \log M(\theta))$$

なぜならば，$\theta < 0$ のとき，$H(\mu) = 0$ により次が成り立つからである．

$$\theta x - \log M(\theta) < \theta \mu - \log M(\theta) \leq H(\mu) = 0$$

では，$\theta > 0$ のとき，マルコフ不等式の証明と同様に，すべての n において，任

意の $\varepsilon > 0$ に対して次が成り立つ.

$$
\begin{aligned}
E\exp(\theta \bar{X}_n) &\geq E\exp(\theta \bar{X}_n) I(\bar{X}_n \geq \mu + \varepsilon) \\
&\geq \exp(\theta(\mu+\varepsilon)) P(\bar{X}_n \geq \mu + \varepsilon)
\end{aligned}
$$

ゆえに

$$
\begin{aligned}
P(\bar{X}_n \geq \mu + \varepsilon) &\leq \exp(-\theta(\mu+\varepsilon)) E\exp(\theta \bar{X}_n) \\
&= \exp(-\theta(\mu+\varepsilon)) M\left(\frac{\theta}{n}\right)^n \\
&= \exp\left(-n\left(\frac{\theta}{n}(\mu+\varepsilon) - \log M\left(\frac{\theta}{n}\right)\right)\right)
\end{aligned}
$$

左辺は $\theta \geq 0$ に無関係なので,次を得る.

$$
P(\bar{X}_n \geq \mu + \varepsilon) \leq \exp\left(-n\sup_{\theta \geq 0}(\theta(\mu+\varepsilon) - \log M(\theta))\right) = \exp(-nH(\mu+\varepsilon))
$$

4.7. (a) $y > \mu$ なので,$\theta' > 0$ でなければならない($E_\theta(X)$ は単調増加である).ゆえに

$$
\begin{aligned}
P_{\theta'}(|\bar{X}_n - y| < \delta) &= \int\cdots\int_{|\bar{x}_n - y| < \delta} \frac{1}{M(\theta')^n} e^{\theta'(x_1+\cdots+x_n)} f(x_1)\cdots f(x_n) dx_1\cdots dx_n \\
&\leq \frac{1}{M(\theta')^n} e^{\theta' n(y+\delta)} P_0(|\bar{X}_n - y| < \delta) \\
&= \exp(n(\theta'(y+\delta) - \log M(\theta'))) P_0(|\bar{X}_n - y| < \delta) \\
&\leq \exp(nH(y+\delta)) P_0(|\bar{X}_n - y| < \delta)
\end{aligned}
$$

(b) 大数の弱法則により,上の不等式の左辺は 1 に収束するので,次の不等式

$$
\begin{aligned}
P_0(\bar{X}_n > \mu + \varepsilon) &\geq P_0(|\bar{X}_n - y| < \delta) \\
&\geq \exp(-nH(y+\delta)) P_{\theta'}(|\bar{X}_n - y| < \delta)
\end{aligned}
$$

により次を得る.

$$
\liminf_{n\to\infty} \frac{1}{n} \log P(\bar{X}_n > \mu + \varepsilon) \geq -H(y+\delta)
$$

δ は任意の正数なので,不等式は $\delta \to 0$ のときも成り立つ.$H(x)$ は $x = \mu + \varepsilon$

で連続なので，結果を得る．

4.8. すべての n において $P(\bar{X}_n > 1) = 0$ である．$H(1^+) = \infty$ なので，$P(\bar{X}_n > 1) = \exp(-nH(1^+))$ が成り立つ．一方

$$P(\bar{X}_n \geq 1) = P(X_1 = \cdots = X_n = 1) = p^n = \exp(n \log p) = \exp(-nH(1))$$

第 5 章 演習問題解答

5.1.(a)
$$\boldsymbol{\mu} = \begin{pmatrix} \theta_1 \\ \theta_2 \end{pmatrix}, \quad E\mathbf{X}\mathbf{X}^t = \begin{pmatrix} \theta_1 & 0 \\ 0 & \theta_2 \end{pmatrix}$$

ゆえに，
$$\boldsymbol{\Sigma} = \begin{pmatrix} \theta_1(1-\theta_1) & -\theta_1\theta_2 \\ -\theta_1\theta_2 & \theta_2(1-\theta_2) \end{pmatrix}$$

である．中心極限定理により $\sqrt{n}(\bar{\mathbf{X}}_n - \boldsymbol{\mu}) \xrightarrow{\mathscr{L}} \mathscr{N}(\mathbf{0}, \boldsymbol{\Sigma})$ を得る．

(b) $EX = \theta$, $EI(X=0) = e^{-\theta}$, $V(X) = \theta$, $V(I(X=0)) = e^{-\theta}(1-e^{-\theta})$, $EXI(X=0) = 0$ である．ゆえに，$\mathrm{Cov}(X, I(X=0)) = -\theta e^{-\theta}$ である．よって

$$\sqrt{n}\begin{pmatrix} \bar{X}_n - \theta \\ Z_n - e^{-\theta} \end{pmatrix} \xrightarrow{\mathscr{L}} \mathscr{N}(\mathbf{0}, \boldsymbol{\Sigma}), \quad \boldsymbol{\Sigma} = \begin{pmatrix} \theta & -\theta e^{-\theta} \\ -\theta e^{-\theta} & e^{-\theta}(1-e^{-\theta}) \end{pmatrix}$$

5.2. $EX_i = 0$, $V(X_i) = i$ なので，$B_n^2 = \sum_{i=1}^n i = n(n+1)/2$ である．確率 1 で $|X_i| = \sqrt{i}$ であることから

$$E(X_i^2 I(|X_i| > \varepsilon B_n)) = iI\left(\sqrt{i} > \varepsilon B_n\right) = iI\left(i > \frac{\varepsilon^2 n(n+1)}{2}\right)$$

$n + 1 > 2/\varepsilon^2$ のとき，すべての $1 \leq i \leq n$ において，これらは 0 である．よって，任意の $\varepsilon > 0$ に対して，$n > 2/\varepsilon^2$ のとき次を得る．

$$\frac{1}{B_n^2} \sum_{i=1}^n E(X_i^2 I(|X_i| > \varepsilon B_n)) = 0$$

このようにリンドバーグ条件が満足されるので，$(1/B_n) \sum_{i=1}^n X_i \xrightarrow{\mathscr{L}} \mathscr{N}(0,1)$ が成り立ち，これにより次が得られる．

$$\bar{X}_n \xrightarrow{\mathscr{L}} \mathscr{N}\left(0, \frac{1}{2}\right)$$

5.3. $V(X_n) = \sigma^2$ なので, $B_n^2 = n\sigma^2$ である. このとき, 任意の $\varepsilon > 0$ に対して, $n \to \infty$ のとき次が成り立つ.

$$\frac{1}{n\sigma^2} \sum_{i=1}^n E\left(X_i^2 I\left(|X_i| > \varepsilon\sigma\sqrt{n}\right)\right) = \frac{1}{\sigma^2} E(X_1^2 I(|X_1| > \varepsilon\sigma\sqrt{n})) \longrightarrow 0$$

つまり, リンドバーグ条件が満足されるので, 1次元で独立同分布な場合の中心極限定理が得られる.

5.4. すべての i において, $X_i = \pm v_i$ となるのはそれぞれ確率 $p_i/2$ であり, 残りの確率で $X_i = 0$ とする. このとき, $EX_i = 0$ であり, $p_i v_i^2 = 1$ であれば $V(X_i) = 1$ である. そこで, リンドバーグ条件が成り立たないような v_i と $p_i = 1/v_i^2$ を選びたい. $B_n^2 = n$ なので

$$\frac{1}{n} \sum_{i=1}^n EX_i^2 I(|X_i| > \varepsilon\sqrt{n}) = \frac{1}{n} \sum_{i=1}^n v_i^2 p_i I(v_i > \varepsilon\sqrt{n}) = \frac{1}{n} \sum_{i=1}^n I(v_i^2 > \varepsilon^2 n)$$

$v_i^2 = i$ と設定すると (このとき $p_i = 1/i$), 漸近的に $(1/n)(n - \varepsilon^2 n) \to (1 - \varepsilon^2) \neq 0$ である. よって, リンドバーグ条件は成り立たない. しかし, $n \to \infty$ のとき

$$\max_{1 \le i \le n} \frac{\sigma_{ni}^2}{B_n^2} = \frac{1}{n} \to 0$$

は成り立つ. このとき, $Z_n/B_n = \sqrt{n}\bar{X}_n$ の漸近正規性が成り立つための必要十分条件はリンドバーグ条件となるので, $\sqrt{n}\bar{X}_n$ は $\mathscr{N}(0,1)$ には法則収束しないことが分かる.

5.5. T_n の平均と分散は次で与えられる.

$$\mu_n = ET_n = \sum_{i=1}^n Ez_{ni}X_i = \mu \sum_{i=1}^n z_{ni}$$

$$\sigma_n^2 = V(T_n) = \sum_{i=1}^n V(z_{ni}X_i) = \sigma^2 \sum_{i=1}^n z_{ni}^2$$

$T_n - \mu_n = \sum_{i=1}^n z_{ni}(X_i - \mu)$ なので, $X_{ni} = z_{ni}(X_i - \mu)$ についてリンドバーグ・フェラーの定理を用いる. つまり, $EX_{ni} = 0$, $V(X_{ni}) = \sigma_{ni}^2 = \sigma^2 z_{ni}^2$ であり, 定理で用いた記号に対応させると $Z_n = T_n - \mu_n$, $B_n^2 = \sigma_n^2 = \sigma^2 \sum_{i=1}^n z_{ni}^2$

である．ゆえに，リンドバーグ条件が成り立つことが確かめられると，$Z_n/B_n = (T_n - \mu_n)/\sigma_n \xrightarrow{\mathscr{L}} \mathcal{N}(0,1)$ を得る．

$$\frac{1}{B_n^2} \sum_{i=1}^n E(X_{ni}^2 I(|X_{ni}| \geq \varepsilon B_n))$$
$$= \frac{1}{B_n^2} \sum_{i=1}^n z_{ni}^2 E\left((X_i - \mu)^2 I\left(|X_i - \mu| \geq \frac{\varepsilon B_n}{|z_{ni}|}\right)\right)$$
$$\leq \frac{1}{B_n^2} \sum_{i=1}^n z_{ni}^2 E\left((X_i - \mu)^2 I\left(|X_i - \mu| \geq \frac{\varepsilon B_n}{\max_{1 \leq i \leq n} |z_{ni}|}\right)\right)$$

X_i は同じ分布に従うので，期待値は i に依存せず，和の記号の外に出せる．z_{ni}^2 の和は B_n^2 の中にある同じ項と打ち消されて，次の不等式が得られる．

$$\frac{1}{B_n^2} \sum_{i=1}^n E(X_{ni}^2 I(|X_{ni}| \geq \varepsilon B_n))$$
$$\leq \frac{1}{\sigma^2} E\left((X_1 - \mu)^2 I\left(|X_1 - \mu| \geq \frac{\varepsilon B_n}{\max_{1 \leq i \leq n} |z_{ni}|}\right)\right)$$

$\max_{1 \leq i \leq n} z_{ni}^2/B_n^2 \to 0$ を仮定しているので，X_1 の分散は有限であることから，右辺の期待値は 0 に収束する．これでリンドバーグ条件が成り立つことが示された．

5.6. S_n の平均と分散は次で与えられる．

$$ES_n = \sum_{k=1}^n ER_k = \sum_{k=1}^n \frac{1}{k}$$
$$V(S_n) = \sum_{k=1}^n V(R_k) = \sum_{k=1}^n \frac{1}{k}\left(1 - \frac{1}{k}\right)$$

リンドバーグ・フェラーの定理の中の X_{nk} が $R_k - 1/k$ を表すと考えると，$EX_{nk} = 0$ であり，$B_n^2 = V(S_n)$ である．リンドバーグ条件を確かめよう．$|X_{nk}| \leq |R_k - 1/k| < 1$ であることを考慮すると，次が得られる．

$$\frac{1}{B_n^2} \sum_{k=1}^n E(X_{nk}^2 I(|X_{nk}| > \varepsilon B_n)) \leq \frac{1}{B_n^2} \sum_{k=1}^n E(X_{nk}^2 I(1 \geq \varepsilon B_n)) = I(1 > \varepsilon B_n)$$

固定された $\varepsilon > 0$ に対して，B_n は無限大に発散するので，右辺は十分大きな n において 0 となる．つまり，リンドバーグ条件は満たされている．

5.7. X_k の平均と分散は

$$EX_k = \frac{1}{k}\sum_{i=1}^{k-1} i = \frac{1}{k}\frac{k(k-1)}{2} = \frac{k-1}{2}$$

$$V(X_k) = \frac{1}{k}\sum_{i=1}^{k-1} i^2 - \left(\frac{k-1}{2}\right)^2 = \frac{k^2-1}{12}$$

で与えられるので，T_n の平均と分散は次のように求められる．

$$ET_n = \sum_{k=1}^{n} \frac{k-1}{2} = \frac{n(n-1)}{4}$$

$$V(T_n) = \sum_{k=1}^{n} \frac{k^2-1}{12} = \frac{1}{12}\left(\frac{n(n+1)(2n+1)}{6} - n\right)$$

$$= \frac{n(n-1)(2n+5)}{72}$$

$(T_n - ET_n)/\sqrt{V(T_n)}$ の漸近正規性を示すには，リンドバーグ条件を確かめればよい．$X_{ni} = X_i - (i-1)/2$ とおくと，$EX_{ni} = 0$ であり，$B_n^2 = V(T_n)$ である．$0 \leq X_i \leq i-1$ なので，$|X_{ni}| \leq (i-1)/2 \leq (n-1)/2$, $i = 1, 2, ..., n$ である．ゆえに，

$$\frac{1}{B_n^2}\sum_{i=1}^{n} E\left(X_{ni}^2 I(|X_{ni}| > \varepsilon B_n)\right) \leq \frac{1}{B_n^2}\sum_{i=1}^{n} E\left(X_{ni}^2 I\left(\frac{n-1}{2} \geq \varepsilon B_n\right)\right)$$

$$= I\left(\frac{n-1}{2} \geq \varepsilon B_n\right)$$

固定された $\varepsilon > 0$ に対して，B_n は $n^{3/2}$ のオーダーなので，最後の式は十分大きな n において 0 となる．つまり，リンドバーグ条件は満たされ，T_n と τ_n の標準化は漸近的に正規分布 $\mathcal{N}(0,1)$ に従う．

5.8. この分布においては，$\mu = 0$, $\sigma^2 = 1$, $\rho = 1$ なので，

$$c_n = \sqrt{n}\sup_x |F_n(x) - \Phi(x)|$$

$n = 1$ の場合，$x < -1$ のとき $F_1(x) = 0$, $-1 \leq x < 1$ のとき $F_1(x) = 1/2$, $x \geq 1$ のとき $F_1(x) = 1$ である．ゆえに c_1 は x が ± 1 に近づくときに得られるので，$c_1 = \max\{1 - \Phi(1), \Phi(1) - 1/2\} = \Phi(1) - 1/2 = 0.3413\cdots$ を得る．$n = 2$

の場合は，$x < -\sqrt{2}$ のとき $F_2(x) = 0$，$-\sqrt{2} \leq x < 0$ のとき $F_2(x) = 1/4$，$0 \leq x < \sqrt{2}$ のとき $F_2(x) = 3/4$，そして $x \geq \sqrt{2}$ のとき $F_2(x) = 1$ である．ゆえに c_2 は x が 0 に近づくときに得られるので，$c_2 = \sqrt{2}/4 = 0.3536\cdots$ を得る．任意の $n \geq 2$ の場合においては，$F_n(x)$ の最大のジャンプが起こる 0 に x が近づくときに c_n の値は得られると期待できる．そこで，n を偶数 $n = 2k$ にとると

$$c_n = \sqrt{n}|F_n(0) - \Phi(0)| = \frac{\sqrt{n}q}{2}$$

ただし，q は $F_n(x)$ が $x = 0$ でとるジャンプの大きさを表す．すなわち，$\mathscr{B}(2k, 1/2)$ に従う2項確率変数が k となる確率が q なので，スターリングの近似公式を $k!$ に対して用いて，次を得る．

$$\begin{aligned}
c_n &= \frac{\sqrt{n}}{2}\binom{n}{k}\left(\frac{1}{2}\right)^n = \frac{\sqrt{n}n!}{k!^2 2^{n+1}} \\
&\sim \frac{\sqrt{n}(n/e)^n(2\pi n)^{1/2}}{(k/e)^{2k}(2\pi k)2^{2k+1}} \\
&= \frac{1}{\sqrt{2\pi}} = 0.3989\cdots
\end{aligned}$$

これにより，ベリー・エシーンの定理における定数 c は少なくとも $0.3989\cdots$ でなければならないと分かる．

5.9. 歪度と尖度は位置母数と尺度母数に依存しないので，扱う分布の平均は 0，分散は 1 と仮定してよい．このとき

$$\begin{aligned}
ES_n^2 &= nEX^2 = n \\
ES_n^3 &= E\sum_{i=1}^n\sum_{j=1}^n\sum_{k=1}^n X_iX_jX_k = nEX^3 = n\beta_1 \\
ES_n^4 &= E\sum_{i=1}^n\sum_{j=1}^n\sum_{k=1}^n\sum_{l=1}^n X_iX_jX_kX_l = nEX^4 + 3n(n-1)(EX^2)^2 \\
&= n(\beta_2 + 3) + 3n(n-1) = n\beta_2 + 3n^2
\end{aligned}$$

これにより，次が得られる．

$$\beta_{1n} = \frac{ES_n^3}{(ES_n^2)^{3/2}} = \frac{\beta_1}{\sqrt{n}}$$

$$\beta_{2n} = \frac{ES_n^4}{(ES_n^2)^2} - 3$$

$$= \frac{(n\beta_2 + 3n^2)}{n^2} - 3 = \frac{\beta_2}{n}$$

エッジワース展開は尺度変換に依存せず，平均 1 をもつ指数分布は χ_2^2 の尺度変換で得られるので，χ_2^2 分布からの大きさ 5 の標本に対するエッジワース近似と正規分布との比較を表 5.1 は与えていると考えてよい．しかし，上の結果により，χ_1^2 分布からの大きさ 10 の標本に対するエッジワース近似，あるいは χ_{10}^2 分布からの大きさ 1 の標本に対するエッジワース近似との比較であると解釈することもできる．

5.10. 区間 $(0,1)$ 上の一様分布の平均は $\mu = 1/2$ であり，分散は $\sigma^2 = 1/12$ である．この分布は $1/2$ に関して対称なので，歪度は $\beta_1 = 0$ である．平均周りの 4 次の積率は

$$E\left(X - \frac{1}{2}\right)^4 = \int_0^1 \left(x - \frac{1}{2}\right)^4 dx = 2\int_0^{1/2} y^4 dy = \frac{2}{5}\left(\frac{1}{2}\right)^5 = \frac{1}{80}$$

なので，尖度は $\beta_2 = (1/80)/(1/12)^2 - 3 = 1.8 - 3 = -1.2$ となる．$n = 3$ のとき，

$$P(S_n \le 2) = P\left(\frac{\sqrt{n}}{\sigma}\left(\bar{X}_n - \frac{1}{2}\right) \le 1\right)$$

であり，この確率の正規近似は $\Phi(1) = 0.84134$ である．一方，エッジワース展開では，

$$\Phi(1) - \beta_2 \frac{1-3}{24n}\phi(1) = 0.8413 - 0.0081 = 0.8332$$

を得る．正確な確率は

$$P(X_1 + X_2 + X_3 \le 2) = 1 - P(X_1 + X_2 + X_3 \ge 2)$$
$$= 1 - P(X_1 + X_2 + X_3 \le 1)$$
$$= 1 - \frac{1}{6} = 0.8333$$

ここで，$P(X_1 + X_2 + X_3 \le 1) = 1/6$ は単位四面体の体積でもある．

第 6 章 演習問題解答

6.1. (a) n' で任意の部分列を表し，その中に $f(\mathbf{X}_{n''}) \xrightarrow{\text{a.s.}} f(\mathbf{X})$ となるさらなる部分列 n'' が存在することを示す．まず，$\mathbf{X}_{n'} \xrightarrow{\text{P}} \mathbf{X}$ なので，概収束するさらなる部分列 n'' が存在する．つまり $P(\mathbf{X}_{n''} \to \mathbf{X}) = 1$ である．これと $P(\mathbf{X} \in C(\boldsymbol{f})) = 1$ を組み合わせると，概収束の意味での $\boldsymbol{f}(\mathbf{X}_{n''}) \to \boldsymbol{f}(\mathbf{X})$ が得られる．

(b) 不等式 $|\mathbf{Y}_n - \mathbf{X}| \le |\mathbf{Y}_n - \mathbf{X}_n| + |\mathbf{X}_n - \mathbf{X}|$ より，任意の $\varepsilon > 0$ に対して次が成り立つ．

$$[|\mathbf{Y}_n - \mathbf{X}| > \varepsilon] \subset \left[|\mathbf{Y}_n - \mathbf{X}_n| > \frac{\varepsilon}{2}\right] \cup \left[|\mathbf{X}_n - \mathbf{X}| > \frac{\varepsilon}{2}\right]$$

ゆえに

$$P(|\mathbf{Y}_n - \mathbf{X}| > \varepsilon) \le P\left(|\mathbf{Y}_n - \mathbf{X}_n| > \frac{\varepsilon}{2}\right) + P\left(|\mathbf{X}_n - \mathbf{X}| > \frac{\varepsilon}{2}\right) \to 0$$

(c) (b) の場合と同様に

$$[|\mathbf{X}_n - \mathbf{X}|^2 + |\mathbf{Y}_n - \mathbf{Y}|^2 > \varepsilon^2] \subset \left[|\mathbf{X}_n - \mathbf{X}|^2 > \frac{\varepsilon^2}{2}\right] \cup \left[|\mathbf{Y}_n - \mathbf{Y}|^2 > \frac{\varepsilon^2}{2}\right]$$

が成り立つので，

$$P\left(\left|\begin{pmatrix} \mathbf{X}_n \\ \mathbf{Y}_n \end{pmatrix} - \begin{pmatrix} \mathbf{X} \\ \mathbf{Y} \end{pmatrix}\right| > \varepsilon\right)$$
$$\le P\left(|\mathbf{X}_n - \mathbf{X}| > \frac{\varepsilon}{\sqrt{2}}\right) + P\left(|\mathbf{Y}_n - \mathbf{Y}| > \frac{\varepsilon}{\sqrt{2}}\right) \to 0$$

6.2.
$$\Phi_{(X_n, Y_n)}(u, v) = \Phi_{X_n}(u)\Phi_{Y_n}(v) \quad (独立性より)$$
$$\to \Phi_X(u)\Phi_Y(v)$$
$$= \Phi_{(X,Y)}(u, v) \quad (X と Y の独立性より)$$

6.3. $-1 < \beta < 1$ の場合．$X_0 = 0$ であり $X_i = \beta X_{i-1} + e_i$ なので，$\sum_{i=1}^n X_i = \beta \sum_{i=1}^{n-1} X_i + \sum_{i=1}^n e_i$ である．これより，$(1-\beta)\sum_{i=1}^n X_i = \sum_{i=1}^n e_i - \beta X_n$，つまり

$$\sqrt{n}((1-\beta)\bar{X}_n - \mu) = \sqrt{n}(\bar{e}_n - \mu) - \frac{\beta X_n}{\sqrt{n}}$$

を得る．中心極限定理により，$\sqrt{n}(\bar{e}_n - \mu) \xrightarrow{\mathscr{L}} \mathscr{N}(0, \sigma^2)$ である．ここで，

$\beta X_n/\sqrt{n} \xrightarrow{\mathrm{P}} 0$ を示すことにより，$\sqrt{n}((1-\beta)\bar{X}_n - \mu)$ と $\sqrt{n}(\bar{e}_n - \mu)$ とは漸近的に同値であることを示そう．$X_n = \sum_{i=1}^{n} e_i \beta^{n-i}$ なので（演習問題 4.2 を参照せよ），

$$E\left(\frac{X_n}{\sqrt{n}}\right) = \mu \sum_{i=1}^{n} \frac{\beta^{n-i}}{\sqrt{n}} \to 0$$

$$V\left(\frac{X_n}{\sqrt{n}}\right) = \sigma^2 \sum_{i=1}^{n} \frac{\beta^{2(n-i)}}{n} \to 0$$

これにより，$X_n/\sqrt{n}$ は 0 に L_2 収束するので（演習問題 1.5 を参照せよ），確率収束する．ゆえに，定理 6(b) により，$\sqrt{n}((1-\beta)\bar{X}_n - \mu) \xrightarrow{\mathscr{L}} \mathscr{N}(0, \sigma^2)$，つまり次を得る．

$$\sqrt{n}\left(\bar{X}_n - \frac{\mu}{1-\beta}\right) \xrightarrow{\mathscr{L}} \mathscr{N}\left(0, \frac{\sigma^2}{(1-\beta)^2}\right)$$

$\beta = -1$ の場合は，n が偶数のとき $\bar{X}_n = (e_2 + e_4 + \cdots + e_n)/n$ であり，n が奇数のとき $\bar{X}_n = (e_1 + e_3 + \cdots + e_n)/n$ である．どちらであっても，n が大きくなるとき，$\sqrt{n}(\bar{X}_n - \mu/2)$ は漸近的に $\mathscr{N}(0, \sigma^2/2)$ に従うようになる．

$\beta = 1$ の場合は，$X_n = \sum_{i=1}^{n} e_i$ であり，$\bar{X}_n = (1/n)\sum_{i=1}^{n}(n+1-i)e_i$ である．例えば $\mu > 0$ であれば，$\bar{X}_n$ は無限大に確率収束する．そうではあるけれども，$\bar{X}_n$ を適当に標準化すると，正規分布への収束を示すことができる．$n\bar{X}_n$ は $Z_n = \sum_{i=1}^{n} i e_i$ と同じ分布をもつので，$Z_n - EZ_n = \sum_{i=1}^{n} i(e_i - \mu)$ について考えよう．$X_{ni} = i(e_i - \mu)$ とおいてリンドバーグ条件を確かめる．$EX_{ni} = 0$ であり，$V(X_{ni}) = i^2 \sigma^2$ なので，$B_n^2 = \sum_{i=1}^{n} i^2 \sigma^2 = n(n+1)(2n+1)\sigma^2/6$ である．ゆえに

$$\frac{1}{B_n^2} \sum_{i=1}^{n} E(X_{ni}^2 I(|X_{ni}| > \varepsilon B_n))$$

$$= \frac{1}{B_n^2} \sum_{i=1}^{n} i^2 E\left((e_i - \mu)^2 I\left((e_i - \mu)^2 > \frac{\varepsilon^2 B_n^2}{i^2}\right)\right)$$

$$\leq \frac{1}{B_n^2} \sum_{i=1}^{n} i^2 E\left((e_i - \mu)^2 I\left((e_i - \mu)^2 > \frac{\varepsilon^2 B_n^2}{n^2}\right)\right)$$

$$= \frac{1}{\sigma^2} E\left((e_1 - \mu)^2 I\left((e_1 - \mu)^2 > \frac{\varepsilon^2 B_n^2}{n^2}\right)\right) \to 0$$

ここでは，$B_n^2/n^2 \to \infty$ を用いている．これにより，$(Z_n - EZ_n)/B_n \xrightarrow{\mathscr{L}} \mathscr{N}(0,1)$ を得る．つまり，次を得る．

$$\frac{1}{\sqrt{n}}\left(\bar{X}_n - \frac{n\mu}{2}\right) \xrightarrow{\mathscr{L}} \mathscr{N}\left(0, \frac{\sigma^2}{3}\right)$$

6.4. (a) U_n と V_n を平均 0 で分散 1 をもつ確率変数列とし，$\rho(U_n, V_n) \to 1$ であると仮定する．このとき，$E(U_n - V_n)^2 = 2(1 - \rho(U_n, V_n)) \to 0$ なので，$U_n - V_n$ は 0 に L_2 収束する．これより確率収束が導かれ，U_n と V_n は漸近的に同値である．定理 6(b) より両者は同じ極限分布をもつ．一般に，$U_n = (X_n - EX_n)/\sqrt{V(X_n)}$ および $V_n = (Y_n - EY_n)/\sqrt{V(Y_n)}$ と定義するとき，$\rho(X_n, Y_n) \to 1$ であれば，$\rho(U_n, V_n) = \rho(X_n, Y_n)$ なので，上の議論はそのまま適用可能である．

(b) X_n と Y_n 自身は漸近的に同値ではないかもしれない．反例を示そう．U と V は独立で，区間 $[-1,1]$ 上の異なる分布をもつ確率変数とする．ただし，どちらも平均 0 をもち，$V(U) = V(V)$ であるとする．また，W も独立で，$P(W = -1) = P(W = 1) = 1/2$ であるとする．そこで，確率 $1/n$ で $(X_n, Y_n) = (nW, nW)$ であり，確率 $(n-1)/n$ で $(X_n, Y_n) = (U, V)$ と定義する．このとき，$X_n \xrightarrow{\mathscr{L}} U$ であり，$Y_n \xrightarrow{\mathscr{L}} V$ であるが，$V(X_n) = n + ((n-1)/n)V(U)$, $V(Y_n) = n + ((n-1)/n)V(V)$, $\text{Cov}(X_n, Y_n) = n$ なので，$\rho(X_n, Y_n) \to 1$ である．

6.5.
$$E(X_n - Y_n)^2 \geq V(X_n - Y_n)$$
$$= V(X_n) - 2\text{Cov}(X_n, Y_n) + V(Y_n) \geq 0$$

$\text{Cov}(X_n, Y_n) \leq \sqrt{V(X_n)}\sqrt{V(Y_n)}$ なので，$E(X_n - Y_n)^2 \geq (\sqrt{V(X_n)} - \sqrt{V(Y_n)})^2$ が成り立つ．両辺を $V(X_n)$ で割り，左辺は 0 に収束するという仮定を用いると，$(1 - \sqrt{V(Y_n)}/\sqrt{V(X_n)})^2 \to 0$ が得られる．つまり，$V(Y_n)/V(X_n) \to 1$ である．最初の不等式の両辺を $\sqrt{V(X_n)}\sqrt{V(Y_n)}$ で割ると次が得られる．

$$2 - 2\rho(X_n, Y_n) \leq \frac{\sqrt{V(X_n)}}{\sqrt{V(Y_n)}} - 2\rho(X_n, Y_n) + \frac{\sqrt{V(Y_n)}}{\sqrt{V(X_n)}}$$
$$\leq \frac{E(X_n - Y_n)^2}{\sqrt{V(X_n)}\sqrt{V(Y_n)}} \to 0$$

これより，$\rho(X_n, Y_n) \to 1$ を得る．問題の後半の結果は演習問題 6.4 を使って直

接的に得られる．

6.6. (a) スラツキーの定理 6(a) により，$\log$ 関数は $(0, \infty)$ 上で連続なので，$\log X_n \xrightarrow{\mathscr{L}} \log X$ を得る．再び定理 6(a) を用いると $\log Y_n - \log X_n \xrightarrow{\mathscr{L}} 0$ でもある．ゆえに，スラツキーの定理 6(b) により $\log Y_n \xrightarrow{\mathscr{L}} \log X$ が得られ，さらにまた定理 6(a) を用いて $Y_n \xrightarrow{\mathscr{L}} X$ を得る．

(b) $n \to \infty$ のとき，$(X_{1n}, X_{2n}, ..., X_{kn})^t \xrightarrow{\mathscr{L}} (X_1, X_2, ..., X_k)^t > \mathbf{0}$，また $(X_{1n}/Y_{1n}, \; X_{2n}/Y_{2n}, ..., X_{kn}/Y_{kn})^t \xrightarrow{\mathrm{P}} \mathbf{1}$ が成り立つとすると，$(Y_{1n}, Y_{2n}, ..., Y_{kn})^t \xrightarrow{\mathscr{L}} (X_1, X_2, ..., X_k)^t$ が得られる．証明は上の小問 (a) に対するものと本質的には同じである．

第 7 章 演習問題解答

7.1. $\sqrt{n}(s_x^2 - \sigma^2) \xrightarrow{\mathscr{L}} \mathscr{N}(0, \mu_4 - \sigma^4)$ である．また，$g(x) = \log x$ とおくと，$\dot{g}(\sigma^2) = 1/\sigma^2$ である．ゆえに，定理 7 より，次を得る．

$$\sqrt{n}(\log s_x^2 - \log \sigma^2) \xrightarrow{\mathscr{L}} \mathscr{N}\left(0, \frac{\mu_4}{\sigma^4} - 1\right) = \mathscr{N}(0, \beta_2 - 1)$$

ただし，$\beta_2 = \mu_4/\sigma^4$ である．

7.2. 共分散行列の計算に平均周りの積率 $m_1' = (1/n)\sum_{i=1}^n (X_i - \mu)$ と $m_2' = (1/n)\sum_{i=1}^n (X_i - \mu)^2$ を利用する．このとき，次が成り立つ．

$$\sqrt{n}\left(\begin{pmatrix} m_1' \\ m_2' \end{pmatrix} - \begin{pmatrix} 0 \\ \sigma^2 \end{pmatrix}\right) \xrightarrow{\mathscr{L}} \mathscr{N}(\mathbf{0}, \mathbf{\Sigma})$$

ただし

$$\mathbf{\Sigma} = \begin{pmatrix} V(X - \mu) & \mathrm{Cov}((X-\mu)^2, X-\mu) \\ \mathrm{Cov}((X-\mu)^2, X-\mu) & V((X-\mu)^2) \end{pmatrix}$$
$$= \begin{pmatrix} \sigma^2 & \mu_3 \\ \mu_3 & \mu_4 - \sigma^4 \end{pmatrix}$$

ここで

$$\boldsymbol{g}(x, y) = \begin{pmatrix} x \\ y - x^2 \end{pmatrix}$$

とおくと,
$$\dot{g}(x,y) = \begin{pmatrix} 1 & 0 \\ -2x & 1 \end{pmatrix}, \quad \dot{g}(0,\sigma^2) = \mathbf{I}$$

ゆえに, 定理 7 より次を得る.
$$\sqrt{n} \begin{pmatrix} \bar{X}_n - \mu \\ s_x^2 - \sigma^2 \end{pmatrix} \xrightarrow{\mathscr{L}} \mathscr{N}\left(\begin{pmatrix} 0 \\ 0 \end{pmatrix}, \begin{pmatrix} \sigma^2 & \mu_3 \\ \mu_3 & \mu_4 - \sigma^4 \end{pmatrix} \right)$$

7.3. (a) $g(u,v) = \sqrt{v}/u$, $\dot{g}(\mu,\sigma^2) = (-\sigma/\mu^2, 1/(2\mu\sigma))$ を考えると,
$$\sqrt{n}\left(\frac{s_x}{\bar{X}_n} - \frac{\sigma}{\mu} \right) \xrightarrow{\mathscr{L}} \mathscr{N}(0, \dot{g}\boldsymbol{\Sigma}\dot{g}^t) = \mathscr{N}\left(0, \frac{\mu_4 - \sigma^4}{4\mu^2\sigma^2} - \frac{\mu_3}{\mu^3} + \frac{\sigma^4}{\mu^4} \right)$$

正規分布からの標本の場合は $\mu_3 = 0$, $\mu_4 = 3\sigma^4$ なので, 漸近分布は $\mathscr{N}(0, \sigma^2(1/2 + \sigma^2/\mu^2)/\mu^2)$ が得られる.

$\mu = 0$ の場合, $g(u,v)$ は $(0,v)$ において連続ではないので, クラメールの定理は適用できない. しかし, $\sqrt{n}\bar{X}_n/s_x \xrightarrow{\mathscr{L}} \mathscr{N}(0,1)$ なので, ここでもクラメールの定理により $(1/\sqrt{n})s_x/\bar{X}_n$ の漸近分布ならば求めることができる.

(b) $m_3' = (1/n)\sum_{i=1}^n (X_i - \mu)^3$ とおく. しかし m_3 の分布は μ に依存しないので, 一般性を失うことなく $\mu = 0$ とおいてよい. このとき, 次を得る.
$$\sqrt{n}\left((m_1', m_2', m_3')^t - (0, \sigma^2, \mu_3)^t \right) \xrightarrow{\mathscr{L}} \mathscr{N}(\mathbf{0}, \boldsymbol{\Sigma})$$

ただし
$$\boldsymbol{\Sigma} = \begin{pmatrix} \sigma^2 & \mu_3 & \mu_4 \\ \mu_3 & \mu_4 - \sigma^4 & \mu_5 - \sigma^2\mu_3 \\ \mu_4 & \mu_5 - \sigma^2\mu_3 & \mu_6 - \mu_3^2 \end{pmatrix}$$

$m_3 = m_3' - 3m_2' m_1' + 2(m_1')^3$ である. よって, $g(u,v,w) = w - 3uv + 2u^3$ を考えると, $\dot{g}(0, \sigma^2, \mu_3) = (-3\sigma^2, 0, 1)$ なので, 次を得る.
$$\sqrt{n}(m_3 - \mu_3) \xrightarrow{\mathscr{L}} \mathscr{N}(0, \dot{g}\boldsymbol{\Sigma}\dot{g}^t) = \mathscr{N}(0, \mu_6 - \mu_3^2 - 6\sigma^2\mu_4 + 9\sigma^6)$$

7.4. $EX = \alpha/(\alpha + \beta) = \theta/(\theta + 1)$ であり, $V(X) = \alpha\beta/((\alpha+\beta)^2(\alpha+\beta+1)) = \theta/((\theta+1)^2(\theta+2))$ である. ゆえに,
$$\sqrt{n}\left(\bar{X}_n - \frac{\theta}{\theta+1} \right) \xrightarrow{\mathscr{L}} \mathscr{N}\left(0, \frac{\theta}{(\theta+1)^2(\theta+2)} \right)$$

$g(x) = x/(1-x)$ を考えると，$\dot{g}(x) = 1/(1-x)^2$, $\dot{g}(\theta/(\theta+1)) = (\theta+1)^2$ なので，次を得る．

$$\sqrt{n}(\hat{\theta}_n - \theta) \xrightarrow{\mathscr{L}} \mathscr{N}\left(0, \frac{\theta(\theta+1)^2}{\theta+2}\right)$$

7.5. (a) クラメールの定理において $g(x,y) = y/x$ とおき，演習問題 7.2 の結果を使うと，$\dot{g}(\mu, \sigma^2) = (-\sigma^2/\mu^2, 1/\mu)$ なので次を得る．

$$\sqrt{n}\left(\frac{s^2}{\bar{X}_n} - \frac{\sigma^2}{\mu}\right) \xrightarrow{\mathscr{L}} \mathscr{N}(0, \dot{g}\boldsymbol{\Sigma}\dot{g}^t)$$
$$= \mathscr{N}\left(0, \frac{1}{\mu^4}(\sigma^6 - 2\mu\sigma^2\mu_3 + \mu^2\mu_4 - \mu^2\sigma^4)\right)$$

(b) ポアソン分布 $\mathscr{P}(\lambda)$ の初めの 4 つの積率は，$\mu = \lambda$, $\mu_2 = \sigma^2 = \lambda$, $\mu_3 = \lambda$, $\mu_4 = 3\lambda^2 + \lambda$ である．これらの値を上の (a) の結果に代入すると，次の λ に依存しない結果を得る．

$$\sqrt{n}\left(\frac{s^2}{\bar{X}_n} - 1\right) \xrightarrow{\mathscr{L}} \mathscr{N}(0, 2)$$

7.6. (a) $\dot{g}(p) = 1 - 2p$ であり，$\sqrt{n}(X_n - p) \xrightarrow{\mathscr{L}} \mathscr{N}(0, p(1-p))$ なので，定理 7 より次を得る．

$$\sqrt{n}(g(X_n) - g(p)) \xrightarrow{\mathscr{L}} \mathscr{N}(0, (1-2p)^2 p(1-p))$$

$p = 1/2$ のとき，これは $\sqrt{n}(X_n(1-X_n) - 0.25) \xrightarrow{\mathscr{L}} \mathscr{N}(0, 0)$ となり，$\sqrt{n}(X_n(1-X_n) - 0.25) \xrightarrow{\mathrm{P}} 0$ を意味する．

(b) $\ddot{g}(p) = -2$ と (5) 式により次を得る

$$n(X_n(1-X_n) - p(1-p)) \sim -p(1-p)(\chi_1^2(\gamma_n^2) - \gamma_n^2)$$

ただし，$\gamma_n^2 = n(1-2p)^2/(4p(1-p))$ である．$p = 1/2$ のとき，これは $n(X_n(1-X_n) - 0.25) \xrightarrow{\mathscr{L}} -0.25\chi_1^2$ を意味する．言い換えると，$4n(0.25 - X_n(1-X_n)) \xrightarrow{\mathscr{L}} \chi_1^2$ である．g は 2 次関数なので，展開 (3) は正確である．X_n が正確に正規分布に従うと仮定すると，上の非心 χ^2 分布による近似も正確なものとなる．

(c) $p = 0.6$ で $n = 100$ のとき, (a) より $(X_n(1-X_n) - 0.24) \xrightarrow{\mathscr{L}} \mathscr{N}(0, 0.96)$, (b) より $X_n(1-X_n) - 0.24 \xrightarrow{\mathscr{L}} -0.0024(\chi_1^2(\gamma^2) - \gamma^2)$, $\gamma^2 = 4.1667$ を得る.

$y = 0.25$ の場合は, (a) より $P(X_n(1-X_n) \leq y) \sim \Phi(1.021) = 0.8463$ である. 一方, (b) より $P(X_n(1-X_n) \leq y) = 1.0$ であるが, 明らかにこれが正確な値である.

$y = 0.24$ の場合は, (a) より $P(X_n(1-X_n) \leq y) \sim \Phi(0) = 0.5000$ である. また, (b) により

$$\begin{aligned} P(X_n(1-X_n) \leq y) &\sim P(\chi^2 - \gamma^2 \geq 0) \\ &= P((Z_0 + \gamma)^2 \geq \gamma^2) \\ &= \Phi(0) + \Phi(-2|\gamma|) \approx 0.5000 \end{aligned}$$

ただし, $\chi^2 \in \chi_1^2(\gamma^2)$, $Z_0 \in \mathscr{N}(0,1)$ である.

$y = 0.23$ の場合は, (a) ならば $P(X_n(1-X_n) \leq y) \sim \Phi(-1.021) = 0.1539$ であるが, (b) ならば

$$\begin{aligned} P(X_n(1-X_n) \leq y) &\sim P(\chi^2 \geq 2\gamma^2) \\ &\approx 1 - \Phi(\sqrt{8.3333} - \sqrt{4.1667}) \\ &\approx 0.1990 \end{aligned}$$

ただし, $\chi^2 \in \chi_1^2(\gamma^2)$ である. (a) による正規近似はかなり貧弱であることが見て取れる.

第 8 章 演習問題解答

8.1. μ_{ij} で $E(X - EX)^i(Y - EY)^j$ を表すことにする. 定理 8 より次を得る.

$$\sqrt{n}\left(\begin{pmatrix} s_x^2 \\ s_{xy} \end{pmatrix} - \begin{pmatrix} \sigma_x^2 \\ \sigma_{xy} \end{pmatrix}\right) \xrightarrow{\mathscr{L}} \mathscr{N}(\mathbf{0}, \mathbf{\Sigma})$$

ただし

$$\mathbf{\Sigma} = \begin{pmatrix} \mu_{40} - \mu_{20}^2 & \mu_{31} - \mu_{20}\mu_{11} \\ \mu_{31} - \mu_{20}\mu_{11} & \mu_{22} - \mu_{11}^2 \end{pmatrix}$$

$g(u,v) = v/u$ とおくと, $\dot{g}(u,v) = (-v/u^2, 1/u)$ となるので,

$$\sqrt{n}(\hat{\beta}-\beta) \xrightarrow{\mathscr{L}} \mathscr{N}(0,\dot{g}(\mu_{20},\mu_{11})\Sigma\dot{g}(\mu_{20},\mu_{11})^t)$$
$$= \mathscr{N}\left(0,\frac{1}{\mu_{20}^4}(\mu_{40}\mu_{11}^2 - 2\mu_{31}\mu_{20}\mu_{11} + \mu_{22}\mu_{20}^2)\right)$$

2次元正規分布においては,$\mu_{40}=3\sigma_x^4$, $\mu_{31}=3\rho\sigma_x^3\sigma_y$, $\mu_{22}=(1+2\rho^2)\sigma_x^2\sigma_y^2$, $\mu_{11}=\rho\sigma_x\sigma_y$ なので,漸近分散は次で与えられる.

$$\frac{1}{\sigma_x^8}\left(3\rho^2\sigma_x^6\sigma_y^2 - 6\rho^2\sigma_x^6\sigma_y^2 + (1+2\rho^2)\sigma_x^6\sigma_y^2\right) = \frac{(1-\rho^2)\sigma_y^2}{\sigma_x^2}$$

8.2. 定理8より, $\sqrt{n}(s_{xy}-\sigma_{xy}) \xrightarrow{\mathscr{L}} \mathscr{N}(0,\mu_{22}-\mu_{11}^2)$ であるから,次が求められる.

$$\frac{\sqrt{n}(s_{xy}-\sigma_{xy})}{(\mu_{22}-\mu_{11}^2)^{1/2}} \xrightarrow{\mathscr{L}} \mathscr{N}(0,1)$$

ゆえに,次に基づいて信頼区間を構成すると頑健なものが得られる.

$$\frac{\sqrt{n}(s_{xy}-\sigma_{xy})}{(m_{22}-s_{xy}^2)^{1/2}} \xrightarrow{\mathscr{L}} \mathscr{N}(0,1)$$

ただし, m_{22} は μ_{22} の標本推定量である.つまり

$$m_{22} = \frac{1}{n}\sum_{i=1}^n (X_i-\bar{X}_n)^2(Y_i-\bar{Y}_n)^2$$

8.3. (a) $\mathscr{P}(\lambda)$ の平均と分散はともに λ なので,$\sqrt{n}(\bar{X}_n-\lambda) \xrightarrow{\mathscr{L}} \mathscr{N}(0,\lambda)$ である.$\dot{g}(\lambda)^2\lambda=1$ となる変換 g を見つけるとよい.微分方程式 $\dot{g}(\lambda)=\pm 1/\sqrt{\lambda}$ を解くと,$g(\lambda)=\pm 2\sqrt{\lambda}$ を得る.ゆえに

$$\sqrt{n}\left(\sqrt{\bar{X}_n}-\sqrt{\lambda}\right) \xrightarrow{\mathscr{L}} \mathscr{N}\left(0,\frac{1}{4}\right)$$

(b) X が2項分布 $\mathscr{B}(n,p)$ に従うとき,$\sqrt{n}(X/n-p) \xrightarrow{\mathscr{L}} \mathscr{N}(0,p(1-p))$ である.そこで,$\dot{g}(p)^2 p(1-p)=1$ である変換 g を見つける.微分方程式 $\dot{g}(p)=(p(1-p))^{-1/2}$ を解くと,$g(p)=\arcsin(2p-1)$ あるいは $g(p)=2\arcsin\sqrt{p}$ が得られる.ゆえに,

$$\sqrt{n}\left(\arcsin\left(\frac{2X}{n}-1\right) - \arcsin(2p-1)\right) \xrightarrow{\mathscr{L}} \mathscr{N}(0,1)$$

8.4. 有限な分散と4次の平均周りの積率 (σ_x^2,μ_{4x}) と (σ_y^2,μ_{4y}) とをそれぞれもつ2

つの分布からの大きさ n の独立標本より求めた標本分散を s_x^2 と s_y^2 とする．このとき，$\sqrt{n}(s_x^2 - \sigma_x^2)$ と $\sqrt{n}(s_y^2 - \sigma_y^2)$ は，共に平均 0 とそれぞれ分散 $\mu_{4x} - \sigma_x^4$ と $\mu_{4y} - \sigma_y^4$ をもつ互いに独立な 2 次元正規分布に法則収束する．そこで，(s_x^2, s_y^2) に変換 $g(x,y) = x/y$ を適用すると，$\dot{g}(x,y) = (1/y, -x/y^2)$ なので，次を得る．

$$\sqrt{n}\left(\frac{s_x^2}{s_y^2} - \frac{\sigma_x^2}{\sigma_y^2}\right) \xrightarrow{\mathscr{L}} \mathscr{N}(0, \gamma^2)$$

ただし

$$\gamma^2 = \frac{(\mu_{4x} - \sigma_x^4)}{\sigma_y^4} + \frac{(\mu_{4y} - \sigma_y^4)\sigma_x^4}{\sigma_y^8}$$

$$= (\beta_{2x} + \beta_{2y} - 2)\frac{\sigma_x^4}{\sigma_y^4}$$

ここで，β_{2x} と β_{2y} はそれぞれの分布の尖度である．正規分布の場合は，$\gamma^2 = 4\sigma_x^4/\sigma_y^4$ である．

第 9 章 演習問題解答

9.1. ネイマンの修正 χ^2 統計量は次のように書ける．

$$\chi_N^2 = n(\bar{\mathbf{X}}_n - \mathbf{p})^t \hat{\mathbf{P}}_n^{-1}(\bar{\mathbf{X}}_n - \mathbf{p})$$

ただし，$\hat{\mathbf{P}}_n$ は行列 $\mathbf{P}$ に現れる p_i をその推定量 n_i/n ですべて置き換えた行列である．大数の法則により，$\hat{\mathbf{P}}_n \xrightarrow{\mathrm{P}} \mathbf{P}$ である．また，中心極限定理により，$\sqrt{n}(\bar{\mathbf{X}}_n - \mathbf{p}) \xrightarrow{\mathscr{L}} \mathbf{Y} \in \mathscr{N}(\mathbf{0}, \mathbf{\Sigma})$ である．ゆえに，定理 9 の証明と同様にして，$n(\bar{\mathbf{X}}_n - \mathbf{p})^t \hat{\mathbf{P}}_n^{-1}(\bar{\mathbf{X}}_n - \mathbf{p}) \xrightarrow{\mathscr{L}} \mathbf{Y}^t \mathbf{P}^{-1} \mathbf{Y} \in \chi_{c-1}^2$ を得る．

9.2. $\mathbf{P}$ を対角化する直交行列を $\mathbf{Q}$ とする．つまり，$\mathbf{Q}\mathbf{P}\mathbf{Q}^t = \mathbf{D}$ で $\mathbf{D}$ は対角行列である．$\mathbf{Y} = \mathbf{Q}\mathbf{X}$ とおくと，$\mathbf{Y} \in \mathscr{N}(\mathbf{0}, \mathbf{Q}\mathbf{Q}^t) = \mathscr{N}(\mathbf{0}, \mathbf{I})$ であり，$\mathbf{X}^t \mathbf{P} \mathbf{X} = \mathbf{X}^t \mathbf{Q}^t \mathbf{D} \mathbf{Q} \mathbf{X} = \mathbf{Y}^t \mathbf{D} \mathbf{Y}$ である．このとき，補題 9.3 の証明と同様に

$$\mathbf{Y}^t \mathbf{D} \mathbf{Y} \in \chi_r^2 \iff d_i \text{ の } r \text{ 個は } 1 \text{ で，残りは } 0$$

$$\iff \mathbf{P} \text{ は階数 } r \text{ の射影行列}$$

9.3. まず，$\mathbf{\Phi} = \mathbf{Q} - \mathbf{q}\mathbf{q}^t$，$\mathbf{Q}^{-1}\mathbf{q} = \mathbf{1}$，$\mathbf{1}^t \mathbf{q} = 1 - p_c$ が確かめられる．これにより

$$\left(\mathbf{Q}^{-1} + \frac{1}{p_c}\mathbf{11}^t\right)(\mathbf{Q} - qq^t) = \mathbf{I} - \mathbf{Q}^{-1}qq^t + \frac{1}{p_c}\mathbf{11}^t\mathbf{Q} - \frac{1}{p_c}\mathbf{11}^t qq^t$$
$$= \mathbf{I} - \mathbf{1}q^t + \frac{1}{p_c}\mathbf{1}q^t - \frac{1-p_c}{p_c}\mathbf{1}q^t$$
$$= \mathbf{I}$$

ゆえに, $\mathbf{\Phi}^{-1} = (\mathbf{Q} - qq^t)^{-1} = \mathbf{Q}^{-1} + \mathbf{11}^t/p_c$ である.

中心極限定理により, $\sqrt{n}(\mathbf{Y}_n - q) \xrightarrow{\mathscr{L}} \mathscr{N}(\mathbf{0}, \mathbf{\Phi})$. ゆえに, 補題 9.2 により, $Z = n(\bar{\mathbf{Y}}_n - q)^t \mathbf{\Phi}^{-1}(\bar{\mathbf{Y}}_n - q) \xrightarrow{\mathscr{L}} \chi^2_{c-1}$. これが正確にピアソンの χ^2 に等しいことを示すには,

$$n(\bar{\mathbf{Y}}_n - q)^t \mathbf{\Phi}^{-1}(\bar{\mathbf{Y}}_n - q)$$
$$= n(\bar{\mathbf{Y}}_n - q)^t \mathbf{Q}^{-1}(\bar{\mathbf{Y}}_n - q) + \frac{n}{p_c}(\bar{\mathbf{Y}}_n - q)^t \mathbf{11}^t(\bar{\mathbf{Y}}_n - q)$$
$$= n(\bar{\mathbf{Y}}_n - q)^t \mathbf{Q}^{-1}(\bar{\mathbf{Y}}_n - q) + n\frac{(n_c/n - p_c)^2}{p_c}$$
$$= n(\bar{\mathbf{X}}_n - p)^t \mathbf{P}^{-1}(\bar{\mathbf{X}}_n - p)$$

9.4. $g(x) = \log x$ とおくと, $\dot{g}(x) = 1/x$.

$$\chi^2_g = n \sum_{i=1}^c \frac{(\log(n_i/n) - \log p_i)^2}{(1/p_i)^2 p_i}$$
$$= n \sum_{i=1}^c \left(\log\left(\frac{n_i}{n}\right) - \log p_i\right)^2 p_i$$

修正した変換 χ^2 は

$$\sum_{i=1}^c \left(\log\left(\frac{n_i}{n}\right) - \log p_i\right)^2 n_i$$

第 10 章 演習問題解答

10.1. 非心度は

$$\lambda = 100\left(\frac{(0.25-0.2)^2}{0.25} + \frac{(0.5-0.6)^2}{0.5} + \frac{(0.25-0.2)^2}{0.25}\right) = 4$$

であり, 自由度は 2 である. 数表 10.1 により $\alpha = 0.05$ に対して $\beta = 0.42\cdots$, $\alpha = 0.01$ に対して $\beta = 0.20\cdots$ である. $\alpha = 0.05$ に対して検出力 $\beta = 0.9$ を

与える n を見つけるために，$(n/100)4 = 12.655$ を解いて，$n = 316$ を得る．$\alpha = 0.01$ に対して検出力 $\beta = 0.9$ を得るには，$(n/100)4 = 17.427$ を解いて，$n = 436$ を得る．

10.2. (a) $X \in \chi_r^2(\lambda)$ のとき，独立同分布で標準正規分布に従う $Y_1, Y_2, ..., Y_r$ が存在して，$X = (Y_1 + \sqrt{\lambda})^2 + Y_2^2 + \cdots + Y_r^2$ と表現できる．ゆえに

$$EX = E(Y_1 + \sqrt{\lambda})^2 + EY_2^2 + \cdots + EY_r^2$$
$$= (1 + \lambda) + 1 + \cdots + 1 = r + \lambda$$

$V(X)$ を求めるために，まず $Y \in \mathcal{N}(0,1)$ に対して次を計算しておく．

$$V((Y + \sqrt{\lambda})^2) = E(Y + \sqrt{\lambda})^4 - \left(E(Y + \sqrt{\lambda})^2\right)^2$$
$$= (EY^4 + 6\lambda EY^2 + \lambda^2) - (1 + \lambda)^2$$
$$= (3 + 6\lambda + \lambda^2) - (1 + 2\lambda + \lambda^2) = 2 + 4\lambda$$

ゆえに
$$V(X) = (2 + 4\lambda) + 2 + \cdots + 2 = 2r + 4\lambda$$

(b) $(X - (r+\lambda))/(2+4\lambda)^{1/2}$ の積率母関数が，$\max(r, \lambda) \to \infty$ のとき，標準正規分布 $\mathcal{N}(0,1)$ の積率母関数 $\exp(t^2/2)$ に収束することを示そう．X の積率母関数は $\varphi_X(t) = (1 - 2t)^{-r/2} \exp(\lambda t/(1 - 2t))$ である．よって，$(X - a)/b$ の積率母関数は次で求められる．

$$\varphi_{(X-a)/b}(t) = \varphi_X\left(\frac{t}{b}\right) \exp\left(-\frac{at}{b}\right)$$
$$= \left(1 - \frac{2t}{b}\right)^{-r/2} \exp\left(\frac{\lambda t}{b - 2t} - \frac{at}{b}\right)$$

ゆえに

$$\log \varphi_{(X-a)/b}(t)$$
$$= -\frac{r}{2} \log\left(1 - \frac{2t}{b}\right) + \frac{t}{b}\left(\frac{\lambda}{1 - 2t/b} - a\right)$$
$$= \frac{t}{b}(r + \lambda - a) + \left(\frac{t}{b}\right)^2 (r + 2\lambda) + O\left(\frac{t}{b}\right)^3$$

$a = r + \lambda$ とおくと，1次の項を消せる．$b = (2r + 4\lambda)^{1/2}$ とおくと，$t^2/2 + O(t/b)^3$

とできる．$b \to \infty$ ならば，これは $t^2/2$ に収束する．$b \to \infty$ は $\max(r, \lambda) \to \infty$ に同値であることから，求める結果を得る．

(c) $\chi^2_{20;0.05} = 31.410$ なので，次を満足する λ を見つければよい．

$$P(\chi^2_{20}(\lambda) > 31.410) = 0.5$$

上の (b) の結果から，この分布は $\mathcal{N}(20 + \lambda, 40 + 4\lambda)$ で近似できるので，$20 + \lambda = 31.410$ を解いて近似解 $\lambda = 11.410$ を得る．数表 10.1 による正確な λ の値は $\lambda = 12.262$ であり，かなり近い．また，$\lambda = 11.410$ が用いられたとすると，数表 10.1 から分かる実際の検出力はおおよそ 0.47 である．

10.3. 中心極限定理により，$\sqrt{n}(\bar{\mathbf{X}}_n - \mathbf{p}) \xrightarrow{\mathscr{L}} \mathbf{Z} \in \mathcal{N}(\mathbf{0}, \mathbf{\Sigma})$ を得る．ただし，$\mathbf{\Sigma} = \mathbf{P} - \mathbf{p}\mathbf{p}^t$ である．クラメールの定理により，$\sqrt{n}(\mathbf{g}(\bar{\mathbf{X}}_n) - \mathbf{g}(\mathbf{p})) \xrightarrow{\mathscr{L}} \dot{\mathbf{g}}(\mathbf{p})\mathbf{Z}$ である．このとき，$\sqrt{n}(\mathbf{g}(\mathbf{p}) - \mathbf{g}(\mathbf{p}_n^0)) \to \dot{\mathbf{g}}(\mathbf{p})\boldsymbol{\delta}$ であり，次が成り立つ．

$$\begin{aligned}\sqrt{n}(\mathbf{g}(\bar{\mathbf{X}}_n) - \mathbf{g}(\mathbf{p}_n^0)) &= \sqrt{n}(\mathbf{g}(\bar{\mathbf{X}}_n) - \mathbf{g}(\mathbf{p})) + \sqrt{n}(\mathbf{g}(\mathbf{p}) - \mathbf{g}(\mathbf{p}_n^0)) \\ &\xrightarrow{\mathscr{L}} \dot{\mathbf{g}}(\mathbf{p})\mathbf{Y}\end{aligned}$$

ただし，$\mathbf{Y} = \mathbf{Z} + \boldsymbol{\delta} \in \mathcal{N}(\boldsymbol{\delta}, \mathbf{\Sigma})$ である．これにより，$\sqrt{n}\dot{\mathbf{g}}(\mathbf{p}_n^0)^{-1}(\mathbf{g}(\bar{\mathbf{X}}_n) - \mathbf{g}(\mathbf{p}_n^0)) \xrightarrow{\mathscr{L}} \mathbf{Y}$ が分かり，

$$\begin{aligned}\chi^2_g &= n(\mathbf{g}(\bar{\mathbf{X}}_n) - \mathbf{g}(\mathbf{p}_n^0))^t \dot{\mathbf{g}}(\mathbf{p}_n^0)^{-1}(\mathbf{P}_n^0)^{-1}\dot{\mathbf{g}}(\mathbf{p}_n^0)^{-1}(\mathbf{g}(\bar{\mathbf{X}}_n) - \mathbf{g}(\mathbf{p}_n^0)) \\ &\xrightarrow{\mathscr{L}} \mathbf{Y}^t \mathbf{P}^{-1} \mathbf{Y}\end{aligned}$$

を得る．定理 10 の証明より，これが $\chi^2_{c-1}(\lambda)$ に従うことが分かる．ただし，$\lambda = \boldsymbol{\delta}^t \mathbf{P}^{-1} \boldsymbol{\delta}$ である．

第 11 章 演習問題解答

11.1. Y_i は定常な 1-従属なベルヌーイ試行列である．平均は $\mu = EY_1 = E(1 - X_0)X_1 = E(1 - X_0)EX_1 = qp$ であり，分散は $\sigma_{00} = qp(1 - qp)$ である（$q = 1-p$）．時間差 1 の共分散は $\sigma_{01} = \text{Cov}(Y_1, Y_2) = EY_1Y_2 - EY_1EY_2 = 0 - (qp)^2$ で求められるので次を得る．

$$\sqrt{n}(\bar{Y}_n - qp) \xrightarrow{\mathscr{L}} \mathcal{N}(0, \sigma^2)$$

ただし，$\sigma^2 = \sigma_{00} + 2\sigma_{01} = qp - 3(qp)^2$ である．

11.2. Z_i は $(r+1)$-従属であり，次が成り立つ（$q = 1 - p$）．

$$EZ_i = q^2 p^r, \ EZ_i^2 = q^2 p^r, \ EZ_i Z_{i+r+1} = q^3 p^{2r}, \ EZ_i Z_{i+k} = 0 \ (1 \leq k \leq r)$$

ゆえに，

$$V(Z_i) = q^2 p^r - q^4 p^{2r}, \ \mathrm{Cov}(Z_i, Z_{i+k}) = \begin{cases} -q^4 p^{2r}, & 1 \leq k \leq r \\ q^3 p^{2r} - q^4 p^{2r}, & k = r+1 \\ 0, & \text{その他} \end{cases}$$

Z_i は定常で $(r+1)$-従属なので，次を得る．

$$\sqrt{n}\left(\frac{S_n}{n} - q^2 p^r\right) \xrightarrow{\mathscr{L}} \mathscr{N}(0, \sigma^2), \ \sigma^2 = q^2 p^r + 2q^3 p^{2r} - (2r+3)q^4 p^{2r}$$

11.3. $Y_i = X_{i-1} X_i$ は定常な 1-従属なベルヌーイ試行列である．平均，分散，時間差 1 の共分散はそれぞれ次のように求められる．

$$\mu = EX_{i-1} X_i = p^2, \ \sigma_{00} = p^2(1-p^2), \ \sigma_{01} = EX_0 X_1^2 X_2 - (p^2)^2 = p^3(1-p)$$

ゆえに，次を得る．

$$\sqrt{n}(\bar{Y}_n - p^2) \xrightarrow{\mathscr{L}} \mathscr{N}(0, \sigma_{00} + 2\sigma_{01}) = \mathscr{N}(0, p^2(1-p)(1+3p))$$

11.4. (a) $a\bar{X} + b\bar{Z} = (1/n)\sum_{i=1}^{n} X_i(a + bX_{i+1})$ なので，$Y_i = X_i(a + bX_{i+1})$ とおくと，$Y_1, Y_2, ...$ は定常な 1-従属であり，その平均は $EY_i = a\mu + b\mu^2$ である．また，分散は

$$\begin{aligned}
\sigma_{00} = V(Y_1) &= EX_1^2 E(a + bX_2)^2 - \mu^2(a + b\mu)^2 \\
&= (\sigma^2 + \mu^2)(b^2\sigma^2 + b^2\mu^2 + 2ab\mu + a^2) - \mu^2(a^2 + 2ab\mu + b^2\mu^2) \\
&= \sigma^2(a^2 + 2ab\mu + b^2(\sigma^2 + 2\mu^2))
\end{aligned}$$

であり，時間差 1 での共分散は次で与えられる．

$$\begin{aligned}
\sigma_{01} &= \mathrm{Cov}(Y_1, Y_2) \\
&= EX_1 E((a + bX_2)X_2) E(a + bX_3) - \mu^2(a + b\mu)^2 \\
&= \mu(a\mu + b\sigma^2 + b\mu^2)(a + b\mu) - \mu^2(a + b\mu)^2
\end{aligned}$$

$$= \mu(a+b\mu)b\sigma^2$$

ゆえに

$$\sqrt{n}(a\bar{X}_n + b\bar{Z}_n - \mu(a+b\mu)) \xrightarrow{\mathscr{L}} \mathscr{N}(0, \sigma_{00} + 2\sigma_{01})$$
$$= \mathscr{N}(0, \sigma^2(a^2 + 4ab\mu + b^2(\sigma^2 + 4\mu^2)))$$

この分布は, $(X, Z)^t \in \mathscr{N}(\mathbf{0}, \mathbf{\Sigma})$ のときの $aX + bZ$ が従う分布と同じである. ただし

$$\mathbf{\Sigma} = \begin{pmatrix} \sigma^2 & 2\sigma^2\mu \\ 2\sigma^2\mu & \sigma^4 + 4\sigma^2\mu^2 \end{pmatrix}$$

つまり, 任意の a, b に対して, $a\sqrt{n}(\bar{X}_n - \mu) + b\sqrt{n}(\bar{Z}_n - \mu^2) \xrightarrow{\mathscr{L}} aX + bZ$ なので, 演習問題 3.2 により, 次を得る.

$$\sqrt{n}(\bar{X} - \mu, \bar{Z}_n - \mu^2)^t \xrightarrow{\mathscr{L}} \mathscr{N}(\mathbf{0}, \mathbf{\Sigma})$$

(b) 関数 $g(x, z) = z - x^2$ にクラメールの定理を適用するとよい. このとき,

$$g(\mu, \mu^2) = 0, \quad \dot{g}(x, z) = (-2x, 1), \quad \dot{g}(\mu, \mu^2) = (-2\mu, 1)$$

ゆえに, 次を得る.

$$\sqrt{n}(\bar{Z}_n - \bar{X}_n) \xrightarrow{\mathscr{L}} \mathscr{N}(0, \sigma^4)$$

11.5. 確率変数列 $Z_1, Z_2, \ldots$ は定常で 2-従属なベルヌーイ試行列である (例えば, Z_1 と Z_4 は独立である). このとき, $EZ_1 = P(X_0 > X_1 < X_2) = 1/3$ である. なぜなら, 同じ連続分布からの 3 つの独立標本において, これは 2 番目が最小になる確率だからであり, 連続性により同順位が現れる確率は 0 だからである. Z_1 はベルヌーイ確率変数なので, $V(Z_1) = (1/3)(2/3) = 2/9$ である. また, Z_1 と Z_2 がともに 1 になることはないので, $EZ_1Z_2 = 0$ であり, $\mathrm{Cov}(Z_1, Z_2) = -1/9$ である. $\mathrm{Cov}(Z_1, Z_3)$ を求めるには, $EZ_1Z_3 = P(X_0 > X_1 < X_2 > X_3 < X_4)$ を求める必要がある. X_0, X_1, X_2, X_3, X_4 の順番は 120 通りあり, そのどれもが同じ確率をもつので, $X_0 > X_1 < X_2 > X_3 < X_4$ となるような順番の数を数え上げると求められる. X_1 と X_3 はどちらかが最小値である. X_1 が最小値になる順番は 8 通りあり, X_3 についても同様である. つまり, 計 16 通りあるので, $\mathrm{Cov}(Z_1, Z_3) = 16/120 - 1/9 = 1/45$ である. よって,

$\sigma^2 = 2/9 + 2(-1/9) + 2(1/45) = 2/45$ なので,次を得る.

$$\sqrt{n}\left(\frac{S_n}{n} - \frac{1}{3}\right) \xrightarrow{\mathscr{L}} \mathscr{N}\left(0, \frac{2}{45}\right)$$

11.6. (a) $U_i = X_i^2$, $V_i = X_i X_{i+1}$ と定義する. $W_i = aX_i + bU_i + cV_i$ は 1-従属な定常確率変数列である. 平均は $EW_i = b\sigma^2$ であり,

$$EW_i^2 = a^2\sigma^2 + 2ab\mu_3 + b^2\mu_4 + c^2\sigma^4, \quad EW_i W_{i+1} = b^2\sigma^4$$

ゆえに,次が求められる.

$$\sigma_{00} = V(W_i) = a^2\sigma^2 + 2ab\mu_3 + b^2\mu_4 + c^2\sigma^4 - b^2\sigma^4$$
$$\sigma_{01} = EW_i W_{i+1} - b^2\sigma^4 = 0$$

定理 11 により,

$$\sqrt{n}(a\bar{X}_n + b\bar{U}_n + c\bar{V}_n - b\sigma^2) \xrightarrow{\mathscr{L}} \mathscr{N}(0, a^2\sigma^2 + 2ab\mu_3 + b^2(\mu_4 - \sigma^4) + c^2\sigma^4)$$

であるが,この漸近分布は $(X, U, V)^t \sim \mathscr{N}(\mathbf{0}, \mathbf{\Sigma})$ のときの $aX + bU + cV$ の分布と同じである. ただし

$$\mathbf{\Sigma} = \begin{pmatrix} \sigma^2 & \mu_3 & 0 \\ \mu_3 & \mu_4 - \sigma^4 & 0 \\ 0 & 0 & \sigma^4 \end{pmatrix}$$

ゆえに,演習問題 3.2 により次を得る.

$$\sqrt{n}(\bar{X}_n, \bar{U}_n - \sigma^2, \bar{V}_n)^t \xrightarrow{\mathscr{L}} \mathscr{N}(\mathbf{0}, \mathbf{\Sigma})$$

(b) $g(x, u, v) = (v - x^2)/(u - x^2)$ を定義し, $r_n = g(\bar{X}_n, \bar{U}_n, \bar{V}_n)$ とおくと, $g(0, \sigma^2, 0) = 0$ である.

$$\frac{\partial g}{\partial(x, u, v)} = \dot{g}(x, u, v) = \left(\frac{2x(v-u)}{(u-x^2)^2}, \frac{-(v-x^2)}{(u-x^2)^2}, \frac{1}{u-x^2}\right)$$

なので, $\dot{g}(0, \sigma^2, 0) = (0, 0, 1/\sigma^2)$ である. ゆえに, クラメールの定理により次を得る.

$$\sqrt{n}(r_n - 0) \xrightarrow{\mathscr{L}} \mathscr{N}\left(0, \frac{\sigma^4}{\sigma^4}\right) = \mathscr{N}(0,1)$$

11.7. 一般性を失わずに，$\xi = 0, \tau = 1$ とおける．このとき $\mu = 0$ である．

$$Y_t^{(k)} = \sum_{|i| \leq k} z_i X_{t-i}, \quad S_n^{(k)} = \sum_{t=1}^{n} Y_t^{(k)}$$

と定義すると，$Y_t^{(k)}$ は $2k$-従属な定常確率変数列である．平均は 0 で，共分散は $t \geq 0$ に対して

$$\sigma_{0t}^{(k)} = \mathrm{Cov}(Y_0^{(k)}, Y_t^{(k)}) = \sum_{|i| \leq k} \sum_{|j| \leq k} z_i z_j E X_{-i} X_{t-j} = \sum_{i=t-k}^{k} z_i z_{t-i}$$

である．ゆえに，定理 11 により次を得る．

$$\frac{1}{\sqrt{n}} S_n^{(k)} \xrightarrow{\mathscr{L}} \mathscr{N}(0, \sigma_k^2), \quad \sigma_k^2 = \sigma_{00}^{(k)} + 2 \sum_{t=1}^{2k} \sigma_{0t}^{(k)}$$

また，上の和は絶対収束するので，$\sigma_k^2 \to \sigma^2$ である．$k \to \infty$ のとき，$(S_n - S_n^{(k)})/\sqrt{n} \to 0$ が n について一様に収束することを示せたら，補題 11.1 により証明は終了する．

$$Y_t - Y_t^{(k)} = \sum_{i < -k} z_i X_{t-i} + \sum_{i > k} z_i X_{t-i}$$

なので，$S_n - S_n^{(k)}$ を 2 つに分解する．つまり

$$S_n - S_n^{(k)} = \sum_{t=1}^{n} \sum_{i < -k} z_i X_{t-i} + \sum_{t=1}^{n} \sum_{i > k} z_i X_{t-i} = U_n^{(k)} + V_n^{(k)}$$

とおくと，$k \to \infty$ のとき，$U_n^{(k)}/\sqrt{n}$ と $V_n^{(k)}/\sqrt{n}$ がともに n について一様に 0 に確率収束することを示そう．そのために

$$E\left(V_n^{(k)}\right)^2 \leq \sum_{i>k} \sum_{j>k} |z_i||z_j| \sum_{s=1}^{n} \sum_{t=1}^{n} E X_{s-i} X_{t-j}$$

$$\leq \sum_{i>k} \sum_{j>k} |z_i||z_j| n = n \left(\sum_{i>k} |z_i|\right)^2$$

ゆえに，チェビシェフの不等式により

$$P\left(\frac{1}{\sqrt{n}}|V_n^{(k)}| > \varepsilon\right) \leq \frac{1}{\varepsilon^2}E\left(\frac{1}{\sqrt{n}}V^{(k)}\right)^2 \leq \frac{1}{\varepsilon^2}\left(\sum_{i>k}|z_i|\right)^2 \to 0$$

したがって，$k \to \infty$ のときの収束は n について一様である．同様に，$U_n^{(k)}/\sqrt{n} \to 0$ も n について一様である．これらにより

$$P\left(\frac{1}{\sqrt{n}}|U_n^{(k)} + V_n^{(k)}| > 2\varepsilon\right) \leq P\left(|U_n^{(k)}| + |V_n^{(k)}| > 2\varepsilon\sqrt{n}\right)$$
$$\leq P\left(|U_n^{(k)}| > \varepsilon\sqrt{n}\right) + P\left(|V_n^{(k)}| > \varepsilon\sqrt{n}\right)$$

となり，証明は終了する．

第 12 章 演習問題解答

12.1. (a) これは例 12.1 の特殊な場合である．$z_i = i$ であり，$\bar{z}_N = (N+1)/2$ である．また

$$\sum_{i=1}^{N} z_i^2 = \frac{N(N+1)(2N+1)}{6}$$
$$\sum_{i=1}^{N}(z_i - \bar{z}_N)^2 = \frac{N(N-1)(N+1)}{12}$$
$$\max_{1 \leq i \leq N}(z_i - \bar{z}_N)^2 = \frac{(N-1)^2}{4}$$

である．このとき，$N\max_{1 \leq i \leq N}(z_i - \bar{z}_N)^2/\sum_{i=1}^{N}(z_i - \bar{z}_N)^2$ は有界なので，$\min(n,m) \to \infty$ のとき条件 (6) は満足される．補題 12.1 により

$$ES_N = N\frac{N+1}{2}\frac{n}{N} = \frac{n(N+1)}{2}$$
$$V(S_N) = \frac{N^2}{N-1}\frac{N(N-1)(N+1)}{12N}\frac{nm}{N^2}$$
$$= \frac{nm(N+1)}{12}$$

なので，$(S_N - ES_N)/\sqrt{V(S_N)} \to \mathcal{N}(0,1)$ を得る．

(b) 必ずしも成り立たない．$N \to \infty$ のとき $n/N \to r$ ならば，

$$\sqrt{N}\left(\frac{S_N}{N^2} - \frac{n(N+1)}{2N^2}\right) \xrightarrow{\mathscr{L}} \mathscr{N}\left(0, \frac{r(1-r)}{12}\right)$$

であるが，これをもってして $\sqrt{N}(S_N/N^2 - r/2)$ が同じ分布に収束することを導くには，それらが漸近的に同値であることを必要とする．つまり，それらの差 $\sqrt{N}(n(N+1)/(2N^2) - r/2)$ が 0 に収束しなければならない．これは結局，さらに速い収束速度を要求することになる．つまり，$\sqrt{N}(n/N - r) \to 0$ が必要である．

12.2. (a) これもまた標本抽出問題の特別な例である．ここでは，次が成り立つ．

$$\frac{\max_{1 \le i \le N}(a(i) - \bar{a}_N)^2}{\sum_{i=1}^N (a(i) - \bar{a}_N)^2} \le \frac{N}{n(N-n)}$$

同様に次も成り立つ．

$$\frac{\max_{1 \le i \le N}(z_i - \bar{z}_N)^2}{\sum_{i=1}^N (z_i - \bar{z}_N)^2} \le \frac{N}{m(N-m)}$$

このとき，$N^3/(n(N-n)m(N-m)) \to 0$（つまり，$n(N-n)m(N-m)/N^3 \to \infty$）が成り立つなら，条件 (6) は満足される．特に，$\min(n, N-n) \to \infty$ であり，$\min(m, m-N)/N$ が 0 から離れて有界である場合は，S_N は漸近正規性をもつ．超幾何分布の平均は nm/N であり，分散は $mn(N-m)(N-n)/(N^2(N-1))$ なので，$\sqrt{N}(m/N - r) \to 0$ と $\sqrt{N}(n/N - s) \to 0$ を仮定すると，次が得られる．

$$\sqrt{N}\left(\frac{S_N}{N} - rs\right) \xrightarrow{\mathscr{L}} \mathscr{N}(0, rs(1-r)(1-s))$$

(b) 超幾何分布の確率関数は次で与えられる．

$$P(S_N = x) = \frac{\binom{m}{x}\binom{N-m}{n-x}}{\binom{N}{n}}$$
$$= \frac{m!n!(N-m)!(N-n)!}{x!(m-x)!(n-x)!N!(N-m-n+x)!}$$

$\min(n, m) \to \infty$ かつ $nm/N \to \lambda$ であるとき，すべての $x = 0, 1, \ldots$ において，この確率は $e^{-\lambda}\lambda^x/x!$ に収束することが示せる．まず，因数 $1/x!$ はすでに現れている．また

$$\frac{m!n!}{(m-x)!(n-x)!} \sim m^x n^x, \quad \frac{(N-n-m)!}{(N-m-n+x)!} \sim N^{-x}$$

これらの積は λ^x に収束する. 最後に, $(N-m)!(N-n)!/(N!(N-m-n)!) \to e^{-\lambda}$ であることを示して証明を終わろう. これは上からと下からの 2 つの評価によって得られる.

$$
\begin{aligned}
\frac{(N-m)!(N-n)!}{N!(N-m-n)!} &= \frac{(N-m)(N-m-1)\cdots(N-m-n+1)}{N(N-1)\cdots(N-n+1)} \\
&= \left(1-\frac{m}{N}\right)\cdots\left(1-\frac{m}{N-n+1}\right) \\
&\leq \left(1-\frac{m}{N}\right)^n \\
&\to \exp\left(-\lim_{n\to\infty}\frac{mn}{N}\right) = e^{-\lambda} \\
\frac{(N-m)!(N-n)!}{N!(N-m-n)!} &\geq \left(1-\frac{m}{N-n+1}\right)^n \\
&\to \exp\left(-\lim_{n\to\infty}\frac{mn}{N-n+1}\right) = e^{-\lambda}
\end{aligned}
$$

12.3. (a) $U_1 = u$ が与えられると, U_1 の順位は u よりも小さな U_i の個数に 1 を加えたものである. ゆえに, $U_1 = u$ が与えられたときの $R_1 - 1$ の条件付き分布は標本数 $N-1$ で出現確率 u の 2 項分布である. よって

$$
\begin{aligned}
ER_1U_1 &= E(U_1 E(R_1|U_1)) \\
&= E(U_1((N-1)U_1 + 1)) \\
&= (N-1)EU_1^2 + EU_1 \\
&= \frac{N-1}{3} + \frac{1}{2} = \frac{2N+1}{6}
\end{aligned}
$$

$ER_1^2 = (N+1)(2N+1)/6$ と $EU_1^2 = 1/3$ が成り立つので,

$$
E(R_1 - NU_1)^2 = ER_1^2 - 2NE(R_1U_1) + N^2 EU_1^2 = \frac{N+1}{6}
$$

を得る. $V(R_1) = (N+1)(N-1)/12$ より, 次の結論を得る.

$$
\frac{E(R_1 - NU_1)^2}{V(R_1)} = \frac{2}{N-1} \to 0
$$

(b) $0 \leq \lceil NU_1 \rceil - NU_1 < 1$ なので, $E(\lceil NU_1 \rceil - NU_1)^2 < 1$ である. ゆえに, $E(\lceil NU_1 \rceil - NU_1)^2/V(R_1) \to 0$ を得る.

(c) 不等式 $(x+y)^2 \leq 2(x^2+y^2)$ を用いて,

$$\frac{E(R_1 - \lceil NU_1 \rceil)^2}{V(R_1)} \leq \frac{2}{V(R_1)} \left(E(R_1 - NU_1)^2 + E(NU_1 - \lceil NU_1 \rceil)^2 \right)$$
$$\to 0$$

これにより，$\rho(R_1, \lceil NU_1 \rceil) \to 1$ が成り立つので，条件 (7) は満足される．

(d) $a(i) = i$ なので，$\bar{a}_N = (N+1)/2$ であり，

$$\max_{1 \leq i \leq N} (a(i) - \bar{a}_N)^2 = \frac{(N-1)^2}{4}, \quad \sum_{i=1}^{N} (a(i) - \bar{a}_N)^2 = \frac{N(N+1)(N-1)}{12}$$

これらにより

$$N \frac{\max_{1 \leq i \leq N}(a(i) - \bar{a}_N)^2}{\sum_{i=1}^{N}(a(i) - \bar{a}_N)^2} = \frac{N-1}{12(N+1)}$$

となり，有界である．ゆえに，$\max_{1 \leq i \leq N}(z_i - \bar{z}_N)^2 / \sum_{i=1}^{N}(z_i - \bar{z}_N)^2 \to 0$ であれば，条件 (6) が満足され，定理 12 により次を得る．

$$\frac{(S_N - ES_N)}{\sqrt{V(S_N)}} \xrightarrow{\mathscr{L}} \mathscr{N}(0,1)$$

12.4. $z_i = i$ とおくと，

$$\frac{\max_{1 \leq i \leq N}(z_i - \bar{z}_N)^2}{\sum_{i=1}^{N}(z_i - \bar{z}_N)^2} = \frac{N-1}{12N(N+1)} \to 0$$

ゆえに，演習問題 12.3 によって容易に $(S_N - ES_N)/\sqrt{V(S_N)} \xrightarrow{\mathscr{L}} \mathscr{N}(0,1)$ が得られる．S_N の平均は $N\bar{z}_N\bar{a}_N = N(N+1)^2/4$ であり，分散は $N^2(N-1)^2(N+1)^2/(12^2(N-1)) \sim N^5/12^2$ である．これにより次を得る．

$$12\sqrt{N} \left(\frac{1}{N} \sum_{i=1}^{N} \frac{i}{N} \frac{R_i}{N} - \frac{1}{4} \right) \xrightarrow{\mathscr{L}} \mathscr{N}(0,1)$$

スピアマンの順位相関係数 ρ_N は真の順位 i と観測された順位 R_i との相関係数である．つまり

$$\rho_N = \frac{12}{N^2 - 1} \left(\frac{1}{N} \sum_{i=1}^{N} i R_i - \frac{(N+1)^2}{4} \right)$$

これにより，順位の無作為性の仮定の下で，$\sqrt{N}\rho_N \xrightarrow{\mathscr{L}} \mathscr{N}(0,1)$ が得られる．

12.5. (a) $0 \leq \sum_{i=1}^{N} \log i - \int_{1}^{N} \log x \, dx \leq \log N$ である．よって，$\int_{1}^{N} \log x \, dx = N \log N - N + 1$ であるので，$\sum_{i=1}^{N} \log i = N \log N - N + O(\log N)$ である．同様に，

$$\sum_{i=1}^{N} (\log i)^2 = \int_{1}^{N} (\log x)^2 dx + O(\log N)^2$$
$$= N(\log N)^2 - 2N \log N + 2N + O(\log N)^2$$

これらを組み合わせると，次を得る．

$$\sum_{i=1}^{N} a^2(i) - \frac{1}{N} \left(\sum_{i=1}^{N} a(i) \right)^2 = N + O(\log N)^2$$

また，$\max_{1 \leq i \leq N} (a(i) - \bar{a}_N)^2 \sim (\log N)^2$ であることも容易に分かるので，次が成り立つ．

$$\frac{\max_{1 \leq i \leq N} (a(i) - \bar{a}_N)^2}{\sum_{i=1}^{N} (a(i) - \bar{a}_N)^2} \sim \frac{(\log N)^2}{N}$$

ゆえに，条件 (6) は次のように書き替えられる．

$$(\log N)^2 \frac{\max_{1 \leq i \leq N} (z_i - \bar{z}_N)^2}{\sum_{i=1}^{N} (z_i - \bar{z}_N)^2} \to 0$$

(b) $a(i) = 1/\sqrt{i}$ のとき，$\sum_{i=1}^{N} a(i) \sim 2\sqrt{N}$ であり，$\sum_{i=1}^{N} a(i)^2 = \sum_{i=1}^{N} 1/i \sim \log N$ なので

$$\sum_{i=1}^{N} (a(i) - \bar{a}_N)^2 \sim \log N, \quad \max_{1 \leq i \leq N} (a(i) - \bar{a}_N)^2 \sim 1$$

である．これにより，次が成り立つ．

$$\frac{\max_{1 \leq i \leq N} (a(i) - \bar{a}_N)^2}{\sum_{i=1}^{N} (a(i) - \bar{a}_N)^2} \sim \frac{1}{\log N}$$

ゆえに，条件 (6) は次のように書き替えられる．

$$\frac{N}{\log N} \frac{\max_{1 \leq i \leq N} (z_i - \bar{z}_N)^2}{\sum_{i=1}^{N} (z_i - \bar{z}_N)^2} \to 0$$

(c) $a(i) = 1/i$ のとき，$\sum_{i=1}^{N} a(i) \sim \log N$ である．ゆえに，$\sum_{i=1}^{N}(a(i)-\bar{a}_N)^2 \sim \sum_{i=1}^{N} a(i)^2 \sim \pi^2/6$ であり，$\max_{1 \leq i \leq N}(a(i)-\bar{a}_N)^2 \sim 1$ である．これにより，次が成り立つ．

$$\frac{\max_{1 \leq i \leq N}(a(i)-\bar{a}_N)^2}{\sum_{i=1}^{N}(a(i)-\bar{a}_N)^2} \sim \frac{6}{\pi^2}$$

ゆえに，条件 (6) は成り立たない．

12.6. (a)
$$S'_N = \sum_{i=1}^{N}(z_{Ni} - \bar{z}_N)(\varphi(U_i) - \bar{\varphi})$$

右辺のどの項も平均は 0 である．$\varphi(U_i)$ は独立同分布なので，演習問題 5.5 の z_{ni} を $z_{Ni} - \bar{z}_N$ に置き換えることによりすぐに，$S'_N/\sqrt{V(S'_N)}$ の漸近正規性は得られる．

(b) S_N の分散は補題 12.1 により与えられ，$V(S_N) = (N^2/(N-1))\sigma_z^2 \sigma_a^2$ である．また，$V(S'_N) = \sum_{i=1}^{N}(z_{Ni} - \bar{z}_N)^2 \sigma^2 = N\sigma_z^2 \sigma^2$ である．補題 12.2 と同様に，共分散も次のように求められる．

$$\mathrm{Cov}(S_N, S'_N) = \frac{N}{N-1} \sum_{i=1}^{N}(z_{Ni} - \bar{z}_N)^2 \mathrm{Cov}(a_N(R_{N1}), \varphi(U_1))$$

これにより，相関係数も求められる．

$$\rho(S_N, S'_N) = \sqrt{\frac{N}{(N-1)}} \frac{1}{\sigma\sqrt{V(a_N(R_{N1}))}} \mathrm{Cov}(a_N(R_{N1}), \varphi(U_1))$$
$$= \sqrt{\frac{N}{N-1}} \rho(a_N(R_{N1}), \varphi(U_1))$$

(c) $U_1 = u$ が与えられたとき，確率 1 で $R_{N1}/N \to u$ である．グリベンコ・カンテリの定理におけるのと同様に，確率 1 でのその収束を保証するような集合は u に無関係に選べる．つまり，$R_{N1}/N \xrightarrow{\text{a.s.}} U_1$ が成り立つ．単調増加な関数 φ の不連続点は高々可算個なので，$\varphi(R_{N1}/(N+1)) \xrightarrow{\text{a.s.}} \varphi(U_1)$．

(d) まず
$$E\varphi\left(\frac{R_{N1}}{N+1}\right)^2 = \frac{1}{N}\sum_{i=1}^{N}\varphi\left(\frac{i}{N+1}\right)^2$$

φ が有界なら，$\int_0^1 \varphi(u)^2 du = E\varphi(U_1)^2$ のリーマン和による近似から証明は終わ

る．しかしそうとは限らない．$\varphi^+(u)^2$ は単調増加なので，

$$\int_0^{1-1/(N+1)} \varphi^+(u)^2 du \le \frac{1}{N+1}\sum_{i=1}^N \varphi^+\left(\frac{i}{N+1}\right)^2$$
$$\le \int_{1/(N+1)}^1 \varphi^+(u)^2 du$$

を得るが，これより

$$\frac{1}{N}\sum_{i=1}^N \varphi^+\left(\frac{i}{N+1}\right)^2 \to \int_0^1 \varphi^+(u)^2 du$$

また，同様に

$$\frac{1}{N}\sum_{i=1}^N \varphi^-\left(\frac{i}{N+1}\right)^2 \to \int_0^1 \varphi^-(u)^2 du$$

これらにより次を得る．

$$Ea_N(R_{N1})^2 = E\varphi\left(\frac{R_{N1}}{N+1}\right)^2 \to E\varphi(U_1)^2$$

(e) 演習問題 2.8 を用いると，(c) と (d) の結果より $a_N(R_{N1}) \xrightarrow{L_2} \varphi(U_1)$ が導けるが，これが証明すべきものである．

(f) (b) の結果と演習問題 6.5 により，$E(a_N(R_{N1}) - \varphi(U_1))^2/V(\varphi(U_1)) \to 0$ を示せば十分である．このためには，$V(\varphi(U_1)) = \sigma^2$ により，$E(a_N(R_{N1}) - \varphi(U_1))^2 \to 0$ を示せばよいが，これは (e) で得られているので，証明は終わる．

12.7. (a) 演習問題 3.2 により，すべての列ベクトル $\boldsymbol{b} \in \mathbb{R}^k$ に対して次を示せば十分である．

$$\sqrt{3N}\boldsymbol{b}^t\left(\frac{2}{N(N+1)}\mathbf{S} - \boldsymbol{p}^*\right) \xrightarrow{\mathscr{L}} N(\mathbf{0}, \boldsymbol{b}^t(\mathbf{P} - \boldsymbol{pp}^t)\boldsymbol{b})$$

$\mathbf{1}$ を要素がすべて 1 であるような列ベクトルとし，$\boldsymbol{b} = c\mathbf{1}$ であるとき，$\boldsymbol{b}^t\mathbf{S} = c\sum_{i=1}^N i = cN(N+1)/2$ であり，$\boldsymbol{b}^t\boldsymbol{p}^* = c\sum_{j=1}^k n_j/N = c$ である．ゆえに，上の式の左辺は 0 である．一方，右辺は 0 で確率 1 をとる退化した分布である．ゆえに，$\boldsymbol{b} = c\mathbf{1}$ の場合の結果は正しい．では，$\boldsymbol{b} \ne c\mathbf{1}$ の場合にも成り立つことを示そう．

$N_j = \sum_{h=1}^{j} n_h,\ j = 1,...,k$ とおき ($N_0 = 0$),

$$a(i) = i,\quad z_i^{(j)} = \begin{cases} 1, & N_{j-1} < i \leq N_j \text{の場合} \\ 0, & \text{その他} \end{cases}$$

と定義するとき, $S_j = \sum_{i=1}^{N} z_i^{(j)} a(R_i)$ について考える. $\mathbf{S} = (S_1, S_2, ..., S_k)^t$ に対して, 次が成り立つ.

$$\boldsymbol{b}^t \mathbf{S} = \sum_{j=1}^{k} b_j S_j = \sum_{i=1}^{N} z_i R_i$$

ただし

$$z_i = \sum_{j=1}^{k} b_j z_i^{(j)}, \quad i = 1, 2, ..., N$$

定理 12 を用いると, $\sum_{i=1}^{N} z_i R_i$ の漸近正規性を示すことができる. 演習問題 12.3(d) の証明において

$$\frac{N \max_{1 \leq i \leq N}(a(i) - \bar{a}_N)^2}{\sum_{i=1}^{N}(a(i) - \bar{a}_N)^2} = \frac{N-1}{12(N+1)}$$

であったので, 有界である. ゆえに, 条件 (6) が成り立つための必要十分条件は $\max_{1 \leq i \leq N}(z_i - \bar{z}_N)^2 / \sum_{i=1}^{N}(z_i - \bar{z}_N)^2 \to 0$ である. しかし, $0 < \max_{1 \leq i \leq N}(z_i - \bar{z}_N)^2 \leq \max_{1 \leq j \leq k} b_j^2$ により有界なので, 条件 (6) が成り立つための必要十分条件は $\sum_{i=1}^{N}(z_i - \bar{z}_N)^2 \to \infty$ になる. $\sum_{i=1}^{N} z_i = \sum_{j=1}^{k} b_j n_j$ であり, $\sum_{i=1}^{N} z_i^2 = \sum_{j=1}^{k} b_j^2 n_j$ であることから,

$$\frac{1}{N} \sum_{i=1}^{N}(z_i - \bar{z}_N)^2 = \sum_{j=1}^{k} \frac{n_j}{N} b_j^2 - \left(\sum_{j=1}^{k} \frac{n_j}{N} b_j\right)^2$$

であるが, $N \to \infty$ のとき $n_j/N \to p_j$ なので,

$$\frac{1}{N} \sum_{i=1}^{N}(z_i - \bar{z}_N)^2 \to \sum_{j=1}^{k} p_j b_j^2 - \left(\sum_{j=1}^{k} p_j b_j\right)^2$$

$\boldsymbol{b} \neq c\mathbf{1}$ により, これは正の値となり, $\sum_{i=1}^{N}(z_i - \bar{z}_N)^2 \to \infty$ である. これにより $(\boldsymbol{b}^t \mathbf{S} - E\boldsymbol{b}^t \mathbf{S})/\sqrt{V(\boldsymbol{b}^t \mathbf{S})} \xrightarrow{\mathscr{L}} \mathscr{N}(0,1)$ を得る. $\boldsymbol{b}^t \mathbf{S}$ の平均は次のように求められる.

$$E\boldsymbol{b}^t\mathbf{S} = \sum_{i=1}^{N} z_i ER_i = \frac{N+1}{2}\sum_{i=1}^{N} z_i$$
$$= \frac{N(N+1)}{2}\sum_{j=1}^{k}\frac{n_j}{N}b_j$$

また，補題 12.1 を用いて，分散も次のように求められる．

$$V(\boldsymbol{b}^t\mathbf{S}) = V\left(\sum_{i=1}^{N} z_i R_i\right) = \frac{N}{N-1}\sum_{i=1}^{N}(z_i - \bar{z}_N)^2 V(R_1)$$
$$= \frac{N^2(N+1)}{12}\sum_{j=1}^{k}\frac{n_j}{N}(b_j - \bar{b})^2$$

以上を踏まえると，スラツキーの定理により，次を得る．

$$\sqrt{3(N+1)}\left(\frac{2}{N(N+1)}\boldsymbol{b}^t\mathbf{S} - \boldsymbol{b}^t\boldsymbol{p}^*\right) \xrightarrow{\mathscr{L}} N\left(0, \sum_{j=1}^{k} p_j(b_j - \bar{b})^2\right)$$

最後に，

$$\sum_{j=1}^{k} p_j(b_j - \bar{b})^2 = \sum_{j=1}^{k} p_j b_j^2 - \left(\sum_{j=1}^{k} p_j b_j\right) = \boldsymbol{b}^t\mathbf{P}\boldsymbol{b} - \boldsymbol{b}^t\boldsymbol{p}\boldsymbol{p}^t\boldsymbol{b}$$

であることから，結論を得る．

(b) スラツキーの定理と (a) の結果から次を得る．

$$3(N+1)\left(\frac{2}{N(N+1)}\mathbf{S} - \boldsymbol{p}^*\right)^t \mathbf{P}^{-1}\left(\frac{2}{N(N+1)}\mathbf{S} - \boldsymbol{p}^*\right) \xrightarrow{\mathscr{L}} \mathbf{Y}^t\mathbf{P}^{-1}\mathbf{Y}$$

ただし，$\mathbf{Y} \in \mathscr{N}(\mathbf{0}, \mathbf{P} - \boldsymbol{p}\boldsymbol{p}^t)$ である．定理 9 の証明と同様に，$\mathbf{Y}^t\mathbf{P}^{-1}\mathbf{Y} \in \chi^2_{k-1}$ である．スラツキーの定理をもう一度用いると，上の左辺にある $\mathbf{P}$ は $\mathbf{P}^*$ で置き換えることができる．

第 13 章 演習問題解答

13.1. 幾何分布 $\mathscr{G}(1,1)$ からの標本 $Y_1, Y_2, ..., Y_{n+1}$ の密度関数は次で与えられる．

$$f_Y(y_1, y_2, ..., y_{n+1}) = \exp\left(-\sum_{i=1}^{n+1} y_i\right) I(y_1 > 0, ..., y_{n+1} > 0)$$

これより，$S_k = \sum_{i=1}^{k} Y_i$，$k = 1, 2, ..., n+1$ の密度関数が次のように求められる（ヤコビアンは 1 である）．

$$f_S(s_1, s_2, ..., s_{n+1}) = \exp(-s_{n+1}) I(0 < s_1 < s_2 < \cdots < s_{n+1})$$

さらに，$Z_k = S_k/S_{n+1}$，$k = 1, 2, ..., n$ と $W = S_{k+1}$ の密度関数が求められる（このときのヤコビアンは w^n である）．

$$g(z_1, z_2, ..., z_n, w) = w^n \exp(-w) I(0 < z_1 < z_2 < \cdots < z_n < 1,\ 0 < w)$$

ゆえに，$(Z_1, Z_2, ..., Z_n)$ と S_{n+1} は独立で，$S_{n+1} \in \mathscr{G}(n+1, 1)$ である．最後に，周辺分布を求めると，

$$f_Z(z_1, z_2, ..., z_n) = n! I(0 < z_1 < z_2 < \cdots < z_n < 1)$$

これは $[0,1]$ 上の一様分布から得られる n 個の標本の順序統計量の密度関数に他ならない．

13.2. μ は分布の中央値であり，$f(\mu) = 1/2$ なので，次を得る．

$$\sqrt{n}(m_n - \mu) \xrightarrow{\mathscr{L}} \mathscr{N}\left(0, \frac{1}{4}\bigg/\left(\frac{1}{2}\right)^2\right) = \mathscr{N}(0, 1)$$

13.3. 第 1 四分位点と第 3 四分位点は $\mu - \sigma$ と $\mu + \sigma$ で与えられ，$f(\mu - \sigma) = f(\mu + \sigma) = 1/(2\pi\sigma)$ なので，次を得る．

$$\sqrt{n}\begin{pmatrix} X_{(n/4)} - (\mu - \sigma) \\ X_{(3n/4)} - (\mu + \sigma) \end{pmatrix} \xrightarrow{\mathscr{L}} \mathscr{N}\left(\begin{pmatrix} 0 \\ 0 \end{pmatrix}, \frac{\pi^2 \sigma^2}{4}\begin{pmatrix} 3 & 1 \\ 1 & 3 \end{pmatrix}\right)$$

今，$g(x, y) = (x + y)/2$ とおいてクラメールの定理を適用すると，$\dot{g}(x, y) = (1/2, 1/2)$ なので，次を得る．

$$\sqrt{n}\left(\frac{X_{(n/4)} + X_{(3n/4)}}{2} - \mu\right) \xrightarrow{\mathscr{L}} \mathscr{N}\left(0, \frac{\pi^2 \sigma^2}{2}\right)$$

m_n を標本中央値とおくと，$\sqrt{n}(m_n - \mu) \xrightarrow{\mathscr{L}} \mathscr{N}(0, \pi^2\sigma^2/4)$ となるので，四分位範囲の中央値は標本中央値に比較してわずか 50% の有効性しかもたない．

13.4. (a) $\sqrt{n}(m_n - \mu) \xrightarrow{\mathscr{L}} \mathscr{N}(0, \mu^2)$．

(b)
$$\sqrt{n}\begin{pmatrix} X_{(n/4)} - \mu/2 \\ X_{(3n/4)} - 3\mu/2 \end{pmatrix} \xrightarrow{\mathscr{L}} \mathscr{N}\left(\begin{pmatrix} 0 \\ 0 \end{pmatrix}, \frac{\mu^2}{4}\begin{pmatrix} 3 & 1 \\ 1 & 3 \end{pmatrix}\right)$$

なので, $\sqrt{n}((X_{(n/4)} + X_{(3n/4)})/2 - \mu) \xrightarrow{\mathscr{L}} \mathscr{N}(0, \mu^2/2)$ である.

(c) $\sqrt{n}(X_{(3n/4)} - 3\mu/2) \xrightarrow{\mathscr{L}} \mathscr{N}(0, 3\mu^2/4)$ なので

$$\sqrt{n}\left(\frac{2}{3}X_{(3n/4)} - \mu\right) \xrightarrow{\mathscr{L}} \mathscr{N}\left(0, \frac{\mu^2}{3}\right)$$

(d) 漸近的に四分位範囲の中央値は中央値の2倍有効である. しかし, $2X_{(3n/4)}/3$ はさらに有効である. これは驚くべきことではない. 最大値は μ の十分統計量なので, 最大値/2 に近づくほど有効性は増加するだろう.

13.5. (a) $\mathscr{G}(1, \theta)$ の中央値は $\mu = \theta \log 2$ であり, $f(\mu|\theta) = 1/(2\theta)$ である. ゆえに, $\sqrt{n}(m_n - \theta \log 2) \xrightarrow{\mathscr{L}} \mathscr{N}(0, \theta^2)$ となり, これより $\sqrt{n}(m_n/\log 2 - \theta) \xrightarrow{\mathscr{L}} \mathscr{N}(0, \theta^2/(\log 2)^2)$ を得る.

(b) 同様に
$$\sqrt{n}\left(X_{(np)} - \theta \log\left(\frac{1}{1-p}\right)\right) \xrightarrow{\mathscr{L}} \mathscr{N}\left(0, \frac{p\theta^2}{1-p}\right)$$

が成り立つので

$$\sqrt{n}\left(\frac{X_{np}}{\log\left(\frac{1}{1-p}\right)} - \theta\right) \xrightarrow{\mathscr{L}} \mathscr{N}\left(0, \frac{p\theta^2}{(1-p)(\log(1-p))^2}\right)$$

$p/((1-p)(\log(1-p))^2)$ を最小にする p を見つける必要がある. 微分して 0 とおくと,

$$2p + \log(1-p) = 0$$

の根を求めることになる. 数値計算で求めると, $p = 0.79681213\cdots$ を得る.

13.6. (a) 分布 $f(x|\theta)$ の中央値は $m(\theta) = (1/2)^{1/\theta}$ である. $f(m(\theta)|\theta) = \theta 2^{1/\theta - 1}$ なので, 次を得る.

$$\sqrt{n}(M_n - m(\theta)) \xrightarrow{\mathscr{L}} \mathscr{N}\left(0, \frac{1}{4f(m(\theta)|\theta)^2}\right) = \mathscr{N}\left(0, \frac{1}{\theta^2 2^{2/\theta}}\right)$$

(b) $M_n \xrightarrow{\mathrm{P}} m(\theta)$ なので, $\log M_n \xrightarrow{\mathrm{P}} -\log 2/\theta$ あるいは $-\log 2/\log M_n \xrightarrow{\mathrm{P}} \theta$

を得る．

(c) $g(M) = -\log 2/\log M$ とおく．このとき，$\dot{g}(M) = \log 2/(M(\log M)^2)$ なので，$\dot{g}(m(\theta)) = \theta^2 2^{1/\theta}/\log 2$ である．ゆえに

$$\sqrt{n}(\hat{\theta}_n - \theta) = \sqrt{n}(g(M_n) - g(m(\theta)))$$
$$\xrightarrow{\mathscr{L}} \mathscr{N}\left(0, \frac{\dot{g}(m(\theta))^2}{\theta^2 2^{2/\theta}}\right) = \mathscr{N}\left(0, \frac{\theta^2}{(\log 2)^2}\right)$$

第 14 章 演習問題解答

14.1. (a) $x < 0$ のとき，$1 - F(x) = 1 - e^x \sim -x$ ($x \to 0$) なので，$x_0 = 0$ であり，$1 - F(x) = -xc(-1/x)$ と書ける．ただし，$c(-1/x) = -(1-e^x)/x \to 1$ ($x \to 0$) である．つまり，(b) の場合の $\gamma = 1$ にあたる．ゆえに，$n \to \infty$ のとき $F(b_n x)^n \to G_{2,1}$ である．ただし，b_n は $1 - \exp(-b_n) = 1/n$ を満たす．ゆえに，$b_n = -\log(1 - 1/n) \sim 1/n$ なので次を得る．

$$nM_n \xrightarrow{\mathscr{L}} G_{2,1} = -\mathscr{G}(1,1)$$

（補足） 実際は，任意の n において nM_n の正確な分布は $-\mathscr{G}(1,1)$ である．なぜなら，$F(x/n)^n = (e^{x/n})^n = e^x$ だからである．

(b) $x_0 = \infty$ であり，$x > 1$ のとき $1 - F(x) = 1/x^2$ である．ゆえに，(a) の場合の $\gamma = 2$ にあたり，$c(x) \equiv 1$ で $M_n/b_n \xrightarrow{\mathscr{L}} G_{1,2}$ である．ただし，b_n は $b_n^{-2} = 1/n$ を満たしなければならないので，$b_n = \sqrt{n}$ である．つまり

$$\frac{M_n}{\sqrt{n}} \xrightarrow{\mathscr{L}} G_{1,2}$$

(c) $0 < x < 1$ において，$1 - F(x) = \exp(-x/(1-x))$ なので，$x_0 = 1$ であり，任意の x において

$$\frac{1 - F(t + xR(t))}{1 - F(t)} = \exp\left(-\frac{t + xR(t)}{1 - t - xR(t)} + \frac{t}{1-t}\right)$$
$$= \exp\left(\frac{-xR(t)}{(1-t)^2 - (1-t)xR(t)}\right)$$
$$\to \exp(-x) \quad (t \to 1 \text{ のとき})$$

となるためには，$R(t) = (1-t)^2$ とおけばよい．ゆえに，(c) の場合にあたり，

$F(a_n + b_n x)^n \to G_3(x)$ である.ただし,$\exp(-a_n/(1-a_n)) = 1/n$ なので

$$a_n = \frac{\log n}{1 + \log n}$$

であり,

$$b_n = (1-a_n)^2 = \frac{1}{(1+\log n)^2} \sim \frac{1}{(\log n)^2}$$

である.ゆえに,

$$(\log n)^2 \left(M_n - \frac{\log n}{1+\log n} \right) \xrightarrow{\mathscr{L}} G_3$$

(d) ロピタルの公式により,$1 - F(x) \sim f(x)$ である.なぜならば

$$\frac{1-F(x)}{f(x)} = \frac{\int_x^\infty t^{\alpha-1} e^{-t} dt}{x^{\alpha-1} e^{-x}} \sim \frac{-x^{\alpha-1} e^{-x}}{((\alpha-1)-x) x^{\alpha-2} e^{-x}} = \frac{x}{x-\alpha+1} \to 1$$

また,$x_0 = \infty$ であり,$t \to \infty$ のとき

$$\frac{1-F(t+xR(t))}{1-F(t)} \sim \frac{(t+xR(t))^{\alpha-1} e^{-t-xR(t)}}{t^{\alpha-1} e^{-t}} = \left(1 + \frac{xR(t)}{t}\right)^{\alpha-1} e^{-xR(t)} \to e^{-x}$$

であるためには,$R(t) \equiv 1$ とおけばよい.ゆえに,定理 14 の (c) により,$F^n(a_n + x) \to G_3(x)$ である.ただし,a_n は $1/n = 1 - F(a_n) \sim f(a_n)$ を満足しなければいけない.a_n に関する漸近展開を求めるために,まず簡単な近似解として $\exp(-a_n)/\Gamma(\alpha) = 1/n$ あるいは $a_n = \log(n/\Gamma(\alpha))$ を求める.そこで,a_n を $\log(n/\Gamma(\alpha)) + a'_n$ とおくと,$nf(a_n) \to 1$ により

$$\exp(-a'_n) \left(\log\left(\frac{n}{\Gamma(\alpha)}\right) + a'_n \right)^{\alpha-1} \sim 1$$

これは a'_n が $\log(n/\Gamma(\alpha))$ よりも遅く ∞ に発散しなければならないことを意味する.ゆえに,$\log(n/\Gamma(\alpha)) + a'_n \sim \log(n/\Gamma(\alpha)) \sim \log n$ である.よって

$$\exp(-a'_n)(\log n)^{\alpha-1} \sim 1$$

あるいは

$$a'_n \sim (\alpha-1) \log(\log n)$$

これより

$$a_n \sim \log\left(\frac{n}{\Gamma(\alpha)}\right) + (\alpha - 1)\log\log n$$

$b_n = R(a_n) = 1$ なので，次を得る．

$$M_n - \log n - (\alpha - 1)\log\log n + \log \Gamma(\alpha) \xrightarrow{\mathscr{L}} G_3$$

14.2. $P(X < i) = 1 - 2^{-i}$, $i = 0, 1, 2, ...$ なので，$P(M_n < i) = (1 - 2^{-i})^n$ である．$m \to \infty$ のとき $n(m)/2^m \to \theta$ なので，$k = 0, \pm 1, \pm 2, ...$ に対して，(n を十分大きくとると）次のように計算できる．

$$\begin{aligned} P(M_{n(m)} < m + k) &= (1 - 2^{-(m+k)})^{n(m)} \\ &= \left(1 - \frac{n(m)2^{-m}2^{-k}}{n(m)}\right)^{n(m)} \\ &\to \exp(-\theta 2^{-k}) \end{aligned}$$

14.3. $1 - F(t) = 1 - \exp(-e^{-t})$ である．$t \to \infty$ のとき，これは e^{-t} と同じの速さで 0 に収束する．このことを見るには，ロピタルの公式によって

$$\frac{1 - F(t)}{e^{-t}} = \frac{1 - \exp(-e^{-t})}{e^{-t}} \sim \frac{-\exp(-e^{-t})e^{-t}}{-e^{-t}} \to 1$$

ゆえに，

$$\frac{1 - F(t + xR(t))}{1 - F(t)} = \frac{e^{-t - xR(t)}}{e^{-t}} = e^{-xR(t)} \to e^{-x}$$

であるためには，$R(t) \equiv 1$ とおくとよい．このように (c) の場合にあたり，$b_n = 1$ であり，a_n は

$$\frac{1}{n} = 1 - \exp(-e^{-a_n}) \sim e^{-a_n}$$

で定義される．$a_n \sim \log n$ であり，$M_n - \log n \xrightarrow{\mathscr{L}} G_3$ を得る．

　この例は，ちょっとした冗談の類である．というのも，任意の n において，$M_n - \log n$ の分布は正確に G_3 だからである．実際，定理 14 で求められた極限分布に関してさらに最大値の分布を求めるとすると，その操作は位置や尺度の変換になっている．これらは a_n や b_n の設定で修正できて元の極限分布となるので，その意味で閉じている．例えば，G_3 の分布について考えてみよう．G_3 からの大きさ n の標本の最大値を M_n で表すと，$ne^{-a_n} = 1$ であれば（同じことだが $a_n = \log n$ であれば），$M_n - a_n$ の分布は

$$G_3(x+a_n)^n = \exp(-ne^{-x-a_n}) = \exp(-ne^{-a_n}e^{-x}) = G_3(x)$$

である．

第15章 演習問題解答

15.1. 例14.6 の結果によると，

$$(2\log n)^{1/2}(X_{(n)}-\mu) - 2\log n + \frac{1}{2}\log\log(4\pi n) \xrightarrow{\mathscr{L}} Y$$

ただし，$Y \in G_3$ である．同様に，$Z \in G_3$ に対して

$$(2\log n)^{1/2}(X_{(1)}-\mu) + 2\log n - \frac{1}{2}\log\log(4\pi n) \xrightarrow{\mathscr{L}} -Z$$

定理15 により，これら2つの同時分布は独立な Y と Z の同時分布に法則収束する．ゆえに，範囲の中央値 $M = (X_{(1)} + X_{(n)})/2$ は次のように法則収束する．

$$(2\log n)^{1/2}(M-\mu) \xrightarrow{\mathscr{L}} \frac{Y-Z}{2}$$

$W = (Y-Z)/2$ の密度関数を求めるために，Y と Z の同時分布をまず求め，

$$f_{(Y,Z)}(y,z) = \exp(-e^{-y} - y - e^{-z} - z)$$

$W = (Y-Z)/2$ と Y へ変数変換を行う（$dy = 2dw$ である）．

$$f_{(W,Z)}(w,z) = 2\exp(-e^{-2w-z} - 2w - e^{-z} - 2z)$$

さらに，z について積分する．

$$\begin{aligned}
f_W(w) &= 2\exp(-2w)\int_{-\infty}^{\infty} \exp(-e^{-z}(e^{-2w}+1) - 2z)dz \\
&= 2\exp(-2w)\int_0^{\infty} \exp(-u(e^{-2w}+1))u\,du \\
&= \frac{2\exp(-2w)}{(\exp(-2w)+1)^2}
\end{aligned}$$

これはロジスティック分布 $\mathscr{L}(0, 1/2)$ の密度関数である．標本平均の μ への収束

速度は $1/\sqrt{n}$ であり，$1/\sqrt{\log(n)}$ よりもかなり速いので，平均に対する範囲中央値の漸近効率は 0 である．

15.2. (a) 一様分布 $\mathscr{U}(0,1)$ からの大きさ n の標本に対する上側の 2 つの順序統計量に定理 15 の (a) を適用して次を得る．

$$n(1-U_{(n)}, 1-U_{(n-1)})^t \xrightarrow{\mathscr{L}} (S_1, S_2)^t \tag{1}$$

ただし，指数分布 $\mathscr{G}(1,1)$ に従う独立な確率変数 Y_1 と Y_2 を使って，$S_1 = Y_1$, $S_2 = Y_1 + Y_2$ と定義される．$F(z)$ を $\mathscr{G}(1,1)$ の密度関数とおくと，$F(z) = 1 - \exp(-z)$ であり，$Z_{1,n} = F^{-1}(U_{(n)})$ と $Z_{2,n} = F^{-1}(U_{(n-1)})$ は $\mathscr{G}(1,1)$ からの大きさ n の標本に対する上側の 2 つの順序統計量である．$F^{-1}(u) = -\log(1-u)$ なので，スラツキーの定理を適用し，(1) 式の両辺を $-\log(\cdot)$ で変換して次を得る．

$$\begin{pmatrix} -\log(n(1-U_{(n)})) \\ -\log(n(1-U_{(n-1)})) \end{pmatrix} = \begin{pmatrix} Z_{1,n} - \log n \\ Z_{2,n} - \log n \end{pmatrix} \xrightarrow{\mathscr{L}} \begin{pmatrix} W_1 \\ W_2 \end{pmatrix}$$

ただし，$W_1 = -\log Y_1$ かつ $W_2 = -\log(Y_1 + Y_2)$ である．$(Y_1, Y_2)^t$ の同時密度から $(W_1, W_2)^t$ の同時密度を求める．

$$f_{(Y_1, Y_2)}(y_1, y_2) = \exp(-y_1 - y_2) I(y_1 > 0, y_2 > 0)$$

逆変換は $Y_1 = \exp(-W_1), Y_2 = \exp(-W_2) - \exp(-W_1)$ なので，ヤコビアンは $\exp(-w_1 - w_2)$ となり，同時密度は次で求められる．

$$f_{(W_1, W_2)}(w_1, w_2) = \exp(-e^{-w_2} - w_1 - w_2) I(w_1 > w_2)$$

(b) $V = W_1 - W_2$ を W_1 に対する変数変換とすると，$W_1 = V + W_2$ であり，ヤコビアンは 1 である．(V, W_2) の同時密度は

$$f_{(V, W_2)}(v, w_2) = \exp(-e^{-w_2} - v - 2w_2) I(v > 0)$$

これで分かるように，V と W_1 は独立であり，V の分布は $\mathscr{G}(1,1)$ である．また $-\log W_2$ の分布は $\mathscr{G}(2,1)$ である．

15.3. 定理 14 により，

$$\sqrt{n}(\hat{\theta}_1 - \theta) \xrightarrow{\mathscr{L}} \mathscr{N}\left(0, \frac{1}{4}\right)$$

また，例 15.2 により
$$n(\hat{\theta}_2 - \theta) \xrightarrow{\mathscr{L}} Z$$

ただし，Z は密度 $f(z) = \exp(-2|z|)$ の両側指数分布に従う確率変数である．$n = 100$ のとき，$\hat{\theta}_1$ の標準偏差はおおよそ $1/20$ なので
$$P\left(|\hat{\theta}_1 - \theta| < \frac{2}{20}\right) = 0.95$$

である．ゆえに，θ に対する 95% 信頼区間は $(\hat{\theta}_1 - 0.1, \hat{\theta}_1 + 0.1)$ である．$P(|Z| < c) = 0.95$ であるような c を見つけるためには，
$$0.95 = \int_{-c}^{c} e^{-2|z|}dz = 1 - e^{-2c}$$

を解く必要があり，$c = (1/2)\log(20) = 1.50\cdots$ である．ゆえに
$$0.95 = P(100|\hat{\theta}_2 - \theta| < 1.50) = P(|\hat{\theta}_2 - \theta| < 0.015)$$

であり，95% 信頼区間は $(\hat{\theta}_2 - 0.015, \hat{\theta}_2 + 0.015)$ となるので，かなりの改善である．実際，θ への中央値の収束速度は $1/\sqrt{n}$ であるのに対して，範囲中央値の収束速度は $1/n$ である．

15.4. 定理 15 により
$$n(1 - \Phi(Z_{1,n}), 1 - \Phi(Z_{2,n})) \xrightarrow{\mathscr{L}} (S_1, S_2)$$

しかし，a_n の定義と補題 14.1 により，
$$n(1 - \Phi(Z_{i,n})) = \frac{1 - \Phi(Z_{i,n})}{1 - \Phi(a_n)} \sim \frac{a_n}{Z_{i,n}} \exp\left(\frac{a_n^2 - Z_{i,n}^2}{2}\right)$$

$W_{i,n} = a_n(Z_{i,n} - a_n)$ と定義すると，演習問題 6.6 により
$$\left(\frac{a_n}{a_n + \frac{W_{1,n}}{a_n}} \exp\left(-W_{1,n} - \frac{W_{1,n}^2}{2a_n^2}\right), \frac{a_n}{a_n + \frac{W_{2,n}}{a_n}} \exp\left(-W_{2,n} - \frac{W_{2,n}^2}{2a_n^2}\right)\right)$$
$$\xrightarrow{\mathscr{L}} (S_1, S_2)$$

これは $W_{i,n}/a_n \xrightarrow{P} 0$ であることを意味する．なぜならば，そうでないと仮定

すると，正の確率をもつ事象の上で $W_{i,n'} \to \pm\infty$ であるような部分列 n' が存在することになり，上の列のどの極限も 0 または ∞ で正の確率をもつことになるためである．ゆえに

$$(e^{-W_{1,n}}, e^{-W_{2,n}}) \xrightarrow{\mathscr{L}} (S_1, S_2)$$

これより，

$$(W_{1,n}, W_{2,n}) \xrightarrow{\mathscr{L}} (-\log S_1, -\log S_2)$$

が示される．よって

$$U_n = \exp(W_{2,n} - W_{1,n}) \xrightarrow{\mathscr{L}} \frac{S_1}{S_2} \in \mathscr{U}(0,1)$$

が得られる．また，S_1/S_2 と S_2 は独立であることから，U_n と $W_{2,n}$ は漸近的に独立である．

第 17 章 演習問題解答

17.1. 確かめるべき 5 つの条件がある．

(1) Θ は有界で閉集合なので，コンパクトである．

(2) $x \leq 1$ の場合は，$f(x|\theta) = 1/\theta$ は連続である．$1 < x \leq 2$ の場合は，$\theta < x$ のとき $f(x|\theta) = 0$ であり，$\theta \geq x$ のとき $f(x|\theta) = 1/\theta$ なので上半連続である．$x > 2$ の場合は，$f(x|\theta) = 0$ であり連続である．

(3) $\theta_0 \in \Theta$ とおく．このとき

$$\exp(K(x)) = \max_{\theta \in \Theta} \frac{f(x|\theta)}{f(x|\theta_0)} = \begin{cases} \theta_0, & x \leq 1 \\ \theta_0/x, & 1 < x \leq \theta_0 \\ \infty, & \theta_0 < x \end{cases}$$

$K(X)$ の期待値は，θ_0 が真の値であるときは，明らかに有限である．

(4) $\varphi(x, \theta, \rho) = \sup_{|\theta'-\theta|<\rho} f(x|\theta')$ とおくと，

$$\varphi(x, \theta, \rho) = \begin{cases} 1/(\theta-\rho), & x < \theta - \rho \\ 1/x, & |x-\theta| \leq \rho \\ 0, & x > \theta + \rho \end{cases}$$

明らかに，可測関数である．

(5) $\theta \in \Theta$ は明らかに識別可能である．例えば，θ が異なれば，異なるサポートをもっている．

17.2. (a) $X_{(k)} \leq \theta \leq X_{(k+1)}$ に対して，尤度関数は

$$L(\theta) = \left(\frac{2}{\theta}\right)^k \prod_{i \leq k} X_{(i)} \cdot \left(\frac{2}{1-\theta}\right)^{n-k} \prod_{i > k}(1 - X_{(i)})$$

このとき

$$\frac{\partial}{\partial \theta} \log L(\theta) = -\frac{k}{\theta} + \frac{n-k}{1-\theta}$$

なので，$L(\theta)$ は $\theta < k/n$ の範囲で単調減少であり，$k/n < \theta$ の範囲で単調増加である．

(b) $L(\theta)$ は連続で，各 $X_{(k)}$ の中間にある点では最大値を取り得ない．ゆえに，最尤推定量は $X_{(k)}$ の中の何れかである．さらに，$(k-1)/n < X_{(k)} < k/n$ の場合は，尤度関数 $L(\theta)$ は $X_{(k)}$ で極大値を取る．

17.3. 尤度関数は

$$L(\mu_1, ..., \mu_n, \sigma) = \prod_{i=1}^{n} \prod_{j=1}^{d} \frac{1}{\sqrt{2\pi}\sigma} \exp\left(-\frac{1}{2\sigma^2}(X_{ij} - \mu_i)^2\right)$$

$$= \left(\frac{1}{\sqrt{2\pi}\sigma}\right)^{nd} \exp\left(-\frac{1}{2\sigma^2} \sum_{i=1}^{n} \sum_{j=1}^{d}(X_{ij} - \mu_i)^2\right)$$

この最尤推定量は母数に関する偏微分を 0 とおくことにより得られる．

$$\frac{\partial}{\partial \mu_i} \log L(\theta) = \frac{1}{\sigma^2} \sum_{j=1}^{d}(X_{ij} - \mu_i) = 0, \quad i = 1, 2, ..., n$$

これより，$\hat{\mu}_i = \bar{X}_i, i = 1, 2, ..., n$ を得る．また，σ による偏微分では

$$\frac{\partial}{\partial \sigma} \log L(\theta) = -\frac{nd}{\sigma} + \frac{1}{\sigma^3} \sum_{i=1}^{n} \sum_{j=1}^{d}(X_{ij} - \mu_i)^2 = 0$$

なので，次の結果を得る．

(a) $s_i^2 = (1/d) \sum_{j=1}^{d}(X_{ij} - \bar{X}_i)^2$ とおくとき

$$\hat{\sigma}^2 = \frac{1}{nd}\sum_{i=1}^{n}\sum_{j=1}^{d}(X_{ij}-\hat{\mu}_i)^2 = \frac{1}{n}\sum_{i=1}^{n}s_i^2$$

(b) s_i^2 は独立同分布であり，平均 $Es_i^2 = ((d-1)/d)\sigma^2$ をもつ．ゆえに，大数の法則により，$\hat{\sigma}^2 \xrightarrow{\text{a.s.}} ((d-1)/d)\sigma^2$ なので，一致性はもたない．$n\to\infty$ のとき，母数の数は無限に増え続けるので，この問題は定理 17 の設定とは異なる構造をもっていることになる．

(c) (b) の結果により，$(d/(d-1))\hat{\sigma}^2 \xrightarrow{\text{a.s.}} \sigma^2$ である．

第 18 章 演習問題解答

18.1. (a) 対数尤度関数は

$$l_n(\theta) = \log L(\theta) = n\log\theta + (\theta-1)\sum_{i=1}^{n}\log X_i$$

尤度方程式は

$$\dot{l}_n(\theta) = \frac{n}{\theta} + \sum_{i=1}^{n}\log X_i = 0$$

これにより，最尤推定量は

$$\hat{\theta}_n = \left(-\frac{1}{n}\sum_{i=1}^{n}\log X_i\right)^{-1}$$

また，$\psi(X,\theta) = 1/\theta + \log X$, $\dot{\psi}(X,\theta) = -1/\theta^2$ なので，$\mathscr{I}(\theta) = 1/\theta^2$ である．ゆえに

$$\sqrt{n}(\hat{\theta}_n - \theta) \xrightarrow{\mathscr{L}} \mathscr{N}(0, \theta^2)$$

(b) $l_n(\theta) = n\log(1-\theta) + \log\theta \sum_{i=1}^{n}X_i$ なので

$$\dot{l}_n(\theta) = -\frac{n}{1-\theta} + \frac{1}{\theta}\sum_{i=1}^{n}X_i = 0$$

が尤度方程式である．この唯一の解は次で与えられる．

$$\hat{\theta}_n = \frac{\bar{X}_n}{\bar{X}_n + 1}$$

また，$\psi(X,\theta) = -1/(1-\theta) + X/\theta$ であり，$E\psi(X,\theta) = 0$ なので，$EX = \theta/(1-\theta)$

を得る．さらには，$\dot{\psi}(X,\theta) = -1/(1-\theta)^2 - X/\theta^2$ なので

$$\mathscr{I}(\theta) = \frac{1}{(1-\theta)^2} + \frac{1}{\theta(1-\theta)} = \frac{1}{\theta(1-\theta)^2}$$

である．これにより

$$\sqrt{n}(\hat{\theta}_n - \theta) \xrightarrow{\mathscr{L}} \mathscr{N}(0, \theta(1-\theta)^2)$$

18.2. $D_1 = \partial/\partial\alpha,\ D_2 = \partial/\partial\beta$ とおく．対数尤度関数は次で与えられる．

$$l(\alpha, \beta) = -n\log\Gamma(\alpha) - n\alpha\log\beta - \frac{1}{\beta}\sum_{i=1}^n X_i + (\alpha - 1)\sum_{i=1}^n \log X_i$$

尤度方程式は

$$D_1 l_n(\alpha, \beta) = -nF(\alpha) - n\log\beta + \sum_{i=1}^n \log X_i = 0$$

$$D_2 l_n(\alpha, \beta) = -n\frac{\alpha}{\beta} + \frac{1}{\beta^2}\sum_{i=1}^n X_i = 0$$

このとき

$$D_1^2 \log f = -F(\alpha),\ D_1 D_2 \log f = -\frac{1}{\beta},\ D_2^2 \log f = \frac{\alpha}{\beta^2} - \frac{2X}{\beta^3}$$

最後の等式の期待値を取ると，$\alpha/\beta^2 - 2\alpha\beta/\beta^3 = -\alpha/\beta^2$ となるので

$$\mathscr{I}(\alpha, \beta) = \begin{pmatrix} F(\alpha) & 1/\beta \\ 1/\beta & \alpha/\beta^2 \end{pmatrix}$$

$$\mathscr{I}(\alpha, \beta)^{-1} = \frac{1}{\alpha F(\alpha) - 1}\begin{pmatrix} \alpha & -\beta \\ -\beta & \beta^2 F(\alpha) \end{pmatrix}$$

最尤推定量の漸近分布は次で与えられる．

$$\sqrt{n}(\hat{\alpha}_n - \alpha, \hat{\beta}_n - \beta)^t \xrightarrow{\mathscr{L}} \mathscr{N}\left(\mathbf{0}, \mathscr{I}(\alpha, \beta)^{-1}\right)$$

18.3. 対数尤度は $l_n(\theta_1, \theta_2) = -\theta_2 \sum_{i=1}^n \cosh(X_i - \theta_1) - n\varphi(\theta_2)$ である．尤度方程式は

$$\sum_{i=1}^{n} \sinh(X_i - \theta_1) = 0$$
$$\sum_{i=1}^{n} \cosh(X_i - \theta_1) = -n\dot{\varphi}(\theta_2)$$

$D_1 = \partial/\partial\theta_1$, $D_2 = \partial/\partial\theta_2$ とおくと，$E(D_1 \log f) = E(D_2 \log f) = 0$ なので，

$$E\sinh(X - \theta_1) = 0, \ E\cos(X - \theta_1) = -\dot{\varphi}(\theta_2)$$

を得る．これより

$$D_1^2 \log f = -\theta_2 \cosh(X - \theta_1)$$
$$D_1 D_2 \log f = -\sinh(X - \theta_1)$$
$$D_2^2 \log f = -\ddot{\varphi}(\theta_2) = -V(\cosh(X - \theta_1))$$

となるので，フィッシャー情報量は次のように求まる．

$$\mathscr{I}(\theta_1, \theta_2) = \begin{pmatrix} -\theta_2 \dot{\varphi}(\theta_2) & 0 \\ 0 & \ddot{\varphi}(\theta_2) \end{pmatrix}$$

ここにある演習問題で扱う分布はすべて指数型分布族である．

18.4. $f(x|\theta)$ と $g(y|\theta)$ はそれぞれ，θ が与えられたときの X と Y の密度関数を表す．X と Y は独立なので，同時分布は $f(x|\theta)g(y|\theta)$ であり，その対数尤度の微分は次で与えられる．

$$\begin{aligned}\psi((x,y),\theta) &= \frac{\partial}{\partial\theta}\log f(x|\theta)g(y|\theta) \\ &= \frac{\partial}{\partial\theta}\log f(x|\theta) + \frac{\partial}{\partial\theta}\log g(y|\theta) \\ &= \psi(x,\theta) + \psi(y,\theta)\end{aligned}$$

ゆえに

$$\begin{aligned}\mathscr{I}_{(X,Y)}(\theta) &= V_\theta\left(\psi((X,Y),\theta)\right) \\ &= V_\theta\left(\psi(X,\theta)\right) + V_\theta\left(\psi(Y,\theta)\right) \\ &= \mathscr{I}_X(\theta) + \mathscr{I}_Y(\theta)\end{aligned}$$

18.5. (a) 尤度方程式は

$$\dot{l}_n(\theta) = 2\sum_{i=1}^{n} \frac{X_i - \theta}{1 + (X_i - \theta)^2} = 0$$

$\theta > X_{(n)}$ のとき，どの項も負になるので，$\dot{l}_n(\theta) < 0$ である．$\theta = X_{(n)} - 1$ のとき

$$\dot{l}_n(X_{(n)} - 1) = 1 - 2\sum_{i=1}^{n-1} \frac{X_{(n)} - 1 - X_{(i)}}{1 + (X_{(n)} - 1 - X_{(i)})^2}$$

また，$X_{(n)} - X_{(n-1)} > 2n$ のときは，任意の $i < n$ において $X_{(n)} - X_{(i)} > 2n$ となり，次が成り立つので，

$$\dot{l}_n(X_{(n)} - 1) > 1 - 2\sum_{i=1}^{n-1} \frac{2n - 1}{1 + (2n - 1)^2}$$

$$= 1 - \frac{2(n-1)(2n-1)}{1 + (2n-1)^2}$$

$$= 1 - \frac{2n^2 - 3n + 1}{2n^2 - 2n + 1} > 0$$

尤度方程式の根が区間 $(X_{(n)} - 1, X_{(n)})$ の中に存在する．

(b) 一般性を失うことなく，$\theta = 0$ であると仮定してよい．例 15.3 により

$$\left(\frac{X_{(n-1)}}{n}, \frac{X_{(n)}}{n}\right) \xrightarrow{\mathscr{L}} \left(\frac{1}{X+Y}, \frac{1}{X}\right)$$

ただし，X と Y は独立に指数分布 $\mathscr{E}(\pi)$ に従う確率変数である．ゆえに

$$P(X_{(n)} > X_{(n-1)} + 2n) = P\left(\frac{X_{(n)}}{n} > \frac{X_{(n-1)}}{n} + 2\right)$$

$$\to P\left(\frac{1}{X} > \frac{1}{X+Y} + 2\right) > 0$$

18.6. (a) 対数尤度は

$$\log L(\lambda_1, \lambda_2) = -2\lambda_1 - 2\lambda_2 + x\log(\lambda_1 + \lambda_2)$$

$$+ y_1 \log \lambda_1 + y_2 \log \lambda_2 - \log(x! y_1! y_2!)$$

母数に関する偏微分を 0 とおくことにより，次の方程式を得る．

$$-2 + \frac{x}{\lambda_1 + \lambda_2} + \frac{y_1}{\lambda_1} = 0, \quad -2 + \frac{x}{\lambda_1 + \lambda_2} + \frac{y_2}{\lambda_2} = 0$$

母数 λ_1 と λ_2 について解くことにより,最尤推定量は次で与えられる.

$$\hat{\lambda}_1 = \frac{Y_1}{2}\left(\frac{X}{Y_1 + Y_2} + 1\right), \quad \hat{\lambda}_2 = \frac{Y_2}{2}\left(\frac{X}{Y_1 + Y_2} + 1\right)$$

(b) $g(x, y_1, y_2) = (y_1/2)(x/(y_1 + y_2) + 1)$ とおくと,

$$\dot{g}(x, y_1, y_2) = \frac{1}{2}\left(\frac{y_1}{y_1 + y_2}, \; 1 + \frac{xy_2}{(y_1 + y_2)^2}, \; -\frac{xy_1}{(y_1 + y_2)^2}\right)$$

ゆえに,次のように書ける.

$$\dot{g}(\lambda, \lambda_1, \lambda_2) = \left(\frac{\lambda_1}{2\lambda}, \; 1 - \frac{\lambda_1}{2\lambda}, \; -\frac{\lambda_1}{2\lambda}\right)$$

X, Y_1, Y_2 の共分散行列は対角線上に要素 $\lambda, \lambda_1, \lambda_2$ をもつ対角行列である.$\hat{\lambda}_1$ の漸近分散は

$$\dot{g}(\lambda, \lambda_1, \lambda_2) \begin{pmatrix} \lambda & 0 & 0 \\ 0 & \lambda_1 & 0 \\ 0 & 0 & \lambda_2 \end{pmatrix} \dot{g}(\lambda, \lambda_1, \lambda_2)^t = \lambda_1 - \frac{\lambda_1^2}{2\lambda}$$

18.7. (a) これは 2 母数の指数型分布族である.

$$L(\theta_1, \theta_2) = \prod_{i=1}^{n} f(x_i|\theta_1, \theta_2) = \frac{1}{(\theta_1 + \theta_2)^n} \exp\left(-\frac{S_1}{\theta_1} - \frac{S_2}{\theta_2}\right)$$

(b) 偏微分を 0 におくことにより,次の尤度方程式を得る.

$$-\frac{n}{\theta_1 + \theta_2} + \frac{S_1}{\theta_1^2} = 0, \quad -\frac{n}{\theta_1 + \theta_2} + \frac{S_2}{\theta_2^2} = 0$$

これを θ_1 と θ_2 について解いて,次の最尤推定量を得る.

$$\hat{\theta}_1 = \frac{\sqrt{S_1}}{n}\left(\sqrt{S_1} + \sqrt{S_2}\right), \quad \hat{\theta}_2 = \frac{\sqrt{S_2}}{n}\left(\sqrt{S_1} + \sqrt{S_2}\right)$$

これは $S_1 = 0$ または $S_2 = 0$ の場合も成り立つ.また,共に 0 にはなり得ない.

(c) $n = 1$ のとき

$$\log f(x|\theta_1, \theta_2) = -\log(\theta_1 + \theta_2) - \frac{S_1}{\theta_1} - \frac{S_2}{\theta_2}$$

である．ゆえに
$$D_1 \log f(x|\theta_1, \theta_2) = -\frac{1}{\theta_1 + \theta_2} + \frac{S_1}{\theta_1^2}$$
$$D_2 \log f(x|\theta_1, \theta_2) = -\frac{1}{\theta_1 + \theta_2} + \frac{S_2}{\theta_2^2}$$

これにより，$ES_1 = \theta_1^2/(\theta_1 + \theta_2)$ である．
$$-ED_1^2 \log f(x|\theta_1, \theta_2) = -\frac{1}{(\theta_1 + \theta_2)^2} + 2\frac{ES_1}{\theta_1^3}$$
$$= \frac{\theta_1 + 2\theta_2}{\theta_1(\theta_1 + \theta_2)^2}$$

また，$-D_1 D_2 \log f = -1/(\theta_1 + \theta_2)^2$ なので，次を得る．
$$\mathscr{I}(\theta_1, \theta_2) = \frac{1}{(\theta_1 + \theta_2)^2} \begin{pmatrix} (\theta_1 + 2\theta_2)/\theta_1 & -1 \\ -1 & (2\theta_1 + \theta_2)/\theta_2 \end{pmatrix}$$

これにより
$$\sqrt{n}(\hat{\theta}_n - \theta) \xrightarrow{\mathscr{L}} \mathscr{N}\left(0, \mathscr{I}(\theta_1, \theta_2)^{-1}\right)$$

を得る．ただし
$$\mathscr{I}(\theta_1, \theta_2)^{-1} = \frac{\theta_1 \theta_2}{2} \begin{pmatrix} (2\theta_1 + \theta_2)/\theta_2 & 1 \\ 1 & (\theta_1 + 2\theta_2)/\theta_1 \end{pmatrix}$$

18.8. 対数尤度比は次で与えられる．
$$\log \left(\frac{f_{\theta_0}(x)}{f_\theta(x)} \right) = (\theta_0 - \theta)T(x) - (c(\theta_0) - c(\theta))$$

ゆえに
$$K(f_{\theta_0}, f_\theta) = (\theta_0 - \theta) E_{\theta_0} T(X) - (c(\theta_0) - c(\theta))$$

一方
$$0 = E_\theta \frac{\partial}{\partial \theta} \log f_\theta(X) = E_\theta(T(X) - \dot{c}(\theta))$$

であるので，$E_\theta T(X) = \dot{c}(\theta)$ であり，
$$K(f_{\theta_0}, f_\theta) = (\theta_0 - \theta)\dot{c}(\theta) - (c(\theta_0) - c(\theta))$$

よって，フィッシャー情報量は次で与えられる.

$$\mathscr{I}(\theta) = -E_\theta \frac{\partial^2}{\partial \theta^2} \log f_\theta(X) = \ddot{c}(\theta)$$

$c(\theta)$ を 2 次の項までテーラー展開すると，

$$c(\theta) = c(\theta_0) + \dot{c}(\theta_0)(\theta - \theta_0) + \frac{1}{2}\ddot{c}(\theta_0)(\theta - \theta_0)^2 + O(\theta - \theta_0)^3$$

なので，次の結果を得る.

$$\begin{aligned} K(f_{\theta_0}, f_\theta) &= -\frac{1}{2}(\theta - \theta_0)^2 \ddot{c}(\theta_0) + O(\theta - \theta_0)^3 \\ &\sim -\frac{1}{2}(\theta - \theta_0)^2 \ddot{c}(\theta_0) \\ &= \frac{1}{2}(\theta - \theta_0)^2 \mathscr{I}(\theta_0) \end{aligned}$$

第 19 章 演習問題解答

19.1. (a) $Y_i = -\log X_i$ とおく．演習問題 18.1(a) により，θ の最尤推定量は $\hat{\theta}_n = 1/\bar{Y}_n$ である．ゆえに，$1/\theta$ の最尤推定量は $\bar{Y}_n$ である．$X_i \in \mathscr{B}e(\theta, 1)$ なので，$Y_i \in \mathscr{G}(1, 1/\theta)$ であり，$E\bar{Y}_n = 1/\theta$ と $V(\bar{Y}_n) = 1/(n\theta^2)$ を得る．再び演習問題 18.1(a) により，$\mathscr{I}(\theta) = 1/\theta^2$ である．標本数は n なので，$g(\theta) = 1/\theta$ ($\dot{g}(\theta) = -1/\theta^2$) に対する情報不等式から，下界は $\dot{g}(\theta)^2/(n\mathscr{I}(\theta)) = 1/(n\theta^2)$ であり，最尤推定量の分散になっている.

(b) $X_i \in \mathscr{B}e(\theta, 1)$ なので，$E\bar{X}_n = \theta/(\theta + 1)$ であり，不偏である．また，$V(\bar{X}_n) = \theta/(n(\theta + 1)^2(\theta + 2))$ である．$\mathscr{I}(\theta) = 1/\theta^2$ なので，$g(\theta) = \theta/(\theta + 1)$ ($\dot{g}(\theta) = 1/(\theta + 1)^2$) に対する情報不等式は，次の下界を与える．

$$\frac{\dot{g}(\theta)^2}{n\mathscr{I}(\theta)} = \frac{\theta^2}{n(\theta + 1)^4}$$

$\bar{X}_n$ ではこの下界を達成できない．実際は，最尤推定量を用いた $\hat{\theta}_n/(\hat{\theta}_n + 1)$ の方が漸近的には良い.

19.2. 5×5 行列である $(1 - \rho^2)\dot{\psi}$ の要素を幾つか選んで確かめてみよう．

$$(1-\rho^2)\dot{\psi}_{11} = -\frac{1}{\sigma_1^2}$$

$$(1-\rho^2)\dot{\psi}_{12} = \frac{\rho}{\sigma_1\sigma_2}$$

$$(1-\rho^2)\dot{\psi}_{13} = -\frac{2(X-\mu_1)}{\sigma_1^3} + \frac{\rho(Y-\mu_2)}{\sigma_1^2\sigma_2}$$

3番目の式の期待値は 0 である．また

$$(1-\rho^2)\dot{\psi}_{33} = \frac{1-\rho^2}{\sigma_1^2} - \frac{3(X-\mu_1)^2}{\sigma_1^4} + \frac{2\rho(X-\mu_1)(Y-\mu_2)}{\sigma_1^3\sigma_2}$$

この期待値は $-(2-\rho^2)/\sigma_1^2$ である．さらにまた

$$(1-\rho^2)\dot{\psi}_{34} = \frac{\rho(X-\mu_1)(Y-\mu_2)}{\sigma_1^2\sigma_2^2}$$

この期待値は $\rho^2/(\sigma_1\sigma_2)$ である．最後に

$$(1-\rho^2)\dot{\psi}_{35}$$
$$= \frac{1}{1-\rho^2}\left(\frac{2\rho(X-\mu_1)^2}{\sigma_1^3} - \frac{(1+\rho^2)(X-\mu_1)(Y-\mu_2)}{\sigma_1^2\sigma_2}\right)$$

この期待値は ρ/σ_1 である．

19.3. (a) $E\hat{\theta} = \mu_1 - \mu_2 = g(\boldsymbol{\theta})$ とおくと，$\dot{g}(\boldsymbol{\theta}) = (1, -1, 0, 0, 0)$ であり，

$$V(\hat{\theta}) \geq \frac{\dot{g}(\boldsymbol{\theta})\mathscr{I}(\boldsymbol{\theta})^{-1}\dot{g}(\boldsymbol{\theta})^t}{n} = \frac{(\sigma_1^2 + \sigma_2^2 - 2\rho\sigma_1\sigma_2)}{n}$$

(b) $E\hat{\theta} = \mu_1/\sigma_1 = g(\boldsymbol{\theta})$ の場合は，$\dot{g}(\boldsymbol{\theta}) = (1/\sigma_1, 0, -\mu_1/\sigma_1^2, 0, 0)$ であり，

$$V(\hat{\theta}) \geq \frac{1}{n}\left(1 + \frac{\mu_1^2}{2\sigma_1^2}\right)$$

(c) $E\hat{\theta} = \rho\sigma_1\sigma_2 = g(\boldsymbol{\theta})$ の場合は，$\dot{g}(\boldsymbol{\theta}) = (0, 0, \rho\sigma_2, \rho\sigma_1, \sigma_1\sigma_2)$ であり，

$$V(\hat{\theta}) \geq \frac{\sigma_1^2\sigma_2^2(1+\rho^2)}{n}$$

19.4. (1) 式における $\mathbf{X}$ を $\mathbf{X} = (X_1, X_2, ..., X_n)^t$ と考えて $\mathbf{X}$ に基づく θ のフィッシャー情報量を求めよう．X_i は互いに独立なので，$\mathbf{X}$ に基づくフィッシャー情報量は個々の情報量の和である．X_i の情報量は

$$V\left(\frac{\partial}{\partial \theta} \log f(X_i|\theta)\right) = V(-z_i \exp(\theta z_i) + z_i X_i)$$
$$= z_i^2 V(X_i) = z_i^2 \exp(\theta z_i)$$

なので，標本全体のフィッシャー情報量は次で与えられる．

$$\mathscr{I}(\theta) = \sum_{i=1}^{n} z_i^2 \exp(\theta z_i)$$

不偏推定量を扱っているときは，(1) 式において $\dot{g}(\theta) = 1$ である．ゆえに，不偏推定量 $\hat{\theta}(X)$ に対する分散の下界は

$$V_\theta(\hat{\theta}(X)) \geq \frac{1}{\sum_{i=1}^{n} z_i^2 \exp(z_i\theta)}$$

19.5. (a) X の密度は $f(x|\theta) = (1/\theta)I(0 < x < \theta)$ であり，その微分は

$$\frac{\partial}{\partial \theta} f(x|\theta) = -\frac{1}{\theta^2} I(0 < x < \theta)$$

$1 = \int_{-\infty}^{\infty} f(x|\theta) dx$ において，θ に関する微分が積分記号と交換可能なら

$$0 = \int_{-\infty}^{\infty} \frac{\partial}{\partial \theta} f(x|\theta) dx = -\int_{0}^{\theta} \frac{1}{\theta^2} dx = -\frac{1}{\theta}$$

となり，情報不等式の正則条件の 1 つが満足されない．

(b) $0 < x < \theta$ において，$(\partial/\partial \theta) f(x|\theta) = -1/\theta$ なので，任意の $\theta > 0$ において $V((\partial/\partial \theta) f(x|\theta)) = 0$ である．ゆえに，情報不等式は分散の下界として無限大を与える．

(c) $E_\theta(2X) = \theta$, $V_\theta(2X) = \theta^2/3$ である．情報不等式がこの例では成り立たないことが分かる．

第 20 章 演習問題解答

20.1. (a) 対数尤度は

$$\log f(X|\theta) = (X - \theta) - 2\log\left(1 + e^{X-\theta}\right)$$

この微分は

$$\psi(X,\theta) = \frac{\partial}{\partial \theta} \log f(X|\theta) = -1 + \frac{2e^{X-\theta}}{1+e^{X-\theta}}$$

ゆえに
$$\frac{\partial}{\partial \theta}\psi(X,\theta) = -\frac{2e^{X-\theta}}{(1+e^{X-\theta})^2}$$

情報量 $\mathscr{I}(\theta) = -E_\theta \partial \psi(X,\theta)/\partial\theta$ を求めるために,変数変換 $U = 1 + \exp(X-\theta)$ を用いると $(du = \exp(x-\theta)dx)$,

$$\begin{aligned}
\mathscr{I}(\theta) &= 2E\left(\frac{e^{X-\theta}}{(1+e^{X-\theta})^2}\right) \\
&= 2\int_{-\infty}^{\infty} \frac{e^{x-\theta}}{(1+e^{x-\theta})^2} \frac{e^{x-\theta}}{(1+e^{x-\theta})^2} dx \\
&= 2\int_1^{\infty}(u^{-3} - u^{-4})du = \frac{1}{3}
\end{aligned}$$

(b) 対数尤度,その 1 階微分,2 階微分は次で与えられる.

$$\begin{aligned}
\log f(X|\theta) &= -\log \pi - \log\left(1+(X-\theta)^2\right) \\
\psi(X,\theta) &= \frac{2(X-\theta)}{(1+(X-\theta)^2)} \\
\frac{\partial}{\partial\theta}\psi(X,\theta) &= -2\frac{1-(X-\theta)^2}{(1+(X-\theta)^2)^2}
\end{aligned}$$

$Y = (X-\theta)$ と変数変換して $(dy = dx)$,

$$\begin{aligned}
\mathscr{I}(\theta) &= 2E\left(\frac{1-Y^2}{(1+Y^2)^2}\right) = \frac{2}{\pi}\int_{-\infty}^{\infty} \frac{1-y^2}{(1+y^2)^3} dy \\
&= \frac{2}{\pi}\left(2\int_{-\infty}^{\infty}(1+y^2)^{-3}dy - \int_{-\infty}^{\infty}(1+y^2)^{-2}dy\right)
\end{aligned}$$

$\int_{-\infty}^{\infty}(1+y^2)^{-m}dy$ を求めるには,部分積分を用いる.

$$\begin{aligned}
\int_{-\infty}^{\infty}(1+y^2)^{-m}dy &= \left[y(1+y^2)^{-m}\right]_{-\infty}^{\infty} + 2m\int_{-\infty}^{\infty} y^2(1+y^2)^{-(m+1)}dy \\
&= 2m\int_{-\infty}^{\infty}(1+y^2)^{-m}dy - 2m\int_{-\infty}^{\infty}(1+y^2)^{-(m+1)}dy
\end{aligned}$$

これにより,$m \geq 1$ についての漸化式が得られる.

$$\int_{-\infty}^{\infty}(1+y^2)^{-(m+1)}dy = \frac{2m-1}{2m}\int_{-\infty}^{\infty}(1+y^2)^{-m}dy$$

$m=1$ の場合の $\int_{-\infty}^{\infty}(1+y^2)^{-1}dy = \pi$ を用いて

$$\int_{-\infty}^{\infty}(1+y^2)^{-2}dy = \frac{\pi}{2}, \quad \int_{-\infty}^{\infty}(1+y^2)^{-3}dy = \frac{3\pi}{8}$$

となるので，$\mathscr{I}(\theta) = (2/\pi)(6\pi/8 - \pi/2) = 1/2$ を得る．

20.2. 対数尤度は

$$l(\theta) = \log L(\theta) = -n\log\pi - \sum_{i=1}^{n}\log(1+(X_i-\theta)^2)$$

なので，尤度方程式は次で与えられる．

$$\dot{l}(\theta) = 2\sum_{i=1}^{n}\frac{X_i-\theta}{1+(X_i-\theta)^2} = 0$$

これは複数個の解をもちうる．$\mathscr{I}(\theta) = 1/2$ なので，スコアは

$$\frac{1}{n}\mathscr{I}(\theta)^{-1}\dot{l}(\theta) = \frac{4}{n}\sum_{i=1}^{n}\frac{X_i-\theta}{1+(X_i-\theta)^2}$$

となり，例 10.2 により，中央値 m_n の漸近分布は

$$\sqrt{n}(m_n - \theta) \xrightarrow{\mathscr{L}} \mathscr{N}\left(0, \frac{\pi^2}{4}\right)$$

である．これにスコアを加えると，改良できる．

$$m_n^* = m_n + \frac{4}{n}\sum_{i=1}^{n}\frac{X_i - m_n}{1+(X_i-m_n)^2}$$

これが漸近有効な推定量である．つまり，$\sqrt{n}(m_n^* - \theta) \xrightarrow{\mathscr{L}} \mathscr{N}(0,2)$．

20.3. $EX_i = (1-\theta)+2\theta = 1+\theta$ なので，積率法によって $\bar{X}_n$ と $1+\theta$ を等しくおくと，推定量 $\theta_n^* = \bar{X}_n - 1$ が得られる．この推定量は許容的ではない．負の値や 1 よりも大きい値で θ を推定することもあるからである．$EX_i^2 = 2(1-\theta)+6\theta = 2+4\theta$ なので，分散は次で与えられる．

$$V(X_i) = (2+4\theta) - (1+\theta)^2 = 1+2\theta-\theta^2$$

ゆえに，中心極限定理により

$$\sqrt{n}(\theta_n^* - \theta) \xrightarrow{\mathscr{L}} \mathscr{N}(0, 1 + 2\theta - \theta^2)$$

ニュートン法を 1 回だけ適用すると，漸近有効な次の推定量が得られる．

$$\hat{\theta}_n = \theta_n^* + \frac{\sum_{i=1}^n (X_i - 1)/(1 + \theta_n^*(X_i - 1))}{\sum_{i=1}^n (X_i - 1)^2/(1 + \theta_n^*(X_i - 1))^2}$$

20.4. (a) この指数分布の平均と分散は $1/\theta$ と $1/\theta^2$ である．θ の積率法による推定量は $\tilde{\theta}_n = 1/\bar{X}_n$ であり，この漸近分布は

$$\sqrt{n}(\tilde{\theta}_n - \theta) \xrightarrow{\mathscr{L}} \mathscr{N}(0, \theta^2)$$

である．一方，フィッシャー情報量は $\mathscr{I}(\theta) = 1/\theta^2$ なので，この推定量は漸近有効である．

(b) $\hat{\theta}(X) = X$ とおくと，$g(\theta) = 1/\theta$ であり，情報不等式は

$$V_\theta(X) \geq \left(-\frac{1}{\theta^2}\right)^2 \mathscr{I}^{-1}(\theta)$$

である．$V_\theta(X) = 1/\theta^2$ なので，不等式は $\mathscr{I}(\theta) \geq 1/\theta^2$ を導く．フィッシャー情報量に対するこの下界はここでの指数分布により達成される．

第 21 章 演習問題解答

21.1. ポアソン分布に対するフィッシャー情報量は $\mathscr{I}(\theta) = 1/\theta$ である．また，θ の最尤推定量は $\bar{X}_n$ である．事後密度は $\bar{X}_n$ を平均とする正規密度で近似できる．ただし，分散は真の母数 θ_0 に等しい．しかし，θ_0 は未知なので，平均 $\bar{X}_n$ と分散 $\bar{X}_n$ をもつ正規分布でこの密度を近似して利用することもできるだろう．数学的に述べると，θ_0 が真の値なら，$\sqrt{n}(\theta - \bar{X}_n)$ の事後分布は正規分布 $\mathscr{N}(0, \theta_0)$ の密度関数に概収束しかつ L_1 で収束する．

21.2. $g_n(\theta)$ (あるいは $h_n(\vartheta)$) は $X_1, X_2, ..., X_n$ が与えられたときの θ (あるいは ϑ) の条件付き密度を表すとしよう．ここではすべての ϑ において

$$h_n(\vartheta) \xrightarrow{\text{a.s.}} \frac{1}{\theta_0} \exp\left(-\frac{\vartheta}{\theta_0}\right) I(\vartheta > 0) \quad (n \to \infty)$$

であることを示そう．まず，次のように求められる．

$$g_n(\theta) = \frac{1}{C_n} g(\theta) \theta^{-n} I(M_n < \theta)$$

ただし，C_n は正規化定数で，次で定義される．

$$C_n = \int_{M_n}^{\infty} g(\theta) \theta^{-n} d\theta$$

変数変換 $\vartheta = n(\theta - M_n)$ により $(d\theta = (1/n)d\vartheta)$，次を得る．

$$h_n(\vartheta) = \frac{1}{D_n} g\left(M_n + \frac{\vartheta}{n}\right) \left(1 + \frac{\vartheta}{nM_n}\right)^{-n} I(0 < \vartheta)$$

ただし

$$D_n = \int_0^{\infty} g\left(M_n + \frac{\vartheta}{n}\right) \left(1 + \frac{\vartheta}{nM_n}\right)^{-n} d\vartheta$$

M_n は θ_0 に概収束するので，$h_n(\vartheta)$ の分子は $g(\theta_0) \exp(-\vartheta/\theta_0) I(0 < \vartheta)$ に概収束する．証明を完成させるためには，D_n が $g(\theta_0)\theta_0$ に概収束することを示さなければならない．$g(\theta)$ は有界であるという仮定と，$\vartheta > 0$ と $M > 0$ を固定すると $(1 + \vartheta/(nM))^{-n}$ は可積分関数 $\exp(-\vartheta/M)$ に単調減少に収束するという事実を使うと，D_n の被積分関数は可積分な $C(1 + \vartheta/M')^{-2}$ というある関数で上から抑えられる．よって，ルベーグの有界収束定理により，求める結果は得られる．

第 22 章 演習問題解答

22.1. 尤度関数は

$$L(\theta) = \frac{1}{(2\pi\sigma_x\sigma_y)^n} \exp\left(-\sum_{i=1}^n \frac{(X_i - \mu_x)^2}{2\sigma_x^2} - \sum_{i=1}^n \frac{(Y_i - \mu_y)^2}{2\sigma_y^2}\right)$$

で与えられるので，制約なしの最尤推定量は

$$\hat{\mu}_x = \bar{X},\ \hat{\mu}_y = \bar{Y},\ \hat{\sigma}_x^2 = \frac{1}{n}\sum_{i=1}^n (X_i - \bar{X})^2,\ \hat{\sigma}_y^2 = \frac{1}{n}\sum_{i=1}^n (Y_i - \bar{Y})^2$$

帰無仮説 H_0 の下で，X_i と Y_i は 1 次元正規分布からの大きさ $2n$ の標本である．ゆえに，最尤推定量は

$$\mu^* = \mu_x^* = \mu_y^* = \frac{\bar{X} + \bar{Y}}{2}$$

$$\sigma^{*2} = \sigma_x^{*2} = \sigma_y^{*2} = \frac{1}{2n}\left(\sum_{i=1}^n (X_i - \mu^*)^2 + \sum_{i=1}^n (Y_i - \mu^*)^2\right)$$

これらにより

$$L(\theta^*) = \left(2\pi\sigma^{*2}\right)^{-n}\exp(-n), \quad L(\hat{\theta}) = (2\pi\hat{\sigma}_x\hat{\sigma}_y)^{-n}\exp(-n)$$

H_0 の下で，2つの制約があるので，次が得られる．

$$-2\log\lambda = n\left(2\log\sigma^{*2} - \log\hat{\sigma}_x^2 - \log\hat{\sigma}_y^2\right) \xrightarrow{\mathscr{L}} \chi_2^2$$

22.2. 尤度関数は

$$L(\theta,\mu) = \theta^n \mu^n \exp\left(-\theta\sum_{i=1}^n X_i - \mu\sum_{i=1}^n Y_i\right)$$

で与えられるので，制約なしの最尤推定量は

$$\hat{\theta} = \frac{1}{\bar{X}}, \quad \hat{\mu} = \frac{1}{\bar{Y}}$$

H_0 の下で，尤度関数は

$$L(\theta) = 2^n \theta^{2n} \exp\left(-\theta\left(\sum_{i=1}^n X_i + 2\sum_{i=1}^n Y_i\right)\right)$$

このときの最尤推定量は

$$\theta^* = \frac{2}{\bar{X}+2\bar{Y}}, \quad \mu^* = 2\theta^*$$

ゆえに

$$L(\hat{\theta},\hat{\mu}) = \bar{X}^{-n}\bar{Y}^{-n}\exp(-2n), \quad L(\theta^*,\mu^*) = 2^n(\theta^*)^{2n}\exp(-2n)$$

H_0 の下では1つの制約があるので，次が得られる．

$$-2\log\lambda = 2n\left(2\log\left(\frac{\bar{X}+2\bar{Y}}{2}\right) - \log\bar{X} - \log(2\bar{Y})\right) \xrightarrow{\mathscr{L}} \chi_1^2$$

22.3. よく知られているように，θ の最尤推定量は $\hat{\theta}_i = \bar{X}_{i\cdot} = (1/n)\sum_{j=1}^n X_{ij}$, $i = 1, 2, ..., k$ である．すべての θ_i が同じなら，すべての X_{ij} はポアソン分布からの大き

さ nk の標本となるので，その最尤推定量は $\theta^* = \bar{X}_{..} = (1/(nk))\sum_{i=1}^{k}\sum_{j=1}^{n} X_{ij}$ である．対数尤度は

$$\log L(\theta) = \sum_{i=1}^{k}\sum_{j=1}^{n}(-\theta_i + X_{ij}\log\theta_i - \log X_{ij}!)$$
$$= -n\sum_{i=1}^{k}\theta_i + n\sum_{i=1}^{k}\bar{X}_{i\cdot}\log\theta_i - \sum_{i=1}^{k}\sum_{j=1}^{n}\log X_{ij}!$$

H_0 では $k-1$ 個の制約があるので，

$$-2\log\lambda = 2\left(\log L(\hat{\theta}) - \log L(\theta^*)\right)$$
$$= 2n\left(\sum_{i=1}^{k}\bar{X}_{i\cdot}\log\bar{X}_{i\cdot} - k\bar{X}_{..}\log\bar{X}_{..}\right) \xrightarrow{\mathscr{L}} \chi^2_{k-1}$$

22.4. まず，次のような直交行列 $\mathbf{Q}$ を求める．

$$\mathbf{QPQ}^t = \begin{pmatrix} \mathbf{I}_r & 0 \\ 0 & 0 \end{pmatrix}$$

この右辺を $\mathbf{D}$ とおく．$\mathbf{W} = \mathbf{QZ}$ とおくと，$\mathbf{W} \in \mathcal{N}(\mathbf{Q}\boldsymbol{\delta}, \mathbf{I}_k)$ である．$\mathbf{Q}\boldsymbol{\delta}$ の最初から r 個の要素の 2 乗和を φ とおくと，これは $\mathbf{DQ}\boldsymbol{\delta}$ の要素の 2 乗和でもある．つまり，$\varphi = \boldsymbol{\delta}^t\mathbf{Q}^t\mathbf{DDQ}\boldsymbol{\delta} = \boldsymbol{\delta}^t\mathbf{P}\boldsymbol{\delta}$．このとき

$$\mathbf{Z}^t\mathbf{PZ} = \mathbf{W}^t\mathbf{QPQ}^t\mathbf{W} = \mathbf{W}^t\mathbf{DW} = \sum_{i=1}^{r} W_i^2$$

であるが，これは非心度 φ と自由度 r をもつ非心 χ^2 分布に従う．

22.5. (a) $-2\log\lambda_n$ の分布は非心 $\chi^2(\varphi)$ で近似される．ただし，非心度は $\varphi = \delta_1^2(G_1 - G_2^2/G_3)$ である (ここに現れる行列はすべてスカラーであることに注意する)．$\delta_1 = \sqrt{1000} \times 0.1$ と

$$\mathscr{I}(\mu,\sigma) = \begin{pmatrix} 1/\sigma^2 & 0 \\ 0 & 2/\sigma^2 \end{pmatrix}$$

を用いると，$\varphi = 10/\sigma_0^2$ である．

(b) ここでも漸近分布は非心 χ^2 分布であり，非心度 φ を求める公式は同じであ

り，δ_1 も同じである．しかし，今回は

$$\mathscr{I}(\alpha,\beta) = \begin{pmatrix} \mathbb{E}(\alpha) & 1/\beta \\ 1/\beta & \alpha/\beta^2 \end{pmatrix}$$

なので，$\varphi = 10(\mathbb{E}(1) - 1)$ であり，β は現れない．$\mathbb{E}(1)$ をその値 $\pi^2/6$ で置き換えると，$\varphi = 6.449$ である．

22.6. (1) 式により

$$-2\log \lambda_n \sim n(\hat{\boldsymbol{\theta}}_n - \boldsymbol{\theta}_0)^t \mathscr{I}(\boldsymbol{\theta}_0)(\hat{\boldsymbol{\theta}}_n - \boldsymbol{\theta}_0)$$

である．ただし，$\hat{\boldsymbol{\theta}}_n$ は制約なしの最尤推定量であり，定理 16 により次の漸近正規分布をもつ．

$$\sqrt{n}(\hat{\boldsymbol{\theta}}_n - \boldsymbol{\theta}_0) \xrightarrow{\mathscr{L}} \mathscr{N}(\boldsymbol{0}, \mathscr{I}(\boldsymbol{\theta}_0)^{-1})$$

よって，漸近問題は正規分布に関する次の 2 次元での標本問題に還元することができる．

$\mathbf{X} \in \mathscr{N}(\boldsymbol{\theta}, \boldsymbol{\Sigma})$ とおく．ただし，$\boldsymbol{\Sigma} = \mathscr{I}(\boldsymbol{\theta}_0)^{-1}$ は既知である．ここでは，$-2\log \lambda$ の漸近分布を求めたいが，λ は次の尤度比検定統計量である：$H_0 : \theta_1 = 0, \theta_2 = 0$ に対して (a) $H_1 : \theta_1 > 0$ (θ_2 は制約なし)，あるいは (b) $H_1 : \theta_1 \geq 0, \theta_2 \geq 0, \boldsymbol{\theta} \neq 0$．この問題を変数変換により次の独立な正規確率変数を使ったものに書き換える．

$$Y_1 = \frac{X_1}{\sigma_1}, \quad Y_2 = \frac{1}{\sqrt{1-\rho^2}}\left(\frac{X_2}{\sigma_2} - \frac{\rho X_1}{\sigma_1}\right)$$

このとき，$\mathbf{Y} \in \mathscr{N}(\boldsymbol{\mu}, \mathbf{I})$ である．ただし

$$\mu_1 = \frac{\theta_1}{\sigma_1}, \quad \mu_2 = \frac{1}{\sqrt{1-\rho^2}}\left(\frac{\theta_2}{\sigma_2} - \frac{\rho \theta_1}{\sigma_1}\right)$$

またこのとき仮説は，$H_0 : \mu_1 = \mu_2 = 0$ に対して (a) $H_1 : \mu_1 > 0$ (μ_2 は制約なし)，あるいは (b) $H_1 : \mu_1 \geq 0, \rho\mu_1 + \sqrt{1-\rho^2}\mu_2 \geq 0, \boldsymbol{\mu} \neq 0$ である．

(a) $\boldsymbol{\mu}$ の制約なしでの最尤推定量は $\mathbf{Y}$ である．$H_0 \cup H_1$ の下での最尤推定量は (Y_1^+, Y_2) である．$y_1 > 0$ であるような半平面に $\mathbf{Y}$ が出現した場合は，$-2\log \lambda$ は原点からの距離の 2 乗 $|\mathbf{Y}|^2$ の分布になる．これは H_0 の下で，確率 $1/2$ で起こるので，確率 $1/2$ で χ_2^2 分布に従う．$y_1 < 0$ であるような

半平面においては，$\mathbf{Y}$ は直線 $y_1 = 0$ へ正射影される．つまり，$-2\log\lambda$ は Y_2^2 になるので，確率 $1/2$ で χ_1^2 に従う．

(b) $H_0 \cup H_1$ の下での最尤推定量は $\mathbf{Y}$ の凸錐 $y_1 \geq 0, \rho y_1 + \sqrt{1-\rho^2}y_2 \geq 0$ への正射影である．このとき，4 つの領域を考える必要がある．$\mathbf{Y}$ が凸錐そのものの中に出現する場合は，最尤推定量は $\mathbf{Y}$ そのものなので，検定統計量は $|\mathbf{Y}|^2$ であり，凸錐に出現する確率で χ_2^2 に従う．領域 $y_1 < 0, y_2 \geq 0$ においては，$\mathbf{Y}$ は直線 $y_1 = 0$ へ正射影されるので，確率 $1/4$ で χ_1^2 に従う．同様に，$\rho y_1 + \sqrt{1-\rho^2}y_2 < 0$ の領域では，まず $\mathbf{Y}$ は直線 $\rho y_1 + \sqrt{1-\rho^2}y_2 = 0$ へ正射影され，その値の第 1 座標が正ならば，最尤推定量はまさにその正射影ベクトルである．これは確率 $1/4$ で起こり，χ_1^2 を与える．残りの領域では，原点に正射影され，残りの確率で退化した $\delta_0 = \chi_0^2$ 分布になる．H_0 の下での凸錐の確率は凸錐の角度 θ を 2π で割ったものである．ϑ は半直線 $\rho y_1 + \sqrt{1-\rho^2}y_2 = 0, y_1 \geq 0$ と半直線 $y_1 = 0, y_2 > 0$ のなす角である．これは実際は $\vartheta = \pi - \arccos\rho$ であることが容易に確かめられる．

第 23 章 演習問題解答

23.1. 最小にすべき 2 次形式は

$$Q_n(\boldsymbol{\pi}(\theta)) = n(\mathbf{Z}_n - \mathbf{A}(\theta))^t \mathbf{M}(\theta)(\mathbf{Z}_n - \mathbf{A}(\theta))$$
$$= n(\mathbf{Z}_n - \dot\varphi(\boldsymbol{\pi}(\theta))^t)^t \ddot\varphi(\boldsymbol{\pi}(\theta))^{-1}(\mathbf{Z}_n - \dot\varphi(\boldsymbol{\pi}(\theta))^t)$$

つまり，$\mathbf{A}(\theta) = \dot\varphi(\boldsymbol{\pi}(\theta))^t$，$\mathbf{M}(\theta) = \ddot\varphi(\boldsymbol{\pi}(\theta))^{-1}$ である．このとき，$\dot{\mathbf{A}}(\theta) = \ddot\varphi(\boldsymbol{\pi}(\theta))\dot{\boldsymbol{\pi}}(\theta)$ なので，定理 23 により，$Q_n(\boldsymbol{\pi}(\theta))$ を最小にする解の漸近分散は次で与えられる．

$$V = (\dot{\mathbf{A}}(\theta)^t \mathbf{M}(\theta) \dot{\mathbf{A}}(\theta))^{-1}$$
$$= (\dot{\boldsymbol{\pi}}(\theta)^t \ddot\varphi(\boldsymbol{\pi}(\theta)) \ddot\varphi(\boldsymbol{\pi}(\theta))^{-1} \ddot\varphi(\boldsymbol{\pi}(\theta)) \dot{\boldsymbol{\pi}}(\theta))^{-1}$$
$$= (\dot{\boldsymbol{\pi}}(\theta)^t \ddot\varphi(\boldsymbol{\pi}(\theta)) \dot{\boldsymbol{\pi}}(\theta))^{-1}$$

指数型分布族においては

$$\log f(x|\theta) = \boldsymbol{\pi}(\theta)^t \mathbf{T}(x) - \varphi(\boldsymbol{\pi}(\theta))$$

であり，フィッシャー情報量は

$$\mathscr{I}(\theta) = V_\theta\left(\dot{\boldsymbol{\pi}}(\theta)^t \mathbf{T}(X) - \dot{\varphi}(\boldsymbol{\pi}(\theta))\dot{\boldsymbol{\pi}}(\theta)\right)$$
$$= \dot{\boldsymbol{\pi}}(\theta)^t V_\theta(\mathbf{T}(X))\dot{\boldsymbol{\pi}}(\theta)$$
$$= \dot{\boldsymbol{\pi}}(\theta)^t \ddot{\varphi}(\boldsymbol{\pi}(\theta))\dot{\boldsymbol{\pi}}(\theta) = V^{-1}$$

このように，最尤推定量と最小 χ^2 推定量は同じ漸近分散をもつ．

23.2. (a) χ^2 統計量は次で与えらえる．

$$\chi^2 = \frac{(20-100(1/3-\theta))^2}{100(1/3-\theta)} + \frac{(50-100(2/3-\theta))^2}{100(2/3-\theta)} + \frac{(30-100(2\theta))^2}{100(2\theta)}$$
$$= \frac{4}{1/3-\theta} + \frac{25}{2/3-\theta} + \frac{9}{2\theta} - 100$$

このとき
$$\frac{\partial}{\partial \theta}\chi^2 = \frac{4}{(1/3-\theta)^2} + \frac{25}{(2/3-\theta)^2} - \frac{9}{2\theta^2} = 0$$

これを解いて $\hat{\theta} = 0.1471$ を得る．

(b) 修正 χ^2 統計量は次で与えらえる．

$$\chi^2_{\text{mod}} = \frac{(20-100(1/3-\theta))^2}{20} + \frac{(50-100(2/3-\theta))^2}{50} + \frac{(30-100(2\theta))^2}{30}$$
$$= 20\left(\frac{2}{3}-5\theta\right)^2 + 50\left(\frac{1}{3}-2\theta\right)^2 + 30\left(1-\frac{20\theta}{3}\right)^2$$

このとき
$$\frac{\partial}{\partial \theta}\chi^2_{\text{mod}} = -200\left(\frac{2}{3}-5\theta\right) - 200\left(\frac{1}{3}-2\theta\right) - 400\left(1-\frac{20\theta}{3}\right) = 0$$

これを解いて $\hat{\theta} = 0.1475$ を得る．

(c) 対数尤度 $\log L(\theta)$ は定数項を除いて次で与えられる．

$$20\log\left(\frac{1}{3}-\theta\right) + 50\log\left(\frac{2}{3}-\theta\right) + 30\log(2\theta)$$

ゆえに，尤度方程式は

$$-\frac{20}{1/3-\theta} - \frac{50}{2/3-\theta} + \frac{30}{\theta} = 0$$

これを解いて $\hat{\theta} = 0.1472$ を得る．

23.3. (a) 標準正規分布 $\mathcal{N}(0,1)$ の分布関数を Φ, 密度関数を ϕ とおき, $\text{probit}(p) = \Phi^{-1}(p)$ と定義する. $(\partial/\partial p)\Phi^{-1}(p) = 1/\phi(\Phi^{-1}(p))$ を用いて, 変換 χ^2 は次で与えられる.

$$\chi^2_{tr} = n \sum_{i=1}^{k} \frac{(\text{probit}(f_i) - (\alpha+\beta x_i))^2 \phi(\alpha+\beta x_i)^2}{\Phi(\alpha+\beta x_i)(1-\Phi(\alpha+\beta x_i))}$$

ただし, $f_i = n_i/n, i=1,2,...,k$ である. これを修正して次を得る.

$$\text{probit}\chi^2 = n \sum_{i=1}^{k} \frac{(\text{probit}(f_i) - (\alpha+\beta x_i))^2 \phi(\Phi^{-1}(f_i))^2}{f_i(1-f_i)}$$

(b) $\text{cogit}(p) = \tan(\pi p - \pi/2)$ を定義する. 修正した変換 χ^2 は次で与えられる.

$$\text{cogit}\chi^2 = n \sum_{i=1}^{k} \frac{(\text{cogit}(f_i) - (\alpha+\beta x_i))^2 \cos^4(\pi f_i - \pi/2)}{f_i(1-f_i)\pi^2}$$

23.4. 例 23.4 の最小 χ^2 方程式は

$$\frac{-e^{-\theta}}{1-e^{-\theta}} + \frac{(0.4-e^{-\theta/2})/2}{1-e^{-\theta/2}} + \frac{(0.8-e^{-\theta/4})/4}{1-e^{-\theta/4}} = 0$$

分母をその推定量で置き換えてもよい.

$$-e^{-\theta} + \frac{(0.4-e^{-\theta})/2}{0.6} + \frac{(0.8-e^{-\theta})/4}{0.2} = 0$$

これは簡単に次のように書ける.

$$e^{-\theta} + \frac{e^{-\theta/2}}{1.2} + \frac{e^{-\theta/4}}{0.8} = \frac{4}{3}$$

数値解としては $\theta_n^* = 1.7407$ を得る.

23.5. $n_1 = 30, n_2 = 20, n_3 = 50, z_1 = \log 0.3, z_2 = \log 0.2, z_3 = \log 0.5, x_1 = 0, x_2 = 1, x_3 = -1$ である. 線形化された制約 $\sum_{i=1}^{3} n_i a_i = \sum_{i=1}^{3} n_i z_i$ より $\theta_0 = 0.3\theta_1 + c$ が得られる. ただし,

$$c = 0.3\log 0.3 + 0.2\log 0.2 + 0.5\log 0.5 = -1.0297$$

$(\partial/\partial\theta_1)Q_n = 0$ により

$$\theta_1 = \frac{9\log 0.3 + 26\log 0.2 - 35\log 0.5}{2.7 + 33.8 + 24.5} = -0.4659$$

であるが,これより $\theta_0 = -1.1694$ を得る.この結果により

$$p_1 = \exp(\theta_0) = 0.3105,$$
$$p_2 = \exp(\theta_0 + \theta_1) = 0.1949,$$
$$p_3 = \exp(\theta_0 - \theta_1) = 0.4948$$

和は 1.0002 になり,少し大きいので,θ_0 から $\log 1.0002 = 0.0002$ を引いて,$\theta_0 = -1.1696$ に修正する.

23.6. (a) $\mathbf{C}(\boldsymbol{\theta})$ は正則なので,$\mathbf{M}(\boldsymbol{\theta}) = \mathbf{C}(\boldsymbol{\theta})^{-1}$ とおいてよい.このとき

$$\chi^2 = n(\bar{\mathbf{Y}} - \boldsymbol{\mu}(\boldsymbol{\theta}))^t \mathbf{C}(\boldsymbol{\theta})^{-1}(\bar{\mathbf{Y}} - \boldsymbol{\mu}(\boldsymbol{\theta}))$$
$$= n\sum_{i=1}^{d} \frac{(\bar{Y}_{i\cdot} - \mu_i(\boldsymbol{\theta}))^2}{\sigma_i^2(\boldsymbol{\theta})}$$

変換 $g(x) = \arcsin x$, $\dot{g}(x) = \sqrt{1-x^2}$ を用いて変換 χ^2 を求めると,

$$\chi^2_{\mathrm{tr}} = n\sum_{i=1}^{d}(Z_i - \theta_1 x_1 - \theta_2)^2$$

を得る.ただし,$Z_i = \arcsin \bar{Y}_{i\cdot}, i = 1,2,...,d$ である.これは単回帰問題なので,次が得られる.

$$\hat{\theta}_1 = \frac{s_{xz}}{s_x^2}, \quad \hat{\theta}_2 = \bar{Z} - \hat{\theta}_1 \bar{x}$$

(b) 変換 χ^2 において,$\mathbf{A}(\boldsymbol{\theta}) = \theta_1 \boldsymbol{x} + \theta_2 \mathbf{1}$ なので,$\dot{\mathbf{A}}(\boldsymbol{\theta})$ は $d \times 2$ 行列 $(\boldsymbol{x}\ \mathbf{1})$ である.ゆえに

$$\sqrt{n}(\hat{\boldsymbol{\theta}}_n - \boldsymbol{\theta}) \xrightarrow{\mathscr{L}} \mathscr{N}(\mathbf{0}, \boldsymbol{\Sigma}),\ \boldsymbol{\Sigma} = (\dot{\mathbf{A}}^t \mathbf{M} \dot{\mathbf{A}})^{-1}$$

を得る.変換 χ^2 において,$\mathbf{M}$ は単位行列なので次が得られる.

$$\boldsymbol{\Sigma} = (\dot{\mathbf{A}}^t \dot{\mathbf{A}})^{-1} = \begin{pmatrix} \sum_{i=1}^{d} x_i^2 & \sum_{i=1}^{d} x_i \\ \sum_{i=1}^{d} x_i & d \end{pmatrix}^{-1} = \frac{1}{ds_x^2}\begin{pmatrix} 1 & -\bar{x} \\ -\bar{x} & \frac{1}{d}\sum_{i=1}^{d} x_i^2 \end{pmatrix}$$

(c) $V(\hat{\theta}_1)$ を最小化するために,s_x^2 を最大化する.つまり,0 値で $d/2$ 個の観測

値，1 値で $d/2$ 個の観測値をとる．行列式を最小化したいときと同じである．$\hat{\theta}_2$ の漸近分散を最小化するためには，0 値ですべての観測値をとることになるが，$\hat{\theta}_1$ に関する情報は何も得られなくなる．一般的には 0 値で m 個の観測値，1 値で $d - m$ 個の観測値（ただし，$m \geq d/2$）をとることになるだろう．もっともらしい選択肢は $m = 2d/3$ かもしれない．

第 24 章 演習問題解答

24.1. (a) H_0 の下でのすべてのセルの期待頻度は 20 なので，

$$\chi^2_{H_0} = \frac{(10-20)^2}{20} + \frac{(24-20)^2}{20} + \cdots + \frac{(16-20)^2}{20} = 9.2$$

これは 10%棄却限界値 $\chi^2_5(0.90) = 9.24$ に近い．5%水準では採択される．

(b) p_1 と p_6 が等しいと分かっている場合は，それぞれ $(n_1 + n_6)/(2n)$ で推定される．他も同様なので，セルの期待度数は 13, 24, 23, 23, 24, 13 になる．これにより

$$\chi^2_{H_1} = \frac{(10-13)^2}{13} + \cdots = 2.167$$

これは自由度 3 の χ^2 分布に従うので，明らかに H_1 は採択される．

(c) H_1 に対して H_0 の検定を行うと，$\chi^2_{H_0} - \chi^2_{H_1} = 9.2 - 2.16 = 7.133$ である．これは $\chi^2_2(0.95) = 5.99$ よりも大きいので，H_1 は正しいだろうと思われているようだったら，H_0 は棄却されるだろう．

(d) 非心度は上の χ^2 の計算と同様に求められるが，観測値をそれぞれ 15, 15, 15, 15, 30, 30 とみなして計算するところが異なる（期待度数はすべてのセルで 20 である）．

$$\varphi_{H_0} = \frac{(15-20)^2}{20} + \cdots = 15$$

自由度 5 の 5%水準での検出力は表 10.1 からおおよそ $\beta = 0.86$ であることが分かる．同様に，H_1 の下では，$p_1 = p_6 = (15+30)/240$ などと推定されるので，

$$\varphi_{H_1} = \frac{(15-22.5)^2}{22.5} + \cdots = 10$$

自由度 3 の 5%水準での検出力はおおよそ $\beta = 0.76$ である．H_0 対 H_1 の検定に対する非心度は差 $\varphi = \varphi_{H_0} - \varphi_{H_1} = 5$ である．自由度 2 の 5%水準での検出力

はおおよそ $\beta = 0.50$ になる [1].

24.2. (a) p_{11} は n_{11}/n で推定され，$p_{12} = p_{21}$ は $(n_{12} + n_{21})/(2n)$ で推定される．他の母数に関しても同様で，χ^2 統計量は次で計算できる．

$$\chi^2_{H_1} = 2\left(\frac{(6-8.5)^2}{8.5} + \frac{(10-16.5)^2}{16.5} + \frac{(20-17.5)^2}{17.5}\right) = 7.306$$

この統計量は自由度 3 をもつ．$\chi^2_3(0.95) = 7.81$ なので，5%水準での棄却に際どく近い．

(b) H_0 での下で，尤度関数は次に比例する．

$$L \propto p_1^{2n_{11}}(p_1p_2)^{n_{12}+n_{21}}p_2^{2n_{22}}(p_2p_3)^{n_{23}+n_{32}}p_3^{2n_{33}}(p_3p_1)^{n_{31}+n_{13}}$$
$$= p_1^{n_{1.}+n_{.1}}p_2^{n_{2.}+n_{.2}}p_3^{n_{3.}+n_{.3}}$$

ゆえに，p_1 の最尤推定量は $\hat{p}_1 = (n_{1.} + n_{.1})/(2n) = (31+49)/400 = 0.20$ で計算できる．他の母数も同様に $\hat{p}_2 = 0.18$，$\hat{p}_3 = 0.62$ と求められる．これらにより，期待度数は次のように得られる．

$$\begin{pmatrix} 8 & 7.2 & 24.8 \\ 7.2 & 6.48 & 22.32 \\ 24.8 & 22.32 & 76.88 \end{pmatrix}$$

よって，χ^2 統計量を求めると，

$$\chi^2_{H_0} = \frac{(15-8)^2}{8} + \frac{(6-7.2)^2}{7.2} + \cdots = 25.09$$

9 個のセルが存在し，2 つの母数が推定されたので，残る自由度は 6 である．$\chi^2_6(0.95) = 12.59$ なので，H_0 は強く棄却される．

(c) $\chi^2 = \chi^2_{H_0} - \chi^2_{H_1} = 16.78$ である．$\chi^2_3(0.95) = 7.81$ なので，ここでもまた高い有意性を示している．

24.3. 2 つの仮説の下での p_{ij} の最尤推定量を求める．尤度関数 $L(\boldsymbol{p})$ は次に比例する．

---

[1] (訳注) 検出したい母数が H_1 に含まれていないことに注意する．あえて (c) の検定を用いたときの検出力の評価である．

$$L(\boldsymbol{p}) \propto \prod_{i=1}^{I}\prod_{j=1}^{J} p_{ij}^{n_{ij}}$$

(a) H の下では，制約 $\sum_{j=1}^{J} p_{ij} = 1/I$ の下で $L(\boldsymbol{p})$ を最大化しなければならない．その結果，すべての i と j について $\hat{p}_{ij} = n_{ij}/(In_{i\cdot})$ が得られる．ただし，$n_{i\cdot} = \sum_{j=1}^{J} n_{ij}$ である．このとき χ^2 統計量は次で与えられる．

$$\chi_a^2 = \sum_{i=1}^{I}\sum_{j=1}^{J} \frac{(n_{ij} - N\hat{p}_{ij})^2}{N\hat{p}_{ij}} = \sum_{i=1}^{I} \frac{(n_{i\cdot} - N/I)^2}{N/I}$$

任意の i において，$J-1$ 個の母数が推定されたので，χ_a^2 は $(IJ-1)-I(J-1) = I-1$ の自由度をもつ．

(b) H_0 の下では，p_{ij} を p_j で置き換えて，制約 $\sum_{j=1}^{J} p_j = 1/I$ の下で $L(p)$ を最大化しなければならない．このとき，最尤推定量は $p_j^* = n_{\cdot j}/(IN)$ で求められ，χ^2 統計量は次で与えられる．

$$\chi_b^2 = \sum_{i=1}^{I}\sum_{j=1}^{J} \frac{(n_{ij} - Np_j^*)^2}{Np_j^*}$$

この自由度は $(IJ - 1) - (J - 1) = (I - 1)J$ である．

(c) $H - H_0$ に対して H_0 を検定するには，統計量 $\chi_b^2 - \chi_a^2$ を用いる．これは $(I-1)J - (I-1) = (I-1)(J-1)$ の自由度をもつ．H_0 の下でこの統計量は，分割表での均一性を検定するための例 24.1 の χ^2 に漸近的に同値である．

24.4. すべての検定は，次の形式の統計量を用いて H_0 を棄却することになる．

$$\chi^2 = \sum_{i=1}^{I}\sum_{j=1}^{J}\sum_{k=1}^{K} \frac{(n_{ijk} - N\hat{p}_{ijk})^2}{N\hat{p}_{ijk}} \geq \chi_{d.f.}^2(\alpha)$$

(a) 尤度は

$$L \propto \prod_{i=1}^{I}\prod_{j=1}^{J}\prod_{k=1}^{K} (p_i q_j r_k)^{n_{ijk}} = \prod_{i} p_i^{n_{i\cdot\cdot}} \prod_{j} q_j^{n_{\cdot j\cdot}} \prod_{k} r_k^{n_{\cdot\cdot k}}$$

最尤推定量は

$$\hat{p}_i = \frac{n_{i\cdot\cdot}}{N},\ \hat{q}_j = \frac{n_{\cdot j\cdot}}{N},\ \hat{r}_j = \frac{n_{\cdot\cdot k}}{N}$$

χ^2 検定統計量の自由度は次で与えられる．

$$d.f. = (IJK - 1) - (I - 1) - (J - 1) - (K - 1) = IJK - I - J - K + 2$$

(b) 尤度は
$$L \propto \prod_{i=1}^{I} \prod_{j=1}^{J} \prod_{k=1}^{K} (p_i q_{jk})^{n_{ijk}} = \prod_i p_i^{n_{i\cdot\cdot}} \prod_{jk} q_{jk}^{n_{\cdot jk}}$$

最尤推定量は
$$\hat{p}_i = \frac{n_{i\cdot\cdot}}{N}, \ \hat{q}_{jk} = \frac{n_{\cdot jk}}{N}$$

χ^2 検定統計量の自由度は次で与えられる．

$$d.f. = (IJK - 1) - (I - 1) - (JK - 1) = (I - 1)(JK - 1)$$

(c) 尤度は
$$L \propto \prod_{i=1}^{I} \prod_{j=1}^{J} \prod_{k=1}^{K} (\pi_i q_{jk})^{n_{ijk}} = \prod_i \pi_i^{n_{i\cdot\cdot}} \prod_{jk} q_{jk}^{n_{\cdot jk}}$$

最尤推定量は
$$\hat{q}_{jk} = \frac{n_{\cdot jk}}{N}$$

χ^2 検定統計量の自由度は次で与えられる．

$$d.f. = (IJK - 1) - (JK - 1) = (I - 1)JK$$

(d) 尤度は
$$L \propto \prod_{i=1}^{I} \prod_{j=1}^{J} \prod_{k=1}^{K} (p_{i|k} q_{j|k} r_k)^{n_{ijk}} = \prod_i p_{i|k}^{n_{i\cdot k}} \prod_j q_{j|k}^{n_{\cdot j\cdot}} \prod_k r_k^{n_{\cdot\cdot k}}$$

最尤推定量は
$$\hat{p}_{i|k} = \frac{n_{i\cdot k}}{n_{\cdot\cdot k}}, \ \hat{q}_{j|k} = \frac{n_{\cdot jk}}{n_{\cdot\cdot k}}, \ \hat{r}_k = \frac{n_{\cdot\cdot k}}{N}$$

χ^2 検定統計量の自由度は次で与えられる．

$$d.f. = (IJK - 1) - K(I - 1) - K(J - 1) - (K - 1) = (I - 1)(J - 1)K$$

(e) 尤度は

$$L \propto \prod_{i=1}^{I}\prod_{j=1}^{J}\prod_{k=1}^{K}(p_i q_j r_{k|ij})^{n_{ijk}} = \prod_i p_i^{n_{i\cdot\cdot}} \prod_j q_j^{n_{\cdot j\cdot}} \prod r_{k|ij}^{n_{ijk}}$$

最尤推定量は

$$\hat{p}_i = \frac{n_{i\cdot\cdot}}{N}, \ \hat{q}_j = \frac{n_{\cdot j\cdot}}{N}, \hat{r}_{k|ij} = \frac{n_{ijk}}{n_{ij\cdot}}$$

χ^2 検定統計量の自由度は次で与えられる.

$$d.f. = (IJK-1)-(I-1)-(J-1)-IJ(K-1)=(I-1)(J-1)$$

24.5. (a) この問題においては，それぞれ 2 つのセルに関係した互いに独立な χ^2 統計量が 10 個存在する. 種類 S_i のダニに処理 T_j を行ったときのダニの総数を n_{ij}, 死亡数を X_{ij} とおく. このとき，2 つのセルをもつ各 χ^2 統計量は 1 つにまとめられ，全体の χ^2 統計量は次で与えられる.

$$\chi^2 = \sum_{j=1}^{5} \frac{(X_{1j}-n_{1j}p_j)^2}{n_{1j}p_j(1-p_j)} + \sum_{j=1}^{5} \frac{(X_{2j}-n_{2j}\pi_j)^2}{n_{2j}\pi_j(1-\pi_j)}$$

自由度は 10 である. $p_j = \pi_j$ ならば，これらは観測数の和で死亡数の和を割ったもので推定される. つまり，$\hat{p}_j = \hat{\pi}_j = (X_{1j}+X_{2j})/(n_{1j}+n_{2j})$. 具体的には，次を得る.

$$\hat{p}_1 = \hat{\pi}_1 = 0.567, \ \hat{p}_2 = \hat{\pi}_2 = 0.728, \ \hat{p}_3 = \hat{\pi}_3 = 0.552$$
$$\hat{p}_4 = \hat{\pi}_4 = 0.308, \ \hat{p}_5 = \hat{\pi}_5 = 0.400$$

χ^2 統計量の p_j と π_j にこれらを代入して，

$$\begin{aligned}\chi_a^2 &= \sum_{j=1}^{5} \frac{(X_{1j}-n_{1j}\hat{p}_j)^2}{n_{1j}\hat{p}_j(1-\hat{p}_j)} + \sum_{j=1}^{5} \frac{(X_{2j}-n_{2j}\hat{\pi}_j)^2}{n_{2j}\hat{\pi}_j(1-\hat{\pi}_j)} \\ &= \frac{1.65^2}{12.28} + \frac{3.42^2}{10.5} + \frac{0.08^2}{28.1} + \frac{1.23^2}{13.0} + \frac{0.2^2}{6.72} + \\ &\quad \frac{1.65^2}{18.9} + \frac{3.42^2}{12.08} + \frac{0.08^2}{9.89} + \frac{1.23^2}{9.16} + \frac{0.2^2}{12.48} \\ &= 2.73 \end{aligned}$$

5 つの母数を推定して自由度を 5 個失うので，χ^2 の自由度は 5 である. 帰無仮説は明らかに棄却されない（$\chi_5^2(0.95) = 11.0705$）.

(b) χ_a^2 の分子は X_{1j} と X_{2j} に依存するが，実質的には $X_{1j}/n_{1j} - X_{2j}/n_{2j}$ を通してである．実際

$$(X_{1j} - n_{1j}\hat{p}_j)^2 = \frac{n_{1j}^2 n_{2j}^2}{(n_{1j} + n_{2j})^2} \left(\frac{X_{1j}}{n_{1j}} - \frac{X_{2j}}{n_{2j}}\right)^2$$

任意の対立仮説，例えば $p_j - \pi_j = 0.1$ のような場合での非心度は，χ^2 の分子にある差 $X_{1j}/n_{1j} - X_{2j}/n_{2j}$ を 0.1 で置き換えることによって得られる．

$$\begin{aligned}\phi &= \frac{3.03^2}{12.28} + \frac{2.84^2}{10.5} + \frac{2.96^2}{28.1} + \frac{2.52^2}{13.0} + \frac{1.82^2}{6.72} + \\ &\quad \frac{3.03^2}{18.9} + \frac{2.84^2}{12.08} + \frac{2.96^2}{9.89} + \frac{2.52^2}{9.16} + \frac{1.82^2}{12.48} \\ &= 5.81\end{aligned}$$

表 10.1 から $\alpha = 0.05$ で自由度 5 のとき，検出力はわずかに 0.42 しかないことが分かる．

引用文献

R. R. Bahadur (1958). Examples of inconsistency of maximum likelihood estimates. *Sankhyā 20*, 207-210.

O. E. Barndorff-Nielsen and D. R. Cox (1989). *Asymptotic Techniques for Use in Statistics.* Chapman and Hall, London, New York.

A. C. Berry (1941). The accuracy of the Gaussian approximation to the sum of independent variates. *Trans. Amer. Math. Soc. 49*, 122-136.

R. Bhattacharya (1990). Asymptotic expansions in statistics. In *Asymptotic Statistics. DMV Seminar, Band 14.* Birkhäuser Verlag, 9-66.

J. A. Bucklew (1990). *Large Deviation Techniques in Decision, Simulation, and Estimation.* John Wiley & Sons, New York,

K. L. Chung (1974). *A Course in Probability Theory*, 2/e. Harcourt Brace and World, New York.

H. Cramér (1946). *Mathematical Methods of Statistics.* Princeton University Press, Princeton, NJ.

M. Denker (1985). *Asymptotic Distribution Theory in Nonparametric Statistics.* Friedr. Vieweg & Sohn, Braunschweig.

G. Esseen (1944). Fourier analysis of distribution functions. A mathematical study of the Gauss-Laplacian law. *Acta Math. 77*, 1-125.

W. Feller. *An Introduction to Probability Theory and Its Applications*, Vol. 1 (3/e, 1968); Vol. 2 (1966). John Wiley & Sons, New York.
（Vol.1 の邦訳：河田瀧夫（監訳）他5名の訳『確率論とその応用 I 上下』(1961), 紀伊国屋書店； Vol. 2 の邦訳：国沢清典（監訳）他2名の訳『確率論とその応用 上下』，(1970), 紀伊国屋書店）

E. Fix (1949). Tables of the non-central χ^2. *Univ. Calif. Pub. in Statist. 1*, 15-19.

J. Galambos (1978). *Asymptotic Theory of Extreme Order Statistics.* John Wiley & Sons, New York.

J. Hájek (1961). Some extensions of the Wald-Wolfowitz-Noether theorem. *Ann. Math. Statist. 32*, 506-523.

J. Hájek and Z. v. Sidák (1967). *Theory of Rank Tests*. Academic Press, New York.

P. Hall (1992). *The Bootstrap and Edgeworth Expansion*. Springer-Verlag, New York.

W. Hoeffding (1948). A class of statistics with asymptotically normal distribution. *Ann. Math. Statist. 19*, 293.

L. Le Cam (1953). On some asymptotic properties of maximum likelihood estimates and related estimates. *Univ. Calif. Publ. in Statist. 1*, 277-330.

L. Le Cam (1986). *Asymptotic Methods in Statistical Decision Theory*. Springer-Verlag, New York.

L. Le Cam and G. L. Yang (1990). *Asymptotics in Statistics*. Springer-Verlag, New York.

J. Neyman (1949). Contribution to the theory of the χ^2 test. *Proc. (First) Berkeley Symp. on Math. Statist. and Prob.*, 239-273.

J. Neyman and E. L. Scott (1948). Consistent estimates based on partially consistent observations. *Econometrica 16*, 1-32.

G. E. Noether (1949). On a theorem of Wald and Wolfowitz. *Ann. Math. Statist. 20*, 455.

E. H. Oliver (1972). A maximum likelihood oddity. *American Statistician 26*, No. 2, 43-44.

T. Parthasarathy (1972). *Selection Theorems and their Applications*. Lecture Notes in Mathematics 263. Springer-Verlag, New York.

B. L. S. Prakasa Rao (1987). *Asymptotic Theory of Statistical Inference*. John Wiley & Sons, New York.

C. R. Rao (1973). *Linear Statistical Inference and Its Applications*, 2/e. John Wiley & Sons, New York. (邦訳：奥野忠一他6名による訳『統計的推測とその応用』,（1986），東京図書）

H. Scheffé (1947). A useful convergence theorem for probability distributions. *Ann. Math. Statist. 18*, 434-458.

P. K. Sen and J. M. Singer (1993). *Large Sample Methods in Statistics*. Chapman and Hall, London, New York.

J. M. Steele (1994). Le Cam's inequality and Poisson approximation. *Amer. Math. Monthly 101*, 48-54.

P. van Beck (1972). An application of Fourier methods to the problem of sharpening the Berry-Esseen inequality. Z. *Wahrscheinlichkeitstheorie verw. Geb. 23*, 187-196.

J. von Neumann (1949). On rings of operators. Reduction theory. *Ann. Math. 50*, 401-485.

A. Wald (1949). Note on the consistency of the maximum likelihood estimate, *Ann. Math. Statist. 20*, 595-601.

A. Wald and J. Wolfwitz (1944). Statistical tests based on permutations of the observations. *Ann. Math. Statist. 15*, 358-372.

S. S. Wilks (1938). The large-sample distribution of the likelihood ratio for testing composite hypotheses. *Ann. Math. Statist. 9*, 60-62.

索引

▶ 英数字
- 2 項分布 ……………………………… 23
- k 標本問題 …………………………… 98
- L_2 一致性 …………………………… 27
- L_r 収束 ……………………………… 4
- m-従属列 …………………………… 79
- m 差積積率 ………………………… 83
- r 次の平均収束 ……………………… 4
- t 統計量 ……………………………… 50
- t 分布 ……………………………… 108

▶ あ
- あるコンパクト集合外で消える ……… 16
- 一様下側有界 ………………………… 170
- 一様分布 ……………… 99, 101, 149, 162
- 一致性 ………………………………… 27
- 一般化逆行列 ………………………… 172
- エッジワース展開 …………………… 39

▶ か
- 概収束 ………………………………… 4
- 確率 1(w.p.1) での収束 ……………… 4
- 確率化 t 検定 ………………………… 36
- 確率化検定 …………………………… 36
- 確率収束 ……………………………… 4
- 確率収束的一致性 …………………… 27
- 片側尤度比検定 ……………………… 169
- カップリング ………………………… 23
- カルバック・ライブラー情報量 126, 140
- 頑健 ………………………………… 60, 63
- ガンマ分布 138, 144, 147, 153, 156, 160
- 幾何分布 ……………………………… 113
- 希釈法 …………………………… 176, 184

- 強一致性 …………………………… 27, 135
- 強収束 ………………………………… 4
- 局外母数 …………………………… 146
- クラスカル・ウォリス統計量 ………… 98
- クラメール条件 ……………………… 40
- クラメールの定理 …………………… 53
- クラメール・ラオの下界 …………… 143
- クラメール・ラオの情報不等式 …… 141
- グリベンコ・カンテリの定理 ……… 28
- 経験分布関数 ………………………… 28
- 検出力 ……………………… 71, 167, 186
- ケンドールの τ …………………… 42
- コーシー反応曲線 …………………… 184
- コーシー分布 ……… 104, 116, 139, 156

▶ さ
- 最小 2 乗推定量 …………………… 29, 35
- 最小 χ^2 推定量 ………………… 171, 183
- 最小修正 χ^2 推定量 …………… 174
- 最尤推定量 ………………………… 183
- 最尤推定量 (MLE) ……………… 104, 126
- 自己回帰 …………………………… 51
- 自己回帰モデル …………………… 29
- 自己共分散 ………………………… 84
- 自己相関係数 ……………………… 84
- 事後分布 …………………………… 158
- 指数型分布族 ……………………… 173
- 指数分布 … 99, 100, 105, 109, 114, 156, 168
- 事前分布 …………………………… 158
- 四分位範囲 ………………………… 104
- 射影 …………………………… 66, 72
- 弱一致性 …………………………… 27
- 弱収束 ……………………………… 3
- シャノン・コルモゴロフの情報不等式 127

修正 χ^2 .... 69, 174, 183
修正した変換 χ^2 183
収束率関数 31
順位和検定 87
順序統計量 99
準有効 152, 176
上半連続 122
新記録 42
信頼区間 60
スコア 152
スコア法 152
スターリングの公式 43
スピアマンの ρ 88, 96
スラツキーの定理 47
正規反応曲線 183
正規分布 ·· 103, 111, 135, 145, 148, 166, 168
成功連 83
制約付きの対立仮説 189
積率母関数 30
漸近正規性 88, 136
漸近相対効率 103
漸近的に同値 47
漸近的に有効 150
増加連 84
相関係数 60

▶ た

退化 3
大数の法則 24
対数尤度関数 126
大偏差理論 28, 30
多項実験 67
多項分布 166
単調収束定理 5
中央値 105
超幾何分布 88
超有効 151
対比較 36, 38
ディガンマ関数 139
定義関数 3
低変動 106

テイラー展開 25
特性関数 20, 26
トリガンマ関数 139

▶ な

並べかえ検定 36
ニュートン法 152, 176
ネイマンの χ^2 .... 65, 174

▶ は

ハエックの補題 92
範囲 115
範囲中央値 115–117
ピアソンの χ^2 .... 65, 69, 174
非心 χ^2 分布 57, 72, 75, 187
非心度 57, 72, 73, 167
非心度表 75
標本抽出 86, 94
標本分布関数 28
ファトウ・ルベーグの補題 5
フィッシャー情報行列 134
フィッシャー情報量 139, 143
フッシャー情報量 140
符号付き順位検定 38
付帯条件の線形化 177
分割表 187
分散安定化変換 63
分布関数 3
分布収束 3
分布の識別可能性 128
平均値の定理 25
ベイズ推定量 161
平方収束 4
ベータ分布 59, 105, 108, 143, 147
ベリー・エシーンの定理 39
ヘリー・ブレイの定理 16
ヘリンガーの χ^2 .... 65, 69
ベルヌーイ分布 64
ベルンシュタインの定理 30
ベルンシュタイン・フォンミーゼスの
定理 158

変換 χ^2 ·· 75, 175
変動係数 ·······································59
ポアソン近似 ································23
ポアソン分散検定 ···························59
ポアソン分布 ······ 42, 64, 134, 139, 148, 162, 169, 176
法則収束 ·· 3
ホテリングの T^2 ······················· 66, 69

▶ ま

無作為化 t 検定 ···························87
モンテカルロ法 ·······························30

▶ や

尤度関数 ······································126
尤度比検定 ···································163
尤度方程式 ···································133
有用収束定理 ··································· 9

▶ ら

ラグランジュの未定乗数法 ···············188
両側指数分布 ························· 104, 115
両連続 ································· 170, 185
リンドバーグ条件 ····························34
リンドバーグ・フェラーの定理 ·········34
ルカムの不等式 ······························23
ルベーグの優収束定理 ······················· 6
連続定理 ··16
連続点集合 ····································16
ロジスティック分布 ········117, 152, 156
ロジット χ^2 ·································176

訳者紹介

野間口謙太郎（のまくち けんたろう）

1951 年	生まれ
1974 年	九州大学理学部数学科卒業
現　在	高知大学名誉教授・理学博士
専　攻	数理統計学
著　書	『一般線形モデルによる生物科学のための現代統計学』（グラフェン，ヘイルス著，共立出版（2007 年），共訳）
	『統計データ科学事典』（朝倉書店（2007 年），分担執筆）
	『統計学：R を用いた入門書 改訂第 2 版』（クローリー著，共立出版（2016 年），共訳）

必携　統計的大標本論 その基礎理論と演習	著　者　Thomas S. Ferguson
原題：*A Course in Large Sample Theory*	訳　者　野間口謙太郎　ⓒ 2017
	発行者　南條光章
2017 年 1 月 25 日　初版 1 刷発行	発行所　共立出版株式会社 〒 112-0006 東京都文京区小日向 4-6-19 電話番号 03-3947-2511（代表） 振替口座 00110-2-57035
	共立出版 (株) ホームページ http://www.kyoritsu-pub.co.jp/
	印　刷　藤原印刷 製　本　ブロケード

一般社団法人
自然科学書協会
会員

検印廃止
NDC 417
ISBN 978-4-320-11137-0　　Printed in Japan

JCOPY ＜出版者著作権管理機構委託出版物＞

本書の無断複製は著作権法上での例外を除き禁じられています。複製される場合は，そのつど事前に，出版者著作権管理機構 (TEL：03-3513-6969，FAX：03-3513-6979，e-mail：info@jcopy.or.jp) の許諾を得てください。